国家级一流本科课程配套教材
"十二五"普通高等教育本科国家级规划教材

新时代高等学校计算机类专业教材

计算机学科概论

第3版

王红梅　姚庆安　刘　钢　编著

清华大学出版社
北京

内 容 简 介

本书是计算机及相关专业的入门教材,参照《普通高等学校计算机类本科专业教学质量国家标准》和《计算机类专业认证标准》编写。本书分为认识篇、系统篇、工程篇。认识篇从专业的角度认知计算机和计算机学科,为学习计算机学科提供正确的方法指导;系统篇以自底向上的方式讨论计算机可以做什么以及是如何做的,使学生了解学科富有智慧的核心思想;工程篇通过典型案例、工程伦理、法律法规,使学生形成工程思维和工程素养,明确计算机从业人员的行为规范和职业道德。

本书内容丰富,涉及面宽,涉及计算机科学与技术一级学科的几乎所有主题,有相当的深度和广度,可作为计算机及相关专业的入门教材,也可作为非计算机专业了解计算机学科的参考书。

本书封面贴有清华大学出版社防伪标签,无标签者不得销售。
版权所有,侵权必究。举报:010-62782989,beiqinquan@tup.tsinghua.edu.cn。

图书在版编目(CIP)数据

计算机学科概论/王红梅,姚庆安,刘钢编著. —3版. —北京:清华大学出版社,2023.6(2024.9重印)
新时代高等学校计算机类专业教材
ISBN 978-7-302-63655-7

Ⅰ.①计… Ⅱ.①王… ②姚… ③刘… Ⅲ.①电子计算机-高等学校-教材 Ⅳ.①TP3

中国国家版本馆 CIP 数据核字(2023)第 092238 号

责任编辑:袁勤勇　薛　杨
封面设计:常雪影
责任校对:郝美丽
责任印制:杨　艳

出版发行:清华大学出版社
　　网　　址:https://www.tup.com.cn,https://www.wqxuetang.com
　　地　　址:北京清华大学学研大厦 A 座　　　　邮　　编:100084
　　社 总 机:010-83470000　　　　　　　　　　邮　　购:010-62786544
　　投稿与读者服务:010-62776969,c-service@tup.tsinghua.edu.cn
　　质量反馈:010-62772015,zhiliang@tup.tsinghua.edu.cn
　　课件下载:https://www.tup.com.cn,010-83470236
印 装 者:三河市铭诚印务有限公司
经　　销:全国新华书店
开　　本:185mm×260mm　　　印　　张:13.75　　　字　　数:335 千字
版　　次:2008 年 7 月第 1 版　2023 年 7 月第 3 版　　印　　次:2024 年 9 月第 4 次印刷
定　　价:48.00 元

产品编号:098367-01

前　言

专业导论类课程是大学生接受大学教育的第一门专业基础课,能够使大学新生对本专业的内涵特点、知识能力和未来发展有一个初步的认知概念和宏观了解。计算机类专业作为一个专业大类,包括计算机科学与技术、软件工程、网络工程、信息安全、物联网工程、数字媒体技术等细分专业,这些专业都属于计算机学科,因而有很多共性的思维方式和知识体系。本书作为国家级精品课程和省级一流课程的配套教材,提出并实施了"**专业视角,认知学科;计算思维,抽象分层;工程思维,道德指引;始于问题,应用驱动;领会思想,引发思考**"的教学思想。

首先梳理好基本的知识架构,再去学习日新月异的计算机技术,会让本书的学习事半功倍。本书由 3 部分组成,分别是认识篇、系统篇和工程篇,如图 0.1 所示,该结构体现了如下教学思想。

（1）**专业视角,认知学科**：认识篇从专业的角度认知计算机和计算机学科,认知计算机的工作原理和计算机系统,认知计算机学科的根本问题和思维方式,了解计算机学科的知识体系和能力要求,为学习计算机学科提供正确的方法指导。

（2）**计算思维,抽象分层**：系统篇采用自底向上的方式讨论计算机可以做什么以及是如何做的,使学生了解学科富有智慧的核心思想,以及计算思维在每一个分层的运用,培养学生面向学科的思维能力。

（3）**工程思维,道德指引**：工程篇通过典型案例、工程伦理、法律法规,使学生了解工程与社会的关系,形成团队合作、终身学习等工程素养,明确计算机从业人员的行为规范和职业道德。

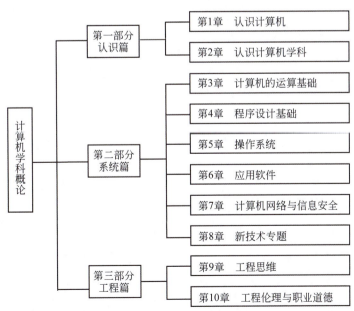

图 0.1　本书的组织结构

在教学设计上，**始于问题，应用驱动**：每一章首先在一个较高的抽象层次上、从应用的角度提出本章要讨论的顶层问题，然后由情景问题引出具体内容，每一小节后面附有若干思考题，很多问题没有标准答案甚至没有答案；在教学效果上，**领会思想，引发思考**：在认知计算机学科和计算机系统每一个分层的基础上，强调学科的本质与核心思想，启迪思维、引发思考，让学生了解计算机学科的各个主题，并对学科本身充满了兴趣和好奇，同时又产生了太多的不理解和疑问，非常渴望进一步探索其中的科学道理。

本书第 1 版和第 2 版在使用过程中得到国内许多高校教师和同学的肯定，也得到了一些很好的建议。本书第 3 版在保留前两版原有特色的基础上，进行了如下修订：

（1）重新梳理了知识单元，对第二部分的章节进行了重新编排和修订，使得层次结构更加清晰，知识表述易于理解，更符合学生的认知规律和老师的教学要求；

（2）增加了新技术专题，以通俗易懂的笔触介绍了人工智能、大数据、云计算、物联网等计算机领域的最新进展，体现教材内容的前沿性和时代性；

（3）增加了工程思维和工程伦理相关内容，讨论了工程与文化、环境和可持续发展之间的关系，个人与团队、沟通与表达、工程创新和终身学习等工程素养，处理工程伦理问题的基本原则，以解决专业课程对工程认证非技术指标难以支撑的问题。

本书在编写过程中参考了大量的书籍和文章，并从互联网上参考了部分有价值的资料，在此一并表示感谢。由于作者的知识和写作水平有限，书稿虽几经修改，仍难免有缺点和错误。衷心希望能够得到同行专家和读者的批评和指正。作者的邮箱是 wanghongmei@ccut.edu.cn。教师读者也可以关注作者的教学公众号"老竹园"与作者交流。

作　者

2023 年 1 月

目　　录

第一部分　认　识　篇

第1章　认识计算机 ... 3
【情景问题】无处不在的计算机 ... 3
1.1 计算机的史前史——计算工具的发展简史 ... 3
 1.1.1 手动式计算工具 ... 4
 1.1.2 机械式计算工具 ... 5
 1.1.3 机电式计算机 ... 7
 1.1.4 电子计算机 ... 8
1.2 计算机的历史和未来 ... 9
 1.2.1 计算机的发展简史 ... 9
 1.2.2 计算机的发展趋势 ... 12
1.3 什么是计算机 ... 14
 1.3.1 冯·诺依曼体系结构 ... 14
 1.3.2 计算机的工作原理 ... 15
 1.3.3 计算机的分类和特点 ... 16
1.4 什么是计算机系统 ... 19
 1.4.1 系统科学与分层方法 ... 19
 1.4.2 计算机系统的分层结构 ... 20
阅读材料——中国计算机发展简史 ... 22
习题1 ... 22

第2章　认识计算机学科 ... 25
【情景问题】"计算作为一门学科"的存在性证明 ... 25
2.1 什么是计算机学科 ... 26
 2.1.1 计算机学科的定义 ... 26
 2.1.2 计算机学科的知识体系 ... 26
 2.1.3 计算机学科的基本能力 ... 28
 2.1.4 计算机学科的胜任力 ... 30
2.2 计算机学科的根本问题 ... 31
 2.2.1 图灵对计算本质的揭示 ... 31
 2.2.2 可计算问题与不可计算问题 ... 33
 2.2.3 易解问题与难解问题 ... 34

    2.2.4 NP 问题与 NP 完全问题 ·· 35
  2.3 计算机学科的科学问题 ··· 36
    2.3.1 计算的平台与环境问题 ·· 36
    2.3.2 计算过程的能行操作与效率问题 ···································· 38
    2.3.3 计算的正确性问题 ··· 40
 阅读材料——计算机学科的核心概念 ··· 41
 习题 2 ·· 43

第二部分　系　统　篇

第 3 章　计算机的运算基础 ·· 47
 【情景问题】模拟数据与数字数据 ··· 47
  3.1 数理逻辑基础 ··· 47
    3.1.1 数理逻辑的起源和发展 ·· 47
    3.1.2 命题代数与逻辑代数 ·· 48
  3.2 二进制 ·· 50
    3.2.1 进位计数制 ·· 50
    3.2.2 二进制数和十进制数之间的转换 ···································· 51
  3.3 数字化原理——信息的编码 ··· 53
    3.3.1 整数的编码 ·· 53
    3.3.2 浮点数的编码 ··· 54
    3.3.3 字符的编码 ·· 55
    3.3.4 汉字的编码 ·· 57
    3.3.5 声音的编码 ·· 57
    3.3.6 图形和图像的编码 ··· 58
    3.3.7 指令的编码 ·· 59
  3.4 逻辑电路 ··· 60
    3.4.1 门 ·· 60
    3.4.2 组合电路 ··· 61
    3.4.3 时序电路 ··· 63
    3.4.4 集成电路 ··· 63
  3.5 计算机部件 ··· 64
    3.5.1 存储器 ·· 64
    3.5.2 中央处理器 CPU ··· 67
    3.5.3 输入/输出设备 ··· 70
 阅读材料——著名计算机奖项 ·· 72
 习题 3 ··· 73

第 4 章　程序设计基础 ·· 77
 【情景问题】七桥问题 ·· 77

4.1 问题求解与程序设计 ·· 78
　　4.1.1 程序设计的一般过程 ·· 78
　　4.1.2 程序设计的关键 ·· 78
4.2 数据表示——数据结构 ··· 79
　　4.2.1 基本的数据结构 ·· 79
　　4.2.2 数据结构的存储表示 ·· 81
4.3 程序的灵魂——算法 ··· 82
　　4.3.1 算法的重要性 ·· 82
　　4.3.2 算法的描述方法 ·· 83
　　4.3.3 算法分析 ··· 84
4.4 程序设计语言 ·· 85
　　4.4.1 程序设计语言的发展 ·· 85
　　4.4.2 程序设计语言的基本要素 ·· 87
　　4.4.3 程序设计的环境 ·· 88
4.5 翻译程序 ·· 89
　　4.5.1 翻译程序的工作方式 ·· 89
　　4.5.2 编译程序的基本过程 ·· 90
阅读材料——几种经典的高级语言 ··· 91
习题 4 ·· 92

第 5 章 操作系统 ·· 94
【情景问题】操作系统为我们做了什么 ··· 94
5.1 什么是操作系统 ·· 95
　　5.1.1 操作系统的定义 ·· 95
　　5.1.2 操作系统的用户界面 ·· 96
　　5.1.3 操作系统的分类 ·· 97
5.2 操作系统的工作方式 ··· 98
　　5.2.1 操作系统的启动 ·· 98
　　5.2.2 操作系统的中断类型 ·· 99
5.3 操作系统的基本功能 ··· 100
　　5.3.1 处理器管理 ··· 100
　　5.3.2 存储管理 ··· 102
　　5.3.3 设备管理 ··· 103
　　5.3.4 文件管理 ··· 104
阅读材料——几种常用的操作系统 ··· 105
习题 5 ·· 106

第 6 章 应用软件 ·· 108
【情景问题】"著名"软件错误 ··· 108

6.1 人机交互 ……………………………………………………………………………… 109
　6.1.1 人机交互的定义 …………………………………………………………… 109
　6.1.2 人机交互界面 ……………………………………………………………… 110
　6.1.3 人机交互的发展趋势 ……………………………………………………… 112
6.2 数据库管理系统 ………………………………………………………………… 113
　6.2.1 数据库 ……………………………………………………………………… 113
　6.2.2 数据库管理系统 …………………………………………………………… 114
　6.2.3 结构化查询语言 SQL ……………………………………………………… 115
　6.2.4 建立数据库 ………………………………………………………………… 115
　6.2.5 操作数据库 ………………………………………………………………… 118
　6.2.6 数据保护机制 ……………………………………………………………… 119
6.3 软件工程 ………………………………………………………………………… 120
　6.3.1 软件危机 …………………………………………………………………… 120
　6.3.2 软件工程的定义 …………………………………………………………… 121
　6.3.3 软件工程的基本原理 ……………………………………………………… 122
　6.3.4 软件过程 …………………………………………………………………… 123
　6.3.5 软件质量 …………………………………………………………………… 125
　6.3.6 软件测试 …………………………………………………………………… 126
阅读材料——软件、硬件和人件 ………………………………………………………… 127
习题 6 …………………………………………………………………………………… 127

第 7 章 计算机网络与信息安全 ……………………………………………… 130

【情景问题】网络带来的变化 …………………………………………………………… 130
7.1 计算机通信 ……………………………………………………………………… 130
　7.1.1 计算机通信系统模型 ……………………………………………………… 131
　7.1.2 信息的编码 ………………………………………………………………… 132
　7.1.3 数据交换 …………………………………………………………………… 134
　7.1.4 寻址 ………………………………………………………………………… 135
7.2 计算机网络 ……………………………………………………………………… 137
　7.2.1 计算机网络的拓扑结构 …………………………………………………… 137
　7.2.2 计算机网络的基本组成 …………………………………………………… 138
　7.2.3 网络体系结构 ……………………………………………………………… 140
　7.2.4 TCP/IP 协议 ……………………………………………………………… 141
7.3 信息安全 ………………………………………………………………………… 142
　7.3.1 常见的信息安全问题 ……………………………………………………… 142
　7.3.2 信息加密 …………………………………………………………………… 144
　7.3.3 数字认证 …………………………………………………………………… 145
　7.3.4 网络检测与防范 …………………………………………………………… 146
阅读材料——我国因特网的起源和发展 ………………………………………………… 148

习题 7 ·········· 149

第 8 章　新技术专题 ·········· 151
【情景问题】人与计算机的能力对比 ·········· 151
8.1　人工智能 ·········· 151
8.1.1　什么是人工智能 ·········· 152
8.1.2　人工智能的研究领域 ·········· 153
8.1.3　机器学习 ·········· 156
8.1.4　深度学习 ·········· 158
8.2　大数据 ·········· 159
8.2.1　什么是大数据 ·········· 159
8.2.2　大数据的处理流程 ·········· 160
8.2.3　大数据的关键技术 ·········· 161
8.3　云计算 ·········· 162
8.3.1　什么是云计算 ·········· 162
8.3.2　云计算的服务类型 ·········· 163
8.3.3　云计算的关键技术 ·········· 164
8.4　物联网 ·········· 165
8.4.1　什么是物联网 ·········· 165
8.4.2　物联网的体系架构 ·········· 166
8.4.3　物联网的关键技术 ·········· 167
阅读材料——人机共生 ·········· 167
习题 8 ·········· 168

第三部分　工　程　篇

第 9 章　工程思维 ·········· 173
【情景问题】闻名世界的港珠澳大桥 ·········· 173
9.1　什么是工程 ·········· 174
9.1.1　工程的概念 ·········· 174
9.1.2　科学、技术与工程 ·········· 175
9.1.3　信息化工程 ·········· 176
9.2　工程与社会 ·········· 177
9.2.1　工程文化与人文价值 ·········· 178
9.2.2　工程产品与公众认知 ·········· 179
9.2.3　环境和可持续发展 ·········· 179
9.3　工程管理 ·········· 181
9.3.1　工程理念 ·········· 181
9.3.2　工程设计 ·········· 182
9.3.3　工程进度 ·········· 183

		9.3.4 工程成本 ··· 184

    9.4 工程素养 ··· 185
        9.4.1 个人与团队 ·· 186
        9.4.2 沟通与表达 ·· 187
        9.4.3 工程创新 ·· 188
        9.4.4 终身学习 ·· 189
    阅读材料——我国高等工程教育的发展历程 ·· 190
    习题 9 ·· 192

第 10 章　工程伦理与职业道德 ·· 194

    【情景问题】谁来为软件错误负责 ·· 194
    10.1 专业岗位 ··· 194
        10.1.1 信息时代对计算机人才的需求 ·· 195
        10.1.2 计算机类专业的相关职位 ·· 196
    10.2 工程伦理 ··· 197
        10.2.1 道德、伦理与法律 ·· 197
        10.2.2 工程伦理的基本问题 ··· 198
        10.2.3 计算机领域的工程伦理 ·· 199
        10.2.4 处理工程伦理问题的基本原则 ··· 199
    10.3 职业道德 ··· 200
        10.3.1 社会主义职业道德 ·· 200
        10.3.2 软件工程师的道德规范 ·· 201
    10.4 计算机法律法规 ··· 202
        10.4.1 新的法律问题 ·· 202
        10.4.2 软件知识产权 ·· 202
        10.4.3 与计算机相关的法律法规 ·· 204
    阅读材料——被算法支配的世界 ··· 205
    习题 10 ··· 206

参考文献 ·· 208

第一部分　认　识　篇

现在我们所说的计算机,全称是通用电子数字计算机,"通用"指计算机可服务于多种用途,"电子"指计算机是一种电子设备,"数字"指计算机内部的一切信息均用0和1的编码来表示。本书第一部分从专业的角度引领读者认识计算机,认识计算机学科,了解计算机学科的知识体系和能力体系。第一部分的知识单元及拓扑结构如下图所示。

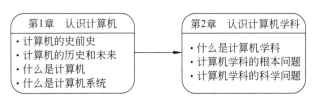

第1章概述了计算工具的发展简史、计算机的发展简史和发展趋势,使读者能够从整体上把握计算机的发展脉络;介绍了计算机的体系结构和工作原理,使读者能够从计算机内部认识计算机;介绍了计算机的分类和特点,使读者能够对计算机家族有一个整体的认识;介绍了系统思维和分层方法以及计算机系统的分层结构,使读者能够对计算机系统建立一个全局的概念。

第2章介绍了计算机学科的命名背景,给出了计算机学科的定义、知识体系以及学科能力;详细说明了计算机学科的根本问题,通过图灵模型解释了什么是计算,如何界定问题是可计算的,如何界定问题是容易解决的还是非常难解决的;通过一些经典实例解释了计算机学科的科学问题。

第 1 章 认识计算机

熟练使用计算机≠计算机专业人士,计算机专业人士必须全面认识计算机,包括计算机的历史和未来、计算机的内部构成、计算机的种类、计算机的工作原理和运行机制等。本章主要讨论以下问题。

(1) 计算机是计算工具吗?计算机出现之前人类用什么作为计算工具?

(2) 计算机从诞生到现在经历了怎样的发展变化?未来的计算机可能是什么样的?

(3) 我们大多数人接触过微型计算机,常识告诉我们微型计算机只是计算机家族的一员,除此之外还有哪些种类的计算机?

(4) 计算机内部是什么样的?计算机是如何进行工作的?从文字处理到卫星导航,计算机神通广大的原因是什么?

(5) 计算机系统是极其复杂的,如此复杂的系统是怎么设计出来的?如何认识、学习计算机系统?

【情景问题】无处不在的计算机

早上。当太阳升上地平线时,手机的闹钟准时响了,今天要去 A 公司洽谈一个项目,可不能迟到。起来边洗漱边打开数字电视,看看早新闻和天气预报,反正耳朵闲着也是闲着,21 世纪什么都需要并行。30 分钟后,开车出门,在 GPS 卫星定位系统中选中 A 公司,系统自动规划好路径,开车时只管握好方向盘、踩好脚踏板就可以了。

上午。项目洽谈得很顺利,商讨、签合同、握手、备份,但是对方需要预付一笔资金,交代财务部马上办理此事。回到办公室签收了前两天在网上订购的图书,终身学习应该是一个成功者必备的基本能力之一。

中午。辛苦了好几天的项目终于尘埃落定,怎么也得庆祝一下吧,邀请相关人士来到一个不大不小的馆子,点菜、喝酒、吃饭、扫码买单——现在人们越来越少使用现金,而是用微信、支付宝等 App 完成在线支付。

下午。怎么肚子疼?正值青春年华可要爱惜身体,赶紧去医院,挂号、看病、划价、取药,什么也比不上有一个好身体啊!

故事还可以再继续,但包含的信息已经够多了,你能感受到我们的日常生活对计算机的依赖吗?你能找出故事中涉及的计算机吗?能想象出它们是如何工作的吗?

1.1 计算机的史前史——计算工具的发展简史

计算机最早只是作为计算工具出现的,自古以来,人类就在不断地发明和改进计算工具,从古老的"结绳记事",到算盘、计算尺、差分机,直到 1946 年第一台电子计算机诞生,计算工具经历了从简单到复杂、从低级到高级、从手动到自动的发展过程。回顾计算工具的发展历史,可以从中得到许多有益的启示。

1.1.1 手动式计算工具

人类最初是用手指进行计算。人有两只手,10 根手指,所以,自然而然地习惯用手指记数并采用十进制记数法。用手指进行计算虽然很方便,但计算范围有限,计算结果也无法存储。于是人们用绳子、石子等作为工具来拓宽手指的计算能力,如中国古书中记载的"上古结绳而治",拉丁文中 Calculus 的本意是用于计算的小石子。

> 巴比伦人采用六十进制,一直到 16 世纪,在欧洲各国的天文学著作中,几乎全部采用六十进制。玛雅人采用二十进制,因为玛雅人生活在热带丛林中,常常赤着脚,露出脚趾头,所以就让脚趾也参与计算了。

最原始的人造计算工具是算筹,我国古代劳动人民最先创造和使用了这种简单的计算工具。算筹最早出现在何时,现在已经无法考证,但在春秋战国时期,算筹的使用已经非常普遍了,南北朝时期,祖冲之用算筹作为计算工具将圆周率精确到 3.1415926 和 3.1415927 之间,我国古代精密的天文历法也是借助算筹取得的。根据史书的记载,算筹是一根根长短和粗细相同的小棍子,一般长为 13~14cm,径粗 0.2~0.3cm,多用竹子制成,也有用木头、兽骨、象牙、金属等材料制成的,如图 1.1 所示。算筹采用十进制记数法,有纵式和横式两种摆法,这两种摆法都可以表示数字 1、2、3、4、5、6、7、8、9,数字 0 用空位表示,如图 1.2 所示。算筹的记数方法为:个位用纵式,十位用横式,百位用纵式,千位用横式……这样从右到左,纵横相间,就可以表示任意大的自然数了。

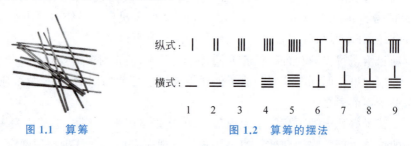

图 1.1 算筹　　　　图 1.2 算筹的摆法

计算工具发展史上第一次重大改革的标志是算盘,也是我国古代劳动人民首先创造和使用的,如图 1.3 所示。算盘由算筹演变而来,并且和算筹并存竞争了一段时间,终于在元代后期取代了算筹。算盘轻巧灵活、携带方便,能够进行基本的算术运算,应用极为广泛,先后流传到日本、朝鲜和一些东南亚国家,后来又传入西方。在中世纪时期的世界各民族中,像算盘这样普及,并与人民日常生活密切相关的计算工具是绝无仅有的。

1617 年,英国数学家约翰·纳皮尔(John Napier)发明了 Napier 乘除器,也称 Napier 算筹,如图 1.4 所示。Napier 算筹由 10 根长条状的木棍组成,每根木棍的表面雕刻着一位数字的乘法表,右边第一根木棍是固定的,其余木棍可以根据计算的需要进行拼合和调换位置。Napier 算筹可以用加法和一位数乘法代替多位数乘法,也可以用除数为一位数的除法和减法代替多位数除法,从而大大简化了数值计算过程。

图 1.3　算盘

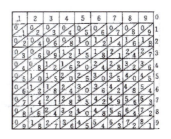
图 1.4　Napier 算筹

1621年,英国数学家威廉·奥特雷德(William Oughtred)根据对数原理发明了计算尺。计算尺在两个圆盘的边缘标注对数刻度,然后让它们相对转动,就可以基于对数原理用加减运算来实现乘除运算,18世纪末,对数计算尺被改进为尺座和在尺座上移动的滑标。计算尺不仅能进行加、减、乘、除、乘方、开方运算,甚至可以计算三角函数、指数函数和对数函数,在袖珍电子计算器面世之前,人们仍习惯使用计算尺。即使在20世纪60年代,熟练使用计算尺仍然是理工科大学生必须掌握的基本功,是工程师身份的一种象征。图1.5展示了1968年由上海计算尺厂生产的计算尺。

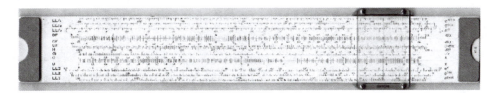
图 1.5　计算尺

1.1.2　机械式计算工具

17世纪,欧洲出现了利用齿轮技术的计算工具。1642年,法国数学家帕斯卡(Blaise Pascal)发明了帕斯卡加法器,这是人类历史上第一台机械式计算工具,其原理对后来的计算工具产生了持久的影响。如图1.6所示,帕斯卡加法器是由齿轮组成,以发条为动力,通过转动齿轮来实现加减运算,用连杆实现进位的计算装置。帕斯卡从加法器的成功中得出结论:人的某些思维过程与机械过程没有差别,因此可以设想用机械工具来模拟人的思维活动。

图 1.6　帕斯卡加法器

> 为了纪念帕斯卡在计算工具方面的贡献,1971年瑞士计算机科学家尼科莱斯·沃斯(Niklaus Wirth)将自己发明的一种程序设计语言命名为 Pascal 语言,这是一种很好的结构化语言,在结构化程序设计时代曾得到广泛的学习和使用,被称为世界范围内的计算机专业教学语言,对计算机科学技术的发展产生了巨大影响。

1673年,德国数学家莱布尼茨(G.W.Leibnitz)在帕斯卡加法器的基础上研制了一台能进行四则运算的机械式计算器,称为莱布尼茨四则运算器,如图 1.7 所示。这台机器在进行乘法运算时采用移位-加的方法,后来演化为二进制,被现代计算机采用。

图 1.7　莱布尼茨四则运算器

莱布尼茨四则运算器是计算工具发展史上的一个小高潮,此后的 100 多年中,虽有不少类似的计算工具出现,但除了在灵活性和可靠性方面有所改进外,都没有突破手动机械的框架,使用齿轮、连杆组装起来的计算设备限制了它的功能、速度以及可靠性。

1804年,法国机械师约瑟夫·雅各(Joseph Jacquard)发明了可编程织布机,通过读取穿孔卡片上的编码信息来自动控制织布机的编织图案,引发了法国纺织工业革命。雅各织布机虽然不是计算工具,但是它第一次使用了穿孔卡片这种输入方式。如果找不到输入信息和控制操作的机械方法,那么真正意义上的机械式计算工具是不可能实现的。直到 20 世纪 70 年代,穿孔卡片这种输入方式还在为人们普遍使用。

图 1.8　巴贝奇差分机

19 世纪初,英国数学家查尔斯·巴贝奇(Charles Babbage)的研究取得了突破性进展。巴贝奇在剑桥大学求学期间,正是英国工业革命兴起之时,为了解决航海、工业生产和科学研究中的复杂计算,许多数学表(如对数表、函数表)应运而生。这些数学表虽然带来了一定的方便,但由于采用人工计算,不能进行实时计算而且错误很多。1822年,在英国政府的支持下,巴贝奇开始研制差分机。差分机历时 10 年研制成功,这是最早采用寄存器来存储数据的计算工具,体现了早期程序设计思想的萌芽,使计算工具从手动机械跃入自动机械的新时代。

> 差分原理:任何连续函数都可以用多项式严格地逼近,例如:
> $$\sin x = x - x^3/3! + x^5/5! - x^7/7! + \cdots$$

1832年,巴贝奇开始研究分析机。在分析机的设计中,巴贝奇采用了 3 个具有现代意义的装置。

(1) 存储装置:采用齿轮装置的寄存器保存数据,既能存储运算数据,又能存储运算结果。

(2) 运算装置:从寄存器取出数据进行加、减、乘、除运算,并且能根据运算结果的状态改变计算的进程,用现代术语来说,就是条件转移。

(3) 控制装置:使用指令自动控制操作顺序,选择所需处理的数据以及输出结果。

爱达(Ada Lovelace,1815—1852年)是英国著名诗人拜伦的女儿,她的母亲是一位杰出的数学家。28岁时,爱达聆听了巴贝奇关于差分机的讲座,立刻理解了这种机器的工作原理并认识到它的价值,成为巴贝奇创意工作的解释者和促进者。爱达与巴贝奇一起工作,记录设计方案,为分析机开发程序。在为分析机开发程序的过程中,爱达发现了程序设计和编程的基本要素,例如可以重复使用某些穿孔卡片,也就是现在的循环和子程序,可以说爱达是历史上第一位程序员。1979年,美国国防部设计了一种通用的高级语言,他们为这个新语言起了一个美丽的名字——Ada,用于纪念爱达。

巴贝奇的分析机是可编程计算机的设计蓝图,实际上,我们今天使用的每一台计算机都遵循着巴贝奇的基本设计方案。但是巴贝奇先进的设计思想超越了当时的客观现实,由于当时的机械加工技术还达不到人们所要求的精度,这部以齿轮为元件、以蒸汽为动力的分析机一直到巴贝奇去世也没有完成。

1.1.3 机电式计算机

1886年,美国统计学家赫尔曼·霍勒瑞斯(Herman Hollerith)借鉴雅各织布机的穿孔卡原理,用穿孔卡片存储数据,采用机电技术取代了纯机械装置,制造了第一台可以自动进行四则运算、累计存档、制作报表的制表机。制表机参与了美国1890年的人口普查,使得预计10年的统计工作仅用1年零7个月就完成了。这是人类历史上第一次利用计算机进行大规模数据的自动处理,如图1.9所示。

1938年,德国工程师朱斯(K.Zuse)研制出Z-1计算机,这是第一台采用二进制的机械式计算机,如图1.10所示。在接下来的4年中,朱斯先后研制出采用继电器的机电式计算机Z-2、Z-3、Z-4。Z-3是世界上第一台真正的通用程序控制计算机,其结构全部采用继电器,同时采用了浮点记数法、二进制运算、带存储地址的指令形式等。这些设计思想虽然在朱斯之前已经提出过,但朱斯第一次将这些设计思想具体实现。

图1.9 制表机用于美国人口普查

图1.10 Z-1计算机

1941年,朱斯向德国政府申请基金,用来建造一台快速的计算机,用于破解敌人的密码。纳粹的军方组织没有批准他的申请,因为军方自信即使没有复杂计算设备的帮助,他们也会很快赢得这场战争。

> 几乎在同一时期,英国政府组建了一个由数学家和工程师组成的绝密小组,其目的是破获纳粹的军事机密。1943年,图灵和其他人领导的小组建造了巨人计算机Colossus(许多人认为巨人计算机是世界上第一台电子数字计算机),使英国军方的间谍机构在整个战争中能够窃取并破译德国最机密的军事情报。

1936年,美国哈佛大学数学教授霍华德·艾肯(Howard Aiken)在读过巴贝奇和爱达的笔记后,提出用机电的方法来实现巴贝奇的分析机。在IBM公司的资助下,1944年,艾肯研制成功了机电式计算机 **Mark-I**,如图1.11所示。Mark-I长15.5m,高2.4m,由75万个零部件组成,使用了大量的继电器作为开关元件,存储容量为72个23位十进制数,采用了穿孔纸带进行程序控制。Mark-I只是部分使用了继电器,1947年研制成功的计算机 **Mark-Ⅱ** 全部使用继电器。

机电式计算机的典型部件是普通的继电器,继电器的开关速度是1/100s,使得机电式计算机的运算速度受到限制。20世纪30年代已经具备了制造电子计算机的技术能力,机电式计算机从一开始就注定要很快被电子计算机替代。事实上,电子计算机和机电式计算机的研制几乎是同时开始的。

1.1.4 电子计算机

1939年,美国艾奥瓦州立大学数学物理学教授约翰·阿塔纳索夫(John Atanasoff)和他的研究生贝利(Clifford Berry)为了求解复杂的微分方程研制了一台称为 **ABC**(Atanasoff Berry Computer)的电子计算机,如图1.12所示。由于经费的限制,他们只研制了一台能够求解包含30个未知数的线性代数方程组的样机。阿塔纳索夫的设计方案中第一次提出了采用电子技术来提高计算机的运算速度。

图1.11 Mark-I

图1.12 ABC计算机

> 艾奥瓦州立大学没有为这个里程碑式的机器投入足够的科研经费,也没有申请专利。当阿塔纳索夫向IBM公司申请援助时,得到的答复是"IBM永远不会对一台电子计算机感兴趣"。

1943年,宾夕法尼亚大学物理学教授约翰·莫克利(John Mauchly)和研究生普雷斯帕·埃克特(Presper Eckert)受美国军械部的委托,为计算弹道和射击表启动了研制 **ENIAC**(Electronic Numerical Integrator and Computer)的计划。1946年2月14日,这台标志人类计算工具历史性变革的巨型机器宣告竣工,如图 1.13 所示。ENIAC 共使用了 18 000 多个电子管,占地 167m², 重达 30t。ENIAC 的最大特点就是采用电子器件代替机械齿轮或电动机械来执行算术运算、逻辑运算和存储信息,因此,同以往的计算工具相比,ENIAC 最突出的优点就是高速度。ENIAC 每秒能完成 5000 次加法,300 次乘法,比当时最快的计算工具快 1000 多倍。ENIAC 是世界上第一台能真正运转的大型电子计算机,ENIAC 的出现标志着电子计算机时代的到来。

图 1.13　ENIAC 计算机

> 现在我们所说的计算机指电子计算机,英文是 computer,在学术性较强的文献中翻译成计算机,在科普性读物中翻译成电脑。在 1940 年以前出版的英语词典中,computer 是执行计算任务的人,即计算员,执行计算任务的机器称为计算器。直到电子计算机问世,人们才开始使用计算机这一术语,并赋予它现代的含义。

思考题

1. 算筹、算盘以及加法器都是将人的计算活动变成某种机械过程,这说明了什么?
2. Napier 算筹、莱布尼茨四则运算器和巴贝奇的差分机都将复杂运算转换为简单运算,这对你有什么启示?
3. 如果没有战争作为催化剂,电子计算机还会如期而至吗?

1.2　计算机的历史和未来

1.2.1　计算机的发展简史

计算机的发展以用于构建计算机硬件的元器件的发展为主要特征,而元器件的发展与电子技术的发展紧密相关,每当电子技术有突破性的进展,计算机就会经历一次重大变革。因此,计算机发展史中的"代"通常以其所使用的主要器件,即电子管、晶体管、集成电路、大规模集成电路和超大规模集成电路来划分。

> 历史上的"代",是以开国君主的登基日为基准日,但是在计算机的发展史上,新的技术是在前人的经验、知识不断积累的前提下,到了某个阶段被特定的人群激发出来,并在实践中获得了认可之后才得以广泛应用,因此,很难以准确的日期来标识"代"。准确地说,应该将计算机的发展史分成几个阶段。这几个阶段的分界线不是泾渭分明的,但是,每个阶段都有自己鲜明的特色,每个阶段都有重大的、标志性的事件作为里程碑。

1. 第一代计算机(1946—1958 年)

第一代计算机以 1946 年 ENIAC 的研制成功为标志。这个时期的计算机都是建立在电子管(如图 1.14 所示)基础上,笨重而且产生很多热量,容易损坏;存储设备使用延迟线和磁鼓,容量很小而且速度很慢;输入设备是读卡机,输出设备是穿孔卡片机和行式打印机。

在这个时代将要结束时,出现了磁带驱动器,提高了输入输出的速度。这个时代有两个重大事件:①1951年问世的 UNIVAC 准确预测了 1952 年美国大选艾森豪威尔获胜,得到社会各阶层的认识和欢迎;②1953 年 IBM 生产了第一批商业化计算机 IBM701,使计算机向商业化迈进。

这个时期的计算机非常昂贵而且需要放在可控制温度的机房中,只有一些大的机构(如政府和银行)才买得起。虽然第一代计算机有着种种缺点,但还是很快就成为科学家、工程师和其他专家不可缺少的工具,显示了计算机的巨大潜力。

2. 第二代计算机(1959—1964 年)

第二代计算机以 1959 年美国菲尔克公司研制成功的第一台晶体管计算机为标志。这个时期的计算机用**晶体管**取代了电子管,如图 1.15 所示。晶体管具有体积小、重量轻、发热少、耗电省、速度快、价格低、寿命长等一系列优点,使计算机的结构与性能发生了很大改变。20 世纪 50 年代末,麻省理工学院研制成功了磁芯存储器,成为这个时期存储器的工业标准;辅助存储设备出现了磁盘;20 世纪 60 年代初,出现了通道和中断装置,解决了主机和外设并行工作的问题。

图 1.14　电子管

图 1.15　晶体管

这个时期的计算机广泛应用在科学研究、大型商业和工程应用等领域,典型的计算机有 IBM 公司生产的 IBM7094 和 CDC 公司(Control Data Corporation,控制数据公司)生产的 CDC1640 等。

> 1948 年,美国贝尔实验室的 3 位物理学家肖克莱(William Shockley)、布拉坦(Walter Brattain)和巴丁(John Bardeen)发明了晶体管。由于这项影响深远的发明,他们获得了 1956 年度的诺贝尔奖,贝尔实验室也因此成为晶体管计算机的发源地。

3. 第三代计算机(1965—1970 年)

第三代计算机以 1965 年 IBM 公司研制成功的 360 系列计算机为标志。在第二代计算机中,晶体管和其他元件都是手工集成在印刷电路板上的,第三代计算机的特征是**集成电路**。所谓集成电路是将大量的晶体管和电子线路组合在一块硅片上,故又称其为**芯片**,如图 1.16 所示。制造芯片的原材料相当便宜,硅是地壳里含量第二的常见元素,是海滩沙石的主要成分,因此采用硅材料的计算机芯片可以廉价地

图 1.16　芯片

批量生产。这个时期的内存储器用半导体存储器淘汰了磁芯存储器,使存储容量和存取速度有了大幅度提高;输入设备出现了键盘,用户可以直接访问计算机;输出设备出现了显示器,可以向用户提供立即响应。

为了满足中小企业与政府机构日益增多的计算机应用,第三代计算机中出现了小型计算机。1965年,DEC公司(Digital Equipment Corporation,数字设备公司)推出了第一台商业化的小型计算机PDP-8。

> 硅谷位于美国加利福尼亚州的旧金山湾区,20世纪50年代初,斯坦福大学在硅谷建立了第一个研究所,1955年,晶体管的发明者肖克莱在硅谷成立了第一个半导体公司,两年后,创立了仙童半导体公司。仙童公司发明了平面集成电路技术,标志着电子技术进入微电子时代。1968年,诺伊斯和摩尔从仙童公司分出去,创办了Intel公司。

4. 第四代计算机(1971年至今)

第四代计算机以Intel公司研制的微处理器Intel 4004为标志,这个时期的计算机最为显著的特征是使用了大规模和超大规模集成电路。集成电路根据1mm^{2}硅片上所包含的门电路数量分为小规模、中规模、大规模和超大规模,如表1.1所示。

表1.1 集成电路的分类

缩　　写	名　　称	门数量/个
SSI	小规模集成电路	1～10
MSI	中规模集成电路	10～100
LSI	大规模集成电路	100～100 000
VLSI	超大规模集成电路	>100 000

1965年,Intel公司的主席戈登·摩尔预言:一个集成电路板上能够容纳的元件数量每18个月增长一倍,也就是说,价格相同的条件下,人们可以期待大约每18个月就可以买到比过去在功能上高过一倍的大规模集成电路芯片,这就是著名的摩尔定律。

1971年,Intel公司发明了具有划时代意义的微处理器。所谓微处理器是将运算器和控制器集成在一块芯片上,构成中央处理单元(Central Processing Unit,CPU)。微处理器形如图1.17。微处理器的发明使计算机在外观、处理能力、价格以及实用性等方面发生了深刻的变化。

图1.17　微处理器

第四代计算机出现了3个里程碑事件:微型计算机、互联网和并行计算机。微型计算机的诞生是超大规模集成电路应用的直接结果,微型计算机的"微"主要体现在体积小、重量轻、功耗低、价格便宜。1977年,苹果计算机公司成立,先后成功开发了APPLE-Ⅰ型和APPLE-Ⅱ型微型计算机。从1981年开始,IBM公司连续推出IBM PC、PC/XT、PC/AT等机型。奔腾系列微处理器应运而生,使得微型计算机体积越来越小、性能越来越强、可靠性越来越高、价格越来越低。

第一台计算机是一台又大又昂贵的完全独立的计算机,它一次只能执行一个任务。随着人们对计算机需求的增加,科学家们不断寻求使计算机资源得到有效利用的方法。20 世纪 80 年代,多用户大型机的概念被由小型机器连接组成的网络所代替,这些小型机器通过联网共享打印机、软件和数据等资源。计算机网络技术使计算机应用从单机走向网络,并逐渐从独立网络走向互联网络。

20 世纪 80 年代末,出现了并行计算机。**并行计算机**含有多个处理器,相应地,只有一个处理器的计算机称为**串行计算机**。虽然把多个处理器组织在一台计算机中存在巨大的潜能,但是为这种并行计算机进行程序设计的难度也相当高。

由于计算机仍然在使用电路板,仍然在使用微处理器,仍然没有突破冯·诺依曼体系结构(冯·诺依曼体系结构的详细介绍见 1.3.1 节),所以我们不能为这一代计算机画上休止符。但是,生物计算机、量子计算机等新型计算机已经出现,我们拭目以待第五代计算机的到来。

1.2.2 计算机的发展趋势

计算机从像 ENIAC 这样笨重、昂贵、容易出错、仅用于科学计算的机器,发展到今天可信赖的、通用的计算工具,遍布现代社会的每一个角落。发明第一台计算机的人并没有预测到计算机技术会发展得如此快速。然而,计算机技术过去的发展与未来的变化相比将会相形见绌。将来我们会觉得现在最好的计算机很原始,就像我们今天看 ENIAC 一样。计算机的产生是人类追求智慧的心血和结晶,计算机科学与技术也必将随着人类对智慧的不懈追求而不断发展。

想要预测未来 10～20 年计算机的发展趋势,最好的办法就是观察目前实验室里的研究成果。虽然我们无法确定实验室里的哪些研究成果最终可以获得成功,也无法确定预测未来的结果是否正确,但是有一点是确定的,那就是创造未来完全靠我们自己。

> 预测未来是很难的,下面是几个没有实现的预言:
> - 存在大概 5 台计算机的世界市场。——Thomas Watson,IBM 公司主席,1943 年
> - 未来计算机只有 1000 个真空管,重量只有 1.5 吨。——Popular Mechanics,1949 年
> - 没理由人人都想在家摆一台计算机。——Ken Olsen,DEC 公司创始人,1977 年

计算机的发展趋势可归结在如下几方面。

(1) **超级计算机**。发展高速度、大容量、功能强大的超级计算机,用于处理庞大而复杂的问题,例如航天工程、石油勘探、基因工程等国防尖端技术和现代科学技术都需要具有最高速度和最大容量的超级计算机。如同原子弹、航空母舰等高尖端科技,超级计算机的技术水平也体现了一个国家的综合国力,因此,超级计算机的研制是各国在高新技术领域竞争的热点。

> 超级计算机 500 强排行榜由美国田纳西州立大学、美国劳伦斯伯克利国家实验室和德国曼海姆大学整理,每半年发布一次,发布网址为 http://www.top500.org。我国自行研制的"曙光 4000A"进入 2004 年全球前 10 名,"神威·太湖之光"位列世界超级计算机 2019 年第 2 名。

（2）微型计算机。微型化是大规模集成电路出现后发展最迅速的技术之一,微型化能更好地促进计算机的广泛应用,微型计算机正逐步由办公设备变为电子消费产品。因此,生产体积小、功能强、价格低、可靠性高、适用范围广的微型计算机是计算机发展的一项重要内容。

（3）智能计算机。到目前为止,计算机在处理过程化的计算工作方面已达到相当高的水平,是人力所不能及的,但在智能性工作方面,计算机还远远不如人脑。如何让计算机具有人脑的智能,模拟人的推理、联想、思维等功能,甚至研制出具有某些情感和智力的计算机,是计算机技术的一个重要发展方向。

（4）普适计算机。20世纪70年代末,各大词典中出现了"个人计算机"词条,人类开始进入"个人计算机时代"。许多研究人员认为,现在我们已经进入了"后个人计算机时代",计算机技术将融入各种工具中并完成相应功能。当计算机在人类的日常生活中无处不在时,我们就进入了"普适计算机时代",普适计算机将提供前所未有的便利和效率。

> 施乐PARC计算机研究中心负责人马克·韦泽这样解释普适计算机:"最深刻的技术是那些已经消失的技术,它们存在于我们的日常生活中,直到它们已经不再出众。"计算机将隐藏于日常电器和日常用品的内部,以不可见的方式随时随地发挥作用,潜入平常生活之中,更大范围地影响人们的生活。

（5）新型计算机。集成电路的发展正在接近理论极限,人们正在努力研究超越物理极限的新方法,新型计算机可能会打破计算机现有的体系结构。目前正在研制的新型计算机有:生物计算机——运用生物工程技术,用蛋白分子做芯片;光计算机——用光作为信息载体,通过对光的处理来完成对信息的处理;量子计算机——采用量子特性,使用两能级的量子体系来表示信息……

> 集成电路是电子计算机的核心部分,要想提高计算机的运算速度和存储容量,关键是实现更高的集成度。但是,单位面积上容纳的元件数是有限的,$1mm^2$的硅片上最多只能装载25万个元件,并且它的散热、防漏电等因素也制约着集成电路的规模。现在的半导体芯片发展已经接近理论上的极限,于是,研制一种新芯片的课题就摆在各国专家面前。

（6）万物互联。由于互联网和万维网在世界各国已经得到不同程度的普及,且日趋成熟,人们开始关心,互联网和万维网之后是什么?答案是"物物相连的互联网",即物联网。互联网实现了计算机硬件的连通,万维网实现了网页的连通,而物联网试图实现将所有物体连在一起,形成互联互通的网络。

> 曾经有人设想,将来所有的家用电器和设备都应该连接在网络上,这样在你下班之前就可以从办公室给自己居所的控制中心发几个指令,启动微波炉和电饭煲把晚饭烧好,启动供暖设备把房间加温到25℃,启动电热器为你烧好洗澡水。随着科技的进步和物联网的高速发展,这样的设想正逐渐成为现实。

思考题

1. 想象一下,普适计算机的输入/输出设备应该是怎样的?仍然是传统的键盘、鼠标、显示器、打印机等吗?

2. 现在的互联网已经很不安全了,每天都可能有黑客或计算机病毒侵入我们的计算机。如果将所有的家用电器都连接在网上,会不会更不安全呢?

3. 集成电路的发展正在接近理论极限,以后的计算机也许不是电子计算机了,可是我们现在学习的还是电子计算机的理论、技术和工具,这样的学习还有用吗?

1.3 什么是计算机

1.3.1 冯·诺依曼体系结构

虽然 ENIAC 显示了电子元件在进行初等运算速度上的优越性,但它没有最大限度地实现电子技术所提供的巨大潜力。ENIAC 存在两个主要缺点:第一,存储容量小,至多只能存储 20 个 10 位十进制数;第二,程序是"外插型"的,为了进行几分钟的计算,需要先用几小时的准备工作来接通各种开关和线路。由于缺乏关于电子计算机体系结构的全面分析和理论基础,在 ENIAC 上实现重大突破的希望很渺茫。1944 年,美国军械部要求宾夕法尼亚大学在建造 ENIAC 的同时重新设计更强有力的计算机。

当普林斯顿大学数学教授约翰·冯·诺依曼(John von Neumann)听说美国军械部正在研制 ENIAC 时,他正在参加第一颗原子弹的研制工作。原子核裂变反应过程中涉及大量计算,为此,有成百上千名计算员夜以继日地进行工作,却还是不能满足计算要求,于是,冯·诺依曼马上意识到 ENIAC 的深远意义。1944 年 8 月到 1945 年 6 月,冯·诺依曼与 ENIAC 小组合作,提出了一个全新的 EDVAC(Electronic Discrete Variable Automatic Computer,离散变量自动电子计算机)方案,也称为冯·诺依曼计算机。时至今日,所有的计算机都没有突破冯·诺依曼计算机的基本结构。

> 约翰·冯·诺依曼(John von Neumann)1903 年出生于匈牙利布达佩斯,中学时代受到严格的数学训练,19 岁就发表了有影响的数学论文。他掌握 7 种语言,曾游学柏林大学,成为德国大数学家希尔伯特的得意门生,1933 年受聘于美国普林斯顿大学高等研究院,成为爱因斯坦最年轻的同事。冯·诺依曼在数学、应用数学、物理学、博弈论和数值分析等领域都有不凡的建树,为进行计算机的逻辑设计奠定了坚实的基础。

EDVAC 方案提出计算机应具有 5 个基本部件:运算器、控制器、存储器、输入设备和输出设备,并描述了这 5 个部件的功能和相互关系,如图 1.18 所示。各部件的主要功能如下。

(1) 运算器:是计算机对数据进行加工处理的部件,完成对二进制数的加、减、乘、除等基本算术运算和与、或、非等基本逻辑运算。

(2) 控制器:控制计算机的各部件协调工作。

(3) 存储器:存放程序和数据。

（4）输入设备：从外界将程序和数据输入计算机，供计算机处理。

（5）输出设备：将计算机的处理结果转换成外界能够识别的数字、文字、图形、声音、电压等形式的信息并呈现给用户。

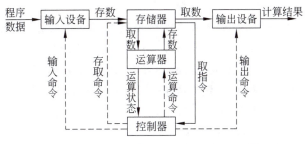

图 1.18　冯·诺依曼计算机（──▶ 数据流　--▶ 控制流）

在冯·诺依曼体系结构下，计算机的定义是：计算机是一种能够按照事先存储的程序，自动、高速地对数据进行输入、处理、输出和存储的系统。更确切地说，计算机是一种数据处理机，能够把输入的数据进行加工处理，并输出处理结果。

似曾相识的处理系统

人是一种天然的数据处理系统，以过马路为例，人在过马路前，首先站在马路边左右张望，这是用眼睛在收集数据，看到一辆车飞驰而来，这个信息马上被输入大脑，然后大脑开始紧张地加工运算：先检索出一条已经存储的知识——人要是让车碰到可不得了，然后赶快估计车的速度、方向，决定是原地不动还是快步走过，最后发出神经信号指挥肌肉执行决定。

1.3.2　计算机的工作原理

冯·诺依曼体系结构的主要特征是**存储程序**。程序是指令的有限序列，这个指令序列告诉计算机需要做什么，按什么步骤去做。所谓存储程序是指事先编制好程序，并将程序和数据通过输入设备存入计算机的存储器中，计算机在运行时就能自动、连续地从存储器中按照程序逐条取出指令并执行。执行的中间结果和最终结果都存入存储器中，最终从存储器中取出处理结果，通过输出设备呈现给用户。因此，**计算机的工作过程就是运行程序的过程，也就是执行指令的过程**。

人类进入机器时代后，总是从机器的外部对其运行过程和状态进行控制，例如对织布机的操作、对蒸汽机的操作。最早期的计算机也沿用了这个思想，例如 ENIAC 只有数据是存储在计算机的内部的，对数据处理过程的控制则需要通过计算机外部的开关或改变布线才能实现。人们很快认识到，这种从机器外部对机器施加控制的传统方法在计算机上是行不通的，因为将控制从外部提交给计算机的速度远远赶不上计算机执行操作的速度。存储程序是人类控制机器以来一次革命性的突破，也是计算机实现真正自动化的根本原因之一。

指令是告诉计算机做什么以及如何做的命令,控制器根据指令来指挥和控制计算机各部分协调工作。一条指令是计算机硬件可以执行的一个非常低级简单的操作,如加、减、数据传送、移位等。记住这一点很重要:**计算机所做的每一件事情都能够被分解为一系列极其简单又极其快速的算术运算或逻辑运算。**

程序在执行时首先被装入存储器中,然后重复执行下述操作:①取指令(读取),控制器从存储器中取出一条指令;②分析指令(译码),控制器分析所取指令的操作码,确定执行什么操作;③执行指令(执行),控制器根据所取指令的含义发出相应的操作命令,控制运算器进行指定的运算。指令的执行过程构成了一个"读取→译码→执行"指令执行周期,称为**机器周期**,如图1.19所示。程序的执行过程就是一条条指令的执行过程,控制器不断地取指令、分析指令、执行指令,直至程序结束。

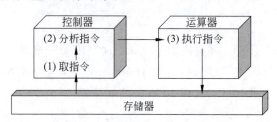

图1.19　指令的执行过程示意图

> 现代计算机的体系结构大多采用流水线技术,一条指令正在执行时可以读取下一条指令,这意味着在任何一个时刻,可以有多条指令在"流水线"上,每条指令处于不同的执行阶段,这样的技术加快了计算机的处理速度。

1.3.3　计算机的分类和特点

目前,世界上流行着多种计算机,不同的计算机具有不同的用途,虽然它们本质上都基于同一种体系结构,但是还有很多明显的差别。按照计算机的规模以及性能指标(如运算速度等)可将计算机分为巨型计算机、大型计算机、小型计算机、服务器、工作站、微型计算机、网络计算机、便携式计算机、嵌入式计算机等。

1. 巨型计算机

巨型计算机(也称超级计算机、高性能计算机)指性能最好、功能最强、速度最快的计算机,如图1.20所示。巨型计算机通常包含几百个处理器,运算速度超过每秒1亿次(这里1次的概念是指处理器执行最简单的操作,例如把一个数存储在计数器里,比较两个数等)。巨型计算机主要被应用在复杂的科学计算中,可用于军事、气象、石油探测等尖端科学领域。我国研制的"银河""曙光""神州"系列计算机就属于巨型计算机。

图1.20　巨型计算机

2. 大型计算机

自1946年ENIAC推出之后,大型计算机就成为计算机业的基石,在微型计算机出现之前,大多数的信息处理是在大型计算机上完成的。大型计算机的运算速度达到每秒几百万次。今天,诸如银行、铁路、航空等大型机构仍然使用大型计算机作为计算机网络的主机来处理数据量很大的业务,当你预订飞机票或者向你的账户上存钱时,大型计算机就参与了这些处理。图 1.21 展示了大型计算机。

3. 小型计算机

按照传统的定义,小型计算机的运算速度和存储容量略低于大型计算机,体积也比大型计算机略小。十几年前,人们还在使用小型计算机,然而,今天的大型计算机比原来的小型计算机还要小,而且今天的微型计算机的性能比原来的小型计算机还要好,对许多应用来说,小型计算机已经被服务器所取代。小型计算机如图 1.22 所示。

图 1.21　大型计算机

图 1.22　小型计算机

4. 服务器

服务器是在网络上为其他计算机提供软件和资源的计算机。网络上的每一台计算机都可以作为服务器来使用,但是有些服务器是专用的,例如邮件服务器可以使网络上的用户传送电子邮件,打印服务器可以使网络上的用户共享中央打印机,文件服务器可以使网络上的用户共享文件。图 1.23 展示了一台 PC 服务器。

5. 工作站

工作站由高性能微型计算机、输入输出设备以及专用软件组成,通常能够完成某种特殊用途。例如,图形工作站(如图 1.24 所示)包括高性能的主机、扫描仪、绘图仪、数字化仪、高精度的显示器、其他通用的输入输出设备以及图形处理软件,具有很强的图形处理能力,在工程设计等领域有着广泛的应用。

图 1.23　PC 服务器

图 1.24　图形工作站

6. 微型计算机

微型计算机通常指个人计算机(Personal Computer,PC),主要用于处理个人事务。大多数计算机用户并不需要一台用于科学研究的计算机来处理个人事务,微型计算机具有足够的能力来处理文字、上网以及满足人们的其他日常应用需求。毫不夸张地说,今天的微型计算机比几十年前的大型计算机的性能还要好。

7. 网络计算机

网络计算机是一种在网络环境下使用的终端设备,如图 1.25 所示。研究人员认为,不久以后,我们使用计算机的主要目的是把它作为进入局域网或互联网的工具。网络计算机有两个特点:一是内存容量大、通信功能强,但本机中不一定配置外存和其他硬件设备,因此一般要比普通的 PC 便宜;二是计算机需要的很多软件都存储在服务器上,因此易于维护。

8. 便携式计算机

便携式计算机具有体积小、功能强、便于携带等特点,常见的便携式计算机有膝上型计算机(通常称为笔记本电脑)和掌上型计算机(也称个人数字助理(PDA))。为了将便携式计算机的尺寸和重量降下来,生产商经常去掉台式机上作为标准设备的部件,例如,有些笔记本电脑中没有光驱;大多数便携式计算机都有连接外设的端口,可以快速地连接外部显示器、键盘、鼠标和磁盘驱动器等。

9. 嵌入式计算机

嵌入式计算机是用于执行特定功能的计算机,这个术语的由来是因为第一台执行特定功能的计算机被物理意义上地嵌入了设备中,如图 1.26 所示。嵌入式计算机通常嵌入在单个微处理器芯片上,程序被固化在 ROM 中。几乎所有具有数字界面的设备都使用了嵌入式计算机,如游戏机、微波炉、汽车等。实际上,90%的微处理器都是嵌入在家用电器里的。

图 1.25　网络计算机

图 1.26　嵌入式计算机

> 只读存储器(ROM)只能读数据,不能写数据,ROM 里的数据是在生产芯片时写上去的。由于不能在嵌入式处理器上开发和测试程序,所以程序先在 PC 上编写,然后再为目标系统进行编译,生成嵌入式计算机的处理器能够执行的代码,最后把代码固化到系统附带的 ROM 中。固化的程序是不能改变的,当程序被永久性地固化在芯片上时,就变成了固件——一种硬件和软件结合的产物。

虽然各种类型的计算机在规模、性能、用途、结构等方面有所不同,但都具有以下特点。

(1) **运算速度快**。自 1946 年计算机诞生时,每秒 5000 次的运算速度就是其他计算工具无法能及的。目前,超级计算机的运算速度已经达到每秒几百万亿次,即使是微型计算机,其运算速度也已经远超早期大型计算机。

(2) **计算精度高**。由于计算机内部采用浮点数(也就是科学记数法)表示方法,而且计算机的字长从 8 位、16 位增加到 32 位、64 位甚至更长,因此计算结果具有很高的精度,而且可以连续无故障运行。

> 历史上有一位著名的数学家契依列,整整花了 15 年时间,将圆周率精确到小数点后 707 位,如果把这件事交给计算机来做,几小时就可计算到 10 万位。

（3）**存储容量大**。计算机具有内存储器和外存储器,内存储器用来存储正在运行的程序和数据,外存储器用来存储需要长期保存的数据。目前,微型计算机的内存容量一般可以达到 16GB 甚至更多,硬盘容量可以达到数十 GB 甚至上百 GB。

（4）**计算自动化**。计算机由于可以存储程序,因此可以在程序的控制下自动地完成各种操作,而无须人工干预。更重要的是,在机器内部可以快速地进行程序的逻辑选择,从而使全部计算过程实现真正的自动化。

> 可以将一座大型图书馆中成百上千万册图书的信息存入计算机,并采用计算机自动检索,随时随地向读者提供服务。手机的字典功能、网站的文献检索、中央电视台的网上直播等,都属于这样的模式。

（5）**连接与网络化**。计算机设有各种接口,可以实现网络连接,从而方便地进行资源共享与信息交流,覆盖全球的互联网已进入普通家庭,正在日益改变着人们的生活、学习与工作习惯。

（6）**通用性强**。各种系统软件和应用软件的迅速发展,不仅使计算机易于操作,而且大大扩展了计算机的功能,计算机不仅可以进行科学计算,还具有管理功能、模拟功能、控制功能、图形功能等,因此,计算机是具有多种用途的数据处理机。

思考题

1. 程序和数据,以及处理的中间结果都存储在存储器中,那么计算机如何判断读出的是要执行的指令还是要处理的数据?

2. 与微型计算机相比,大型计算机的造价显然要高出很多,你认为造价高在哪些地方?建造大型计算机的难点是什么?

1.4 什么是计算机系统

1.4.1 系统科学与分层方法

系统科学起源于人们对传统数学、物理学和天文学的研究,诞生于 20 世纪 40 年代。建立在系统科学基础之上的系统科学方法为现代科学技术的研究带来了革命性的变化,并在社会、经济和科学技术等各方面都得到了广泛的应用。

> 中国最早体现系统思想的成果是《易经》。《易经》的系统思想主要体现在它将世界当成一个由基本元素(爻)组成的整体(64 卦),世界万物具有不同层次(太极→两仪→四象→八卦),万物互相联系互相演变,体现出万物之间复杂的层次关系、结构关系和因果关系。

系统科学方法是用系统的观点来认识和处理问题的各种方法的总称。系统是由相互联系、相互作用的若干元素构成的、具有特定功能的统一整体。一个大的系统往往是复杂的,因此通常将系统划分为一系列较小的系统,这些较小的系统称为子系统。划分子系统的目的是更好地理解和实现整个系统,因此,要充分考虑到各子系统的功能要求,准确地对各子系统进行描述,并实现整体最优设计,如图 1.27 所示。

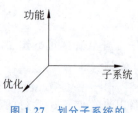

图 1.27 划分子系统的基本原则

分层方法是划分系统的一个重要方法,系统可以表示为各级子系统的层次结构形式,在每个层次上定义相对独立的概念和方法,并给出相邻层之间的关系(接口或协议)。一般来说,高层子系统包含和支配低层子系统,低层子系统支撑并隶属于高层子系统。例如,对一个企业来说,良好的组织结构首先要确定层次结构,明确定义每一层的职责范围;其次要确定不同层次之间的关系,明确定义每一层的人员与上下层之间的关系;再次要确定对等层之间的关系,明确定义某一个层面的人员与对等层之间的关系,最后还要优化这个层次结构,使之达到分工协作、整体大于部分之和的效果。

1.4.2 计算机系统的分层结构

计算机系统由计算机硬件和计算机软件构成。计算机硬件指构成计算机系统的所有物理器件(集成电路、电路板以及其他磁性元件和电子元件等)、部件和设备(控制器、运算器、存储器、输入/输出设备等)的集合,没有配备任何软件的计算机称为裸机。计算机软件指用程序设计语言编写的程序,以及运行程序所需的文档和数据的集合。

自计算机诞生之日起,人们探索的重点不仅在于建造运算速度更快、处理能力更强的计算机,而且在于开发能让人们更有效地使用这种计算设备的各种软件。随着计算机技术的进步,包围硬件的软件变得越来越复杂,计算机系统的分层结构也在逐渐增长,计算机提供的功能越来越强大,使用计算机变得越来越容易,普通用户(包括应用程序员)离计算机硬件也越来越远了。计算机系统的分层结构如图 1.28 所示。

图 1.28 计算机系统的分层结构

物理层是计算机系统的最底层,它反映了在计算机上表示信息的方式,也就是如何表示数值、字符、文字、声音、图形和图像等信息,如何使门和电路控制电流实现数据的存储和运算。计算机内部是一个二进制数字世界,要理解计算机技术,首先必须理解二进制以及数字化原理。

机器层反映了构成计算机硬件的主要部件、部件的主要性能以及这些部件之间的连接方式。冯·诺依曼计算机主要由运算器、控制器、存储器、输入设备、输出设备5个部件组成,在大规模集成电路制作工艺出现后,通常把运算器和控制器集成在一块芯片上,构成中央处理器(CPU)。

软件是计算机的灵魂,没有软件,计算机的存在就毫无价值。没有配备任何软件的计算机向用户提供的界面只能有机器指令。操作系统实现了对计算机硬件功能的首次扩充,计算机只有加载了相应的操作系统之后,才能构成一个可以协调运转的计算机系统,因此,操作系统是最重要的系统软件。系统软件层用于扩展计算机的硬件功能,维护整个计算机系统,为应用开发人员提供平台支持,主要包括操作系统、语言翻译系统、数据库管理系统(DBMS)以及病毒防治、文件压缩等各种工具软件。

从最底层到系统软件层,分层的重点在于使计算机能够良好地运转起来;从应用软件层开始,分层的重点则是能更好地用计算机解决真实世界的各种问题,这也是促使计算机技术快速发展的主要动力之一。

应用软件是相对于系统软件而言的,应用软件必须在系统软件的支持下才能工作。由于计算机的广泛应用,出现了与应用领域无关的、面向普通用户的通用软件,典型的通用软件有文字处理软件、电子制表软件和数据库管理软件等。随着计算机的应用日益渗透到社会的各行各业,出现了为特定行业开发的、针对某个应用领域的专用软件,例如图书管理软件、门诊挂号软件等。

> 20世纪90年代中期,微软(Microsoft)公司将文字处理软件Word、电子表格软件Excel、数据库管理软件Access等应用程序绑定在一个软件包中,称为办公自动化软件,成为最常用的办公软件。

随着互联网逐渐演化成全球性网络,计算机不再只是某个人桌面上的孤立系统,可以说,计算机网络从根本上改变了计算机的使用价值。通信层提供的功能使计算机可以连接网络,和地球上任何地方的人们进行通信,共享信息和资源。

计算机系统的每个分层在整个系统中都扮演着一个特定的角色,当把各个分层组织在一起构成一个整体时,这个整体的功能却远远大于各部分功能的总和。我们很容易掌握细节,但常常会失去全局观念,本书采用自底向上的方式带领读者游历计算机世界,由内而外地讨论计算机可以做什么,以及是如何做的。介绍每一部分的首页都会提醒读者现在处于计算机系统的哪一层,每前进一个分层,你都会感到计算机系统原来如此精妙。

思考题

1. 古代人讲"十年寒窗,金榜题名",现代人讲"十二年苦读,学习再学习",完成学业当然是一项系统工程。请用系统思维方法分析你高考之前的学习生涯。

2. 随着计算机的发展,计算机用户的概念发生了变化,使用计算机的人不再仅是专业人员,还包括普通用户。请说明不同的用户群体如何在计算机系统的不同分层上使用计算机。

3. 计算机系统的分层结构为什么会逐渐增长?随着分层结构的增长,计算机硬件系统应该随之发生变化吗?

阅读材料——中国计算机发展简史

我国的计算机事业始于1956年。20世纪40年代后期,我国著名数学家华罗庚教授在美国普林斯顿大学做研究工作时,与冯·诺依曼相识,对ENIAC等计算机比较了解。1956年8月,中国科学院计算技术研究所筹备委员会成立,华罗庚教授任筹委会主任,同时组织了计算机设计、程序设计和计算方法等专业训练班,并首次派出一批科技人员赴苏联学习和考察,引进了苏联的M-3小型机和BECM大型机。计算所的科技人员根据苏联提供的计算机设计图纸,在修改和实验后研制出103型和104型计算机。1958年8月1日,103型计算机表演了短程序运行,为此,《人民日报》发表了题为"我国计算机技术不再是空白科学,第一台通用电子数字计算机制成"的消息。1959年4月30日,104型计算机计算出了"五一"劳动节的天气预报。1959年5月17日,中科院计算所正式成立。

从1964年开始,我国相继研制并生产了一批晶体管计算机。20世纪70年代,我国进入了集成电路计算机时期。1974年,集成电路计算机DJS-130通过鉴定,随后,DJS-180小型机系列、200大中型机系列、DJS-10工业控制机和DJM-300模拟机等一系列机型研制成功并投入使用。

20世纪80年代国际上出现PC后,国内微型计算机得到快速发展,1985年长城286投产,1986年中华学习机投产,1988年长城386投产,1996年国产联想电脑在国内微机市场销售量首次实现排名第一。

1983年,我国研制成功757大型计算机。757机的元器件和设备立足于国内,是由我国自行设计的第一台大型向量计算机,每秒向量运算可达千万次。1983年,每秒向量运算1亿次的"银河Ⅰ"巨型计算机研制成功,填补了国内巨型计算机的空白。1992年,"银河Ⅱ"通过鉴定,运算速度每秒达到10亿次,使中国成为当今世界少数几个能发布中期数值预报的国家之一。1997年,"银河Ⅲ"研制成功,每秒运算速度达130亿次,使中国成为世界上少数几个能研制和生产大规模并行计算机的国家之一。

1999年,"神威"研制成功,运算速度每秒可达3840亿次,使我国成为继美国、日本之后能够研制生产3000亿次计算机的国家。2004年,曙光4000A进入全球前10名。2008年,曙光5000A进入全球前10名。2010年,曙光6000A进入全球前10名,计算峰值名列全球之首。2019年,我国"神威·太湖之光"位列世界超级计算机第2名。2021年,世界500强超级计算机名单中,有186台中国超级计算机,123台美国超级计算机,中国超级计算机总算力占比为32.3%,位列全球第2名。

习题1

一、选择题

1. 诞生于1946年的电子计算机是( ),它的出现标志着电子计算机时代的到来。
   A. EDVAC　　　　B. APPLE　　　　C. IBM PC　　　　D. ENIAC
2. 冯·诺依曼对计算机的主要贡献是( )。
   A. 发明了微型计算机

B. 提出了存储程序的概念

C. 设计了第一台电子计算机

D. 提出了高级程序设计语言的概念

3. 计算机之所以能自动地、连续地进行数据处理,主要是因为(　　)。

A. 采用了开关电路 　　　　　　　B. 采用了半导体器件

C. 具有存储程序的功能　　　　　D. 采用了二进制

4. 计算机硬件系统由5个基本部件组成,不属于这5个基本部件的是(　　)。

A. 运算器和控制器　　　　　　　B. 存储器

C. 输入设备和输出设备　　　　　D. 总线

5. 我国自行研制的"曙光"计算机属于(　　)。

A. 微型计算机　　　　　　　　　B. 小型计算机

C. 大型计算机　　　　　　　　　D. 巨型计算机

6. 大规模集成电路包含门电路的数量是(　　)个。

A. 100～10 000　　　　　　　　B. 100～100 000

C. 1000～10 000　　　　　　　 D. 1000～100 000

7. (　　)制造并出售了第一台齿轮传动、能够进行加法和减法的机器。(　　)制造了第一台能够进行加、减、乘、除运算的机械式机器。(　　)是第一位程序员。(　　)提出了伟大的分析机设想。(　　)第一次提出采用电子技术来提高计算机的运算速度。(　　)主持研制成功了机电式计算机Mark-I。(　　)主笔完成了EDVAC方案。

A. 布莱斯·帕斯卡(Blaise Pascal)

B. 奥古斯塔·爱达(Augusta Ada)

C. 霍华德·艾肯(Howard Aiken)

D. 冯·诺依曼(von Neumann)

E. 查尔斯·巴贝奇(Charles Babbage)

F. 约翰·阿塔纳索夫(John Atanasoff)

G. 戈特佛里得·莱布尼茨(Gottfried Leibnitz)

二、简答题

1. 在计算机的发展过程中有很多关键事件和关键人物,请写出你知道的大事记。

2. 计算机的主要特点是什么?

3. 由于计算机技术的迅猛发展和应用领域的不断扩大,计算机已经成为一个庞大的家族。说一说你所认识的计算机家族。

4. 计算机为什么能进行快速的自动计算?自动计算的前提是什么?

5. 计算机系统的分层结构什么?谈谈你对这个分层结构的理解。

三、讨论题

1. 上网查找有关算筹的资料,说明算筹如何表示正数、负数和分数?利用算筹如何进行四则运算?南北朝时期祖冲之利用算筹将圆周率精确到小数点后第8位,体验一下祖冲之的计算过程。

2. 自古以来,人类就在不断地发明和改进计算工具。学习了计算工具的发展简史,你得到了哪些启示?

3. 计算机的出现彻底改变了我们整个社会的生活方式和思维模式。你认为计算机的出现让我们的生活变好了,还是不如从前了？为什么？计算机在哪些方面的应用使得我们的世界变得更美好？在哪些方面的应用对人类的未来造成了威胁？

4. 世界上有一些人从来没打过电话,更不用说使用计算机了。信息革命会不会使他们更落伍？信息富有的个人和国家有没有责任与信息贫穷的个人和国家分享他们的信息和技术？

第 2 章　认识计算机学科

正如第 1 章中提到的,熟练使用计算机≠计算机专业人士。计算机专业人士必须知道计算机学科的内涵和形态,了解计算机学科的根本任务和根本问题,并在实际的学习和工作中关心(或提出)那些能够推动学科发展的科学问题。本章主要讨论以下问题。

（1）什么是计算机学科？大学期间学生应该构建一个什么样的知识体系？计算机学科要求学生具有哪些基本能力？

（2）计算机学科的根本任务就是(自动)计算,所有问题都可以被自动计算吗？如何判别可计算问题的资源消耗(例如计算时间)？

（3）宏观上说,计算机学科存在哪些科学问题？科学问题的提出和解决如何推动了计算机学科的发展？

【情景问题】"计算作为一门学科"的存在性证明

最早的计算机科学学位课程是由美国普渡大学于 1962 年开设的,随后,斯坦福大学也开设了同样的学位课程。但针对"计算机科学"这一名称,当时引起了激烈的争论。因为当时的计算机主要用于数值计算,因此,大多数科学家认为使用计算机仅是编程问题,不需要做任何科学的思考,没有必要设立学位课。

20 世纪 70 年代以来,计算机技术得到了迅猛发展,并开始渗透到许多学科领域,成为一门范围极为宽广的学科,但争论还在继续。计算机科学能否成为一门学科？计算机科学是理科还是工科,抑或只是一门技术、一个职业？如果计算机科学连作为一门学科的客观存在都不能被承认,即使它在众多分支领域都取得重大成果并已得到广泛应用,其发展仍将受到极大的限制。因此,给出计算机学科的确切定义并证明其存在性对学科的发展至关重要。

> 科学研究是以问题为基础的,只要有问题的地方就会有科学和科学研究。学科是在科学的发展中不断分化和整合而形成的,是科学研究发展成熟的产物。并不是所有的科学研究领域最后都能发展成为学科,科学研究发展成熟而成为一个独立学科的标志是必须有独立的研究内容、成熟的研究方法和规范的学科体制。

1985 年春,ACM 和 IEEE-CS 联手组成攻关组,经过近 4 年的工作,攻关组提交了"计算作为一门学科"(Computing as a Discipline)的报告。由于"证明一门学科的存在"是一个从来没有过的问题,因此,仅就证明方法来说,要得到学术界的广泛认可就是一件非常困难的事。"计算作为一门学科"的报告从定义一个学科的要求、学科的简短定义,以及支撑一个学科所需的抽象、理论和设计等方面,详细地阐述了计算作为一门学科的存在事实,并将当时的计算机科学、计算机工程、计算机科学与工程、计算机信息学以及其他类似名称的专业及其研究范畴统称为计算学科。

2.1 什么是计算机学科

计算学科以令人惊异的速度发展,已经大大延伸到传统计算机科学的边界之外,成为一门范围极为宽广的学科。由于学术界和社会公众习惯上将与计算机相关的学科称为计算机学科,在不致混淆的情况下,本书将计算学科称为计算机学科。

2.1.1 计算机学科的定义

"计算作为一门学科"报告定义计算机学科如下:"**计算机学科是对描述和变换信息的算法过程,包括对其理论、分析、设计、效率、实现和应用等进行的系统研究。它来源于对算法理论、数理逻辑、计算模型、自动计算机器的研究,并与存储式电子计算机的发明一起形成于 20 世纪 40 年代初期。**"

理解起来,计算机学科研究计算机的设计、制造,以及如何利用计算机进行信息获取、表示、存储、处理等,包括了**科学、工程、技术和应用**几部分。科学部分的核心在于通过抽象建立模型,实现对计算规律的研究;工程部分的核心在于用合理的成本构建从基本计算系统到大规模复杂计算应用系统的各类系统;技术部分的核心在于研究如何用计算进行科学调查与研究,并发明相关的手段和方法;应用部分的核心在于构建、维护和使用计算系统实现和求解特定问题。

本质上,计算机学科研究的是如何让计算机模拟人的行为,处理各种事务,并用程序来描述各种形式的事务处理。这些事务可以是数学领域的函数计算、方程求根、断言判定、逻辑推导、代数化简等,也可以是非数学领域的表格处理、图形与图像处理、语言理解、数据分析、目标跟踪、数据传输、创作设计等。因此,计算机学科不但包括对算法和信息处理过程的研究,也包括满足给定规格要求的软硬件系统的设计,即包括抽象方法、理论研究和工程设计。

抽象也称模型化,指对同类事物去除个别的、次要的方面,抽取共同的、主要的方面,从而做到从个别中把握一般、从现象中把握本质的认知过程和思维方法。**理论**则指为了理解一个领域中对象之间的关系而构建的基本概念和符号。科学理论是经过实践检验的系统化的科学知识体系,由科学概念、科学原理以及对这些概念、原理的理论论证所组成的体系,表现为定义、定理、性质及其证明。**设计**指构造支持不同应用领域计算机系统的过程。工程设计具有较强的实践性、社会性和综合性,其实现主要受社会因素、客观条件(包括其他相关学科)的影响。

抽象、理论和设计是计算机学科的 3 个学科形态,它们概括了计算机学科的基本内容,也是计算机学科认知领域中最基本的 3 个概念。设计形态以抽象形态和理论形态为基础,没有科学理论依据的设计是不合理的,也是不会成功的。设计形态是抽象形态和理论形态的具体表现形式,例如,图灵机是理论形态,而具体的计算机(如 ENIAC)是设计形态。

2.1.2 计算机学科的知识体系

随着计算机科学技术的快速发展以及计算机应用领域的不断扩展,计算机学科现已成为一个庞大的学科。根据教育部发布的《普通高等学校本科专业目录(2020 年版)》,计算机类专业包括计算机科学与技术、软件工程、网络工程、信息安全等 18 个本科专业。2018 年 3

月,教育部发布了《普通高等学校本科专业类教学质量国家标准》,其中的《计算机类专业教学质量国家标准》标志着我国的计算机类专业教育进入了依据国家标准开展人才培养的阶段。《计算机类专业教学质量国家标准》中要求,计算机类专业的知识体系包括通识类知识、学科基础知识、专业知识,同时具有完备的实践教学体系。

1. 通识类知识

通识类知识包括人文社会科学类、数学及自然科学类两部分。人文社会科学类知识包括经济、环境、法律、伦理等基本内容,能够使学生在从事工程设计时考虑经济、环境、法律、伦理方面的各种制约因素;数学及自然科学类知识包括高等工程数学、概率论与数理统计、离散结构、力学、电磁学、光学与现代物理的基本内容,能够使学生掌握理论和实验方法,为表述工程问题、选择恰当数学模型进行分析推理奠定基础。

2. 学科基础知识

学科基础知识被视为专业类基础知识,体现数学和自然科学在本专业中的应用能力,培养学生计算思维、程序设计与实现、算法分析与设计、系统能力等专业基本能力,能够解决实际问题。建议覆盖以下知识领域的核心内容:程序设计、数据结构、计算机组成、操作系统、计算机网络、信息管理。每一部分的学习都应包括核心概念、基本原理以及相关的基本技术和方法,并让学生了解学科发展历史和现状。

3. 专业知识

不同的专业课程须覆盖相应知识领域的核心内容,并培养学生将所学知识运用于复杂系统的能力,学生学习后应能够设计、实现、部署、运行或者维护基于计算原理的系统。例如,计算机科学与技术专业培养学生将基本原理与技术运用于计算学科研究以及计算系统设计、开发与应用等工作的能力。建议包含数字电路、计算机系统结构、算法、程序设计语言、软件工程、并行分布计算、智能技术、计算机图形学与人机交互等知识领域的基本内容。

4. 实践教学体系

完备的实践教学体系包括课程实验、课程设计、实习、毕业设计(论文)等。课程实验包括软、硬件及系统实验,要求4年总的实验当量不少于2万行代码;课程设计要求至少设计与开发2个有一定规模和复杂度的系统;实习要求建立相对稳定的实习基地,通过实习或工作取得工程经验,了解本行业状况,同时积极开展科技创新、社会实践等多种形式的实践活动;毕业设计(论文)须制定适应的标准和检查保障机制,对选题、内容、学生指导、答辩等提出明确要求,保证课题的工作量和难度,培养学生的工程意识、协作精神以及综合应用所学知识解决实际问题的能力。

> 著名计算机科学家 N. Wirth 在回答"如何成长为像他那样的科学家"这一问题时说,第一,要学好基础知识和基本理论;第二,一定要真正学懂。

思考题

1. 你查阅过你所学专业的培养计划吗?你知道大学四年将要学习哪些课程吗?
2. 你所学专业的培养计划中,各课程之间有什么联系?哪些课程是紧密耦合的?
3. 在全国计算机学科硕士研究生入学考试专业基础统考科目中,考查数据结构(45

分)、计算机组成原理(45分)、操作系统(35分)、计算机网络(25分)共4门课程,满分为150分。为什么考研要考这4门专业课?

2.1.3 计算机学科的基本能力

从知识型教育转向以能力培养为中心的教育是高等教育需要尽快完成的转变,其中理论结合实践能力的培养是促进这一转化的重要途径。高校计算机学科专业和课程设置的指导文件CC2005给出了计算机学科的毕业生在算法、应用程序、程序设计、硬件与设备、人机界面、信息系统、IT资源计划、网络与通信、集成开发系统、信息管理(数据库)、智能系统11方面的能力要求。更宏观地,计算机专业的基本学科能力可以归纳为计算思维能力、算法设计与分析能力、程序设计与实现能力和系统能力。

1. 计算思维能力

计算思维能力主要包括形式化、模型化描述、抽象思维与逻辑思维能力。冯·诺依曼计算机是按存储程序方式进行工作的,计算机的工作过程就是运行程序的过程。但是计算机不能分析问题并生成问题的解决方案,必须由人来分析问题,确定问题的解决方案,再采用计算机能够理解的指令描述这个问题的求解步骤(即编写程序),然后让计算机执行程序,最终获得问题的解。因此,问题求解建立在高度抽象的级别上,表现为采用形式化的方式描述问题,问题的求解过程是建立符号系统并对其实施变换的过程,并且变换过程是一个机械化、自动化的过程。描述问题和求解问题的过程中主要采用抽象思维和逻辑思维,如图2.1所示。

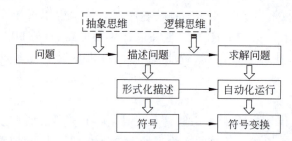

图 2.1 计算机学科的符号化特征

> 学习计算机学科的人都有这样的体会,当第一次学习用一种高级程序设计语言编写程序时,会感到非常困难,甚至比学习安装一个发动机还难得多。究其原因,发动机的零件是看得见、摸得着的,发动机的运转、动力的传递是清晰的,其直观性给了人们获取感性认识的基础,这符合人类认识第一的基本要求;而计算机系统的运行却是看不见的,由于很难获得感性认识,所以理性认识就很难建立起来。问题的抽象和符号化是计算机专业的学生必须跨越的一关。

2. 算法设计与分析能力

算法的概念在计算机科学领域几乎无处不在,在各种计算机软件系统的实现中,算法设计往往处于核心地位。要想成为一名优秀的计算机专业人才,关键之一就是建立算法的概念,具备算法设计与分析能力。对于计算机专业的学生,读懂算法、设计算法是最基本的要求,而发明算法则是计算机学者的更高境界。

3. 程序设计与实现能力

程序设计是计算机学科核心课程的一部分,程序设计能力是计算机专业学生必备的基本能力,也是衡量计算机专业学生是否合格的基本标准。计算机专业学生本科毕业后很可能是从程序设计人员开始做起,之后的职业目标也许是工程师、项目经理、构架设计师、系统分析员,但是要能够胜任这些工作,就必须具有深厚的程序设计功底,否则在与其他人员进行业务交流时就会显得力不从心。

正如武术中真正的功夫并不在武术中一样,一味地在高级程序语言课程中钻研,试图提高程序设计的技术水平是不现实的。程序设计能力的提高也依赖对重要基础课程和其他课程知识的学习和积累。有些课程属于程序设计技术和技巧方面的训练,相当于武术中的"练武"科目,例如,有关程序设计语言和方法的课程;有些课程则属于理论修养方面的训练课程,类似于武术中的"练功"科目,例如计算机组成原理、数据结构、操作系统、编译原理等课程。如同武术修炼一样,"练武不练功,到头一场空",修炼程序设计技能与学习武术是一个道理。

> 学习编程的境界:会写程序→会高效地写程序→会写高效的程序→会设计算法→会设计有用的算法。

4. 系统能力

系统能力主要指系统分析、开发与应用能力。计算机学科发展到今天,其用途早已从对单一具体问题的求解发展为对一类问题的求解,也就是寻求一类问题的系统求解。正是由于这个原因,现代高等教育更渴望能够培养学生的系统能力,包括系统的眼光、系统的观念、系统的结构、整体与部分、不同级别的抽象能力等。多年的经验表明,教育学生以系统的观点去看问题是非常重要的,也是比较困难的。

此外,还要注重培养专业英语能力。从第一台计算机 ENIAC 在美国诞生,到第一台商用计算机 IBM701 始于 IBM,第一台 PC 破茧于英特尔……无论从硬件还是从软件方面来看,计算机都起源于英语国家,软件开发中的技术文档和资料大多由英文写成,计算机科学的前沿知识也多以英文论著。所以,要想在 IT 行业做好,必须将英语学好。

> 在 IT 行业是离不开英语的。有这样一个故事:一位计算机技术非常高超的大学毕业生在找工作时说:"我英语不好,所以我选择去了联想,因为我去不了微软,也去不了 IBM。"过了几年,联想并购了 IBM 的 PC 事业部,现在他又不得不拼命地学英语了。

思考题

1. 华罗庚教授说过:"学数学如果不做习题,就等于入宝山而空返。"学习与数学学科具有类似特点的计算机学科也是如此。上大学后,在没有人督促的情况下,你是否将完成一定数量和质量的习题,作为学好每一门课程的自觉行动?

2. 你觉得计算机学科抽象吗?对于学习抽象的知识和技术,你有什么好方法?

2.1.4 计算机学科的胜任力

ACM/IEEE 于 2021 年初正式发布 CC2020[①],采用**胜任力**(competency)来代表所有计算教育项目的基本主导思想,目标是融合知识(knowledge)、技能(skills)和品行(dispositions)3 方面的综合能力培养,同时加强对职业素养、团队精神等方面的要求,使学生能够胜任未来与计算相关的工作内容,如图 2.2 所示。

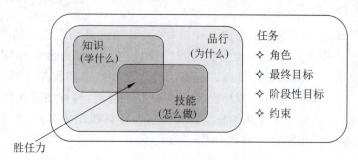

图 2.2 CC2020 提出的胜任力模型

知识、技能、品行是构成胜任力的三要素。知识对应胜任力的学什么(know-what)维度,是对事实的理解。CC2020 报告将知识分为计算知识(computing knowledge)和基础专业知识(foundational and professional knowledge)。其中,计算知识包含 36 个元素,分为 6 类,包括人与组织、系统建模、软件系统架构、软件开发、软件基础和硬件;基础专业知识有 13 个元素,分别是分析和批判性思维、协作与团队合作、伦理和跨文化的观点、数理统计、多任务优先级和管理、口头交流与演讲、问题求解与排除故障、项目和任务组织与计划、质量保证/控制、关系管理、研究和自我学习、时间管理、书面交流。技能是应用知识主动完成任务的能力和策略,对应胜任力的怎么做(know-how)维度。CC2020 报告将技能分为认知技能和专业技能。其中认知技能分为 6 个技能等级,分别是记忆、理解、应用、分析、评估和创造,专业技能包括沟通、团队精神、演示和解决问题。品行规定任务执行的必要特征或质量,对应胜任力的为什么(know-why)维度。CC2020 报告描述了 11 种与元认知意识有关的品行元素,包括主动性、自我驱动、热情、目标导向、专业性、责任心、适应性、协作合作、相应式、细致和创新性,还包括如何与他人合作以实现共同目标或解决方案,这些都是表征执行任务的倾向,与学生未来职业生涯发展息息相关。

CC2020 提出的胜任力模型清晰地描述了未来计算机专业人才的特征,为专业建设和人才培养构建了一个很好的框架,近几年基于胜任力的学习已经在计算教育的多个学科领域开展实践,正在逐渐淘汰基于知识的学习或基于技能的培训,这使得计算机类专业培养的毕业生在面向工作岗位时展现出特定的胜任力。

思考题

1. 胜任力模型是一种企业管理方法,在人力资源管理领域已经有成熟的应用。理解起来,胜任力是能将某一工作中成就卓越与成就一般的人区别开来的深层特征。你是如何理

---

① CC 规范(Computing Curricula)是由 ACM 和 IEEE-CS 联合组织全球计算机教育专家共同制定的计算机类专业课程体系规范,此前历经 CC1991、CC2001、CC2005 三个版本,是国内外高等学校计算机类专业制定课程体系的重要指导。

解胜任力的?

2. IEEE-CS 发布了一项软件工程胜任力模型报告,描述了软件工程师在开发软件密集型系统时需要具备的胜任力。你认为如何在工作岗位展现特定的胜任力呢?

2.2 计算机学科的根本问题

今天,尽管计算机学科已经成为一个应用极为广泛的学科,但计算机学科所有分支领域的根本任务就是进行计算,其根本问题仍然是什么能被(有效地)自动计算。这包含3个层次的问题:

(1) 什么能被自动计算?
(2) 什么能被有效地自动计算?
(3) 进一步研究可计算但不能有效计算的问题。

2.2.1 图灵对计算本质的揭示

从字源上考察:"计"从言,从十,有数数或计数的含义;"算"从竹,从具,指算筹,因此,计算的原始含义是利用计算工具进行计数。进一步地说,计算首先指的是数的加、减、乘、除、平方、开方,函数的微分、积分等运算,另外还包括方程的求解、代数的化简、定理的证明等。抽象地说,计算就是将一个符号串 f 变换成另一个符号串 g 的过程。例如,将符号串 12+3 变换成符号串 15 就是一个加法计算;如果符号串 f 是 x^2,而符号串 g 是 $2x$,从 f 到 g 的变换就是微分;定理证明也是计算,令 f 表示一组公理和推导规则,g 是一个定理,那么从 f 到 g 的一系列变换就是定理 g 的证明;文字翻译也是计算,如果符号串 f 代表一个英文句子,而符号串 g 为含义相同的中文句子,那么从 f 到 g 的变换就是把英文翻译成中文;数据压缩也是计算,如果符号串 f 代表录音得到的一个原始音频文件,而符号串 g 为一个 MP3 文件,那么从 f 到 g 的变换就是数据压缩,从 g 到 f 的变换就是解压缩。

> 在20世纪40年代以前,可以这样理解计算和计算机:计算=算术=数值计算;计算机=计算器=计算工具。随着计算机日益广泛而深刻的应用,"计算"这一原本专门的数学概念被拓广并泛化到了人类的整个知识领域,现在应该这样理解:计算=数值计算+非数值计算=符号变换=数据处理;计算机=数据处理机。

1936年,英国数学家艾伦·图灵(Alan Turing)从求解数学问题的一般过程入手,在提出图灵机计算模型的基础上,用形式化的方法表述了计算的本质:所谓计算,就是计算者(人或机器)对一条可以无限延长的工作带上的符号串执行指令,一步一步地改变工作带上的符号串,经过有限步骤,最后得到一个满足预先规定的符号串的变换过程。如图2.3所

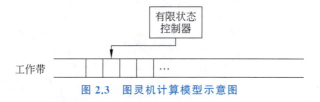

图 2.3 图灵机计算模型示意图

示,图灵机计算模型由一个有限状态控制器和一条可无限延长的工作带组成,工作带被划分为许多单元,每个单元可以存放一个符号,控制器具有有限个状态和一个读写头。在计算的每一步,控制器处于某个状态,读写头扫描工作带的某个单元,控制器根据当前的状态和被扫描单元的内容,决定下一步的执行动作:

(1) 把当前单元的内容改写成另一个符号;

(2) 使读写头停止不动/向左/向右移动一个单元;

(3) 使控制器转移到某一个状态。

计算开始时,将输入符号串放在工作带上,每个单元放一个输入符号,其余单元都是空白符,控制器处于初始状态,读写头扫描工作带上的第一个符号,控制器决定下一步的动作。如果对于当前的状态和所扫描的符号没有下一步的动作,则图灵机就停止计算,处于终止状态。

> 艾伦·图灵(Alan Turing,1912—1954 年)出生于伦敦。图灵在论文《论可计算数及其在判定问题中的应用》中提出了图灵机计算模型。这篇论文主要回答了德国数学家希尔伯特在 1900 年举行的世界数学家大会上提出的"23 个数学难题"中的一个问题:是否所有的数学问题在理论上都是可解的。图灵机计算模型在图灵的这篇论文中只是一个脚注,但这篇论文具有如此大的影响力却主要是因为这个脚注,其正文的意义和重要性反而退居其次了。值得回味的是,在科学技术的发展史上,这样的事例并不鲜见。

例 2.1 构造一个识别符号串 $\omega = a^n b^n (n \geqslant 1)$ 的图灵机。

解 构造这个图灵机的基本思想是使读写头往返移动,每往返移动一次,就成对地对输入符号串 ω 左端的一个 a 和右端的一个 b 进行匹配并做标记 x。如果恰好把输入符号串 ω 的所有符号都做了标记,说明左端符号 a 和右端符号 b 的个数相等;否则,说明左端符号 a 和右端符号 b 的个数不相等,或者符号 a 和 b 交替出现。据此,设计控制器的操作指令(也就是程序)如下:

$(q_0 \quad a \quad a \quad R \quad q_0) \quad (q_0 \quad b \quad x \quad L \quad q_1)$

$(q_1 \quad x \quad x \quad L \quad q_1) \quad (q_1 \quad a \quad x \quad R \quad q_2) \quad (q_1 \quad B \quad B \quad H \quad q_N)$

$(q_2 \quad x \quad x \quad R \quad q_2) \quad (q_2 \quad b \quad x \quad L \quad q_1) \quad (q_2 \quad B \quad B \quad L \quad q_3)$

$(q_3 \quad x \quad x \quad L \quad q_3) \quad (q_3 \quad a \quad a \quad H \quad q_N) \quad (q_3 \quad B \quad B \quad H \quad q_F)$

其中,指令格式为(控制器当前状态,读写头扫描的单元内容,对被扫描单元的操作,读写头的操作,控制器的下一状态),R 表示右移读写头;L 表示左移读写头;H 表示读写头不动;B 为空白符。实质上,控制器的指令序列对应一个状态转移图,如图 2.4 所示,计算就是在执行指令的过程进行状态的变化,也是变换符号的过程。

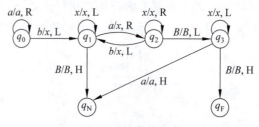

图 2.4 状态转移图

假定 $n=2$，输入符号串 $\omega=aabb$，图灵机的工作过程如下。

(1) 初始格局是 $\rho_0=(q_0,B\uparrow aabbB)$（$\uparrow$ 表示读写头，指向它后面的字符），图灵机处于初始状态 q_0。在此状态下，有两种情况：①若读写头扫描到符号 a，则继续往右走；②若读写头扫描到符号 b，则把 b 改为标记 x，并使读写头往左走，转移到状态 q_1。对于输入符号串 $\omega=aabb$，图灵机执行第①种情况，直至扫描到符号 b，使图灵机的格局变为 $\rho_1=(q_1,Baa\uparrow xbB)$，并使读写头往左走，转移到状态 q_1。

(2) 在状态 q_1，有3种情况：①若读写头扫描到标记 x，则继续往左走；②若读写头扫描到符号 a，则把 a 改为标记 x，并使读写头往右走，转移到状态 q_2；③若读写头扫描到空白符 B，则把状态改为 q_N，这是一个拒绝状态，说明符号 a 和 b 未成对标记（例如输入符号串 $\omega=bb$）。对于输入符号串 $\omega=aabb$，图灵机执行第②种情况，从而使图灵机的格局变为 $\rho_2=(q_2,Ba\uparrow xxbB)$，并使读写头往右走，转移到状态 q_2。

(3) 在状态 q_2，有3种情况：①若读写头扫描到标记 x，则继续往右走；②若读写头扫描到符号 b，则把 b 改为标记 x，并使读写头往左走，转移到状态 q_1；③若读写头扫描到空白符 B，说明符号 b 已处理完毕，则把状态改为 q_3，并使读写头往左走。对于输入符号串 $\omega=aabb$，图灵机首先执行第①种情况，读写头继续往右走，然后执行第②种情况，使图灵机的格局变为 $\rho_3=(q_1,Baxx\uparrow xB)$，并使读写头往左走，进入状态 q_1。

(4) 在状态 q_1，图灵机首先执行第①种情况，读写头继续往左走，然后执行第②种情况，使图灵机的格局变为 $\rho_4=(q_2,B\uparrow xxxxB)$，并使读写头往右走，转移到状态 q_2。

(5) 在状态 q_2，图灵机首先执行第①种情况，读写头继续往右走，然后执行第③种情况，使图灵机的格局变为 $\rho_5=(q_3,Bxxxx\uparrow B)$，并使读写头往左走，转移到状态 q_3。

(6) 在状态 q_3，有3种情况：①若读写头扫描到标记 x，则继续往左走；②若读写头扫描到符号 a，说明符号 a 和 b 未成对标记（例如输入符号串 $\omega=aab$）；③若读写头扫描到空白符 B，说明符号 a 和 b 已成对标记，转移到状态 q_F，这是接受状态。对于输入符号串 $\omega=aabb$，图灵机首先执行第①种情况，读写头继续往左走，然后执行第③种情况，转移到状态 q_F，图灵机处于接受状态而停机。

图灵机在一定程度上反映了人类最基本、最原始的计算能力，它的基本动作非常简单、机械、确定，因此，可以用机器来实现。事实上，图灵是在理论上证明了通用计算机存在的可能性，并用数学方法精确定义了计算模型，而现代计算机正是这种模型的具体实现。

2.2.2 可计算问题与不可计算问题

哪些问题是计算机可计算的，这是计算机科学的一个基本问题。图灵机计算模型对于"可计算问题"的含义给出了一个具体的描述，称为 Turing 论题：一个问题是可计算的，当且仅当它在图灵机上经过有限步骤最后得到正确的结果。这个论题把人类面临的所有问题划分成两类，一类是可计算的，另一类是不可计算的。但是，论题中"有限步骤"是一个相当宽松的条件，即使是需要计算几个世纪的问题，在理论上也都是可计算的。因此，Turing 论题界定出的可计算问题几乎包括了人类遇到的所有问题。

不可计算问题的一个典型例子是停机问题：给定一个计算机程序和一个特定的输入，判断该程序是否可以停机。如果停机问题是可计算的，那么编译系统就能够在运行程序之前检查出程序中是否有死循环，事实上，当一个程序处于死循环时，系统无法确切地知道它只是一个很慢的程序,还是一个进入死循环的程序。

不可计算问题的另一个典型例子是判断一个程序中是否包含计算机病毒。实际的病毒检测程序做得很好,通常能够确定一个程序中是否包含特定的计算机病毒,至少能够检测现在已经知道的那些病毒,但是心怀恶意的人总能开发出病毒检测程序还不能够识别出来的新病毒。换言之,不存在一个病毒检测程序能够检测出所有未来的新病毒。

2.2.3 易解问题与难解问题

理论上可计算的问题不一定是实际可计算的,20世纪70年代,库克(Stephen Cook)将可计算问题进一步划分为实际可计算的和实际不可计算的,称为 **Cook 论题**:一个问题是实际可计算的,当且仅当它在图灵机上经过多项式步骤得到正确的结果。

难解问题的一个典型例子是汉诺塔问题:在世界刚被创建时,有一座钻石宝塔(塔 A),其上有 64 个金碟,所有碟子按从大到小的次序从塔底堆放至塔顶。紧挨着这座塔有另外两座钻石宝塔(塔 B 和塔 C),从世界创始之日起,婆罗门的牧师们就一直在试图把塔 A 上的碟子移动到塔 C 上去,其间借助塔 B 的帮助,要求每次只能移动一个碟子,任何时候都不能把一个碟子放在比它小的碟子上面。当牧师们完成任务时,世界末日也就到了。

对于 n 个碟子的汉诺塔问题,可以通过以下 3 个步骤实现:

(1) 将塔 A 上的 $n-1$ 个碟子借助塔 C 移到塔 B 上;
(2) 将塔 A 上剩下的一个碟子移到塔 C 上;
(3) 将 $n-1$ 个碟子从塔 B 借助塔 A 移到塔 C 上。

当 $n=3$ 时,汉诺塔问题的求解过程如图 2.5 所示。

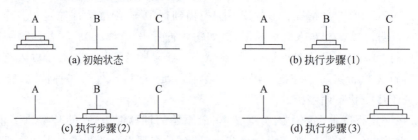

图 2.5 汉诺塔问题求解示意图

按照上面的操作步骤,n 个碟子的汉诺塔问题需要移动的碟子数 $h(n)$ 为:第(1)步需要移动的碟子数为 $h(n-1)$;第(2)步需要移动的碟子数为 1;第(3)步需要移动的碟子数为 $h(n-1)$。当 $n=1$ 时,只需要移动一次碟子。由此,得到如下递推关系式:

$$h(n) = \begin{cases} 1 & n=1 \\ 2h(n-1)+1 & n>1 \end{cases} \quad (2.1)$$

将式(2.1)等号右边的式子反复扩展,有

$$\begin{aligned} h(n) &= 2h(n-1)+1 \\ &= 2(2h(n-2)+1)+1 \\ &= 2^2 h(n-2) + 2 + 1 \\ &\cdots \\ &= 2^{n-1} h(1) + \cdots + 2^2 + 2^1 + 1 \end{aligned}$$

$$= 2^{n-1} + \cdots + 2^2 + 2^1 + 1$$
$$= 2^n - 1$$

因此,要完成 64 个碟子的汉诺塔问题,需要移动的碟子数为

$$2^{64} - 1 = 18\ 446\ 744\ 073\ 709\ 551\ 615$$

如果每秒移动一次,一年有 31 536 000 秒,则牧师们一刻不停地来回移动,也需要花费 5849 亿年的时间;假定计算机以每秒 1000 万个碟子的速度进行移动,则需要花费 58 490 年的时间。

汉诺塔问题说明了理论上可以计算的问题,实际上并不一定能行。通常将可以在多项式时间内求解的问题看作**易解问题**,这类问题在可以接受的时间内能够实现问题求解;将需要指数时间求解的问题看作**难解问题**,这类问题的计算时间随着问题规模的增长而快速增长,即使只有中等规模的输入,其计算时间也是以世纪来衡量的。

2.2.4 NP 问题与 NP 完全问题

通常来说,求解一个问题往往比较困难,但验证一个问题相对来说就比较容易,也就是**证比求易**。例如,求大整数 $S = 49\ 770\ 428\ 644\ 836\ 899$ 的因子是个难解问题,但是验证 $a = 223\ 092\ 871$ 是不是大整数 S 的因子却很容易,只需要将大整数 S 除以这个因子 a,然后验证结果是否为 0;求一个线性方程组的解可能很困难,但是验证一组解是否是方程组的解却很容易,只需要将这组解代入方程组中,然后验证是否满足这组方程即可。

从是否可以被验证的角度,计算复杂性理论将难解问题划分为 NP 问题和非 NP 问题,将所有可以在多项式时间内验证的问题称为 **NP 问题**。NP 问题中有大量问题都具有这样的特性:可以在多项式时间内得到验证,但是不知道是否可以在多项式时间内得到求解,同时,我们不能证明这些问题中的任何一个无法在多项式时间内得到求解,这类问题称为 **NP 完全问题**。尽管已经进行了多年的研究,目前还没有一个 NP 完全问题能够在多项式时间内得到求解。

NP 完全问题的一个典型例子是旅行商问题(Traveling Salesman Problem,TSP,又称货郎担问题、邮递员问题),是英国数学家柯克曼(T. P. Kirkman)于 19 世纪初提出的一个数学问题。问题描述是,旅行商要从某个城市出发,旅行 n 个城市然后回到出发城市,要求各个城市经历且仅经历一次,并要求所走的路程最短。用最原始的方法求解旅行商问题可以找出所有可能的简单回路(路径上没有重复顶点),从中选取路径长度最短的回路,图 2.6 给出了一个例子。

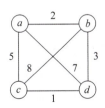

序号	路径	路径长度	是否最短
1	$a \to b \to c \to d \to a$	18	否
2	$a \to b \to d \to c \to a$	**11**	**是**
3	$a \to c \to b \to d \to a$	23	否
4	$a \to c \to d \to b \to a$	**11**	**是**
5	$a \to d \to b \to c \to a$	23	否
6	$a \to d \to c \to b \to a$	18	否

图 2.6 旅行商问题的求解过程

注意到,在图 2.6 中有 3 对不同的路径,对每对路径来说,不同的只是路径的方向,因此,可以将所有可能的旅行路线减半,具有 n 个顶点的旅行商问题,可能的解有 $(n-1)!/2$ 个。这是一个非常大的数,随着 n 的增长,旅行商问题的可能解个数也在迅速地增长,从而产生所谓的组合爆炸。

考虑旅行商问题的验证形式:给定一个正整数 k,是否存在一条路径长度小于 k 的简单回路。假设有一个可以同时测试所有可能答案的超级并行计算机,首先生成旅行商问题的所有可能的回路,然后并行验证所有可能的答案,即把各个边的代价加起来,验证路径长度是否小于 k。显然,这可以在多项式时间内得到验证。

思考题

1. 在图灵机模型中,状态控制器的操作指令就是计算机程序,这个操作指令的执行顺序取决于什么?能够判定这些操作指令的正确性吗?

2. 汉诺塔问题是 NP 问题吗?为什么?

3. 考虑哈密顿回路问题是否是 NP 完全问题:在无向图中,是否存在经过所有顶点一次且仅经过一次再回到出发点的回路。

2.3 计算机学科的科学问题

科学问题的提出和解决是任何一个学科持续发展的动力,一个学科如果没有科学问题需要解决了,这个学科的生命也就该结束了。每一个学科在其发展的不同时期都存在一些科学问题,它们的解决推动了学科的持续发展。从科学技术的发展史来看,人类科技进步的历史就是一个不断提出科学问题又不断解决科学问题的历史。

在计算机学科发展的不同时期,人们陆续提出了一些重大问题,例如,学科发展早期提出的可计算与不可计算的问题,20 世纪 50 年代末 60 年代初提出的高级程序设计语言的形式化描述问题,20 世纪 60 年代末 70 年代初提出的并发控制问题、程序设计方法问题、软件危机问题等。在计算机学科经历了几十年的发展后,当我们今天以科学哲学的观点回顾历史的进程,系统总结学科的内容时,可以发现:在计算机学科各个分支学科的发展进程中,存在一些虽然在表现形式上不同,但在科学哲学的解释下本质是相同或相近的问题,即学科研究与发展普遍关心的基本问题,这些基本问题构成了计算机学科的科学问题。下面通过几个经典问题说明计算机学科的科学问题。

2.3.1 计算的平台与环境问题

历史上,为了实现自动计算,人们首先想到要发明和制造自动计算机器,不仅要在理论上提供计算的平台,即观察和描述计算的起点,而且要实际制造出能够真正运行的自动计算机器。进一步从广义计算的概念出发,计算的平台在使用上还必须方便,例如,计算模型、计算机体系结构、实际的计算机系统、系统软件和工具软件、高级程序设计语言、软件开发工具与环境等都是围绕这一基本问题展开的,其核心是计算的能行性。

1. 哲学家共餐问题与计算机资源管理

哲学家共餐问题是计算机科学家迪杰斯特拉(Dijkstra)提出的,问题是这样描述的:5 位哲学家围坐在一张圆桌旁,每个人的面前有一碗面条,碗的两旁各有一只筷子(迪杰斯特拉原来提到的是叉子,因有人可以仅用一个叉子吃面条,于是改为中国筷子),如图 2.7 所示,假设哲学家的生活除了吃饭就是思考问题(这是一种抽象,即对该问题而言其他活动都无关紧要),吃饭的时候需要左手拿一只筷子,右手拿一只筷子,然后开始进餐。吃完后将两只筷子放回原处,继续思考问题。那么,哲学家的生活进程可表示为:

(1) 思考问题;

(2) 饿了停止思考,左手拿起一只筷子(如果左侧哲学家已持有它,则等待);

图 2.7 哲学家共餐问题

(3) 右手拿起一只筷子(如果右侧哲学家已持有它,则等待);

(4) 进餐;

(5) 放下左手筷子;

(6) 放下右手筷子;

(7) 重新回到状态(1)思考问题。

现在的问题是,如何协调 5 位哲学家的生活进程,使得每一位哲学家最终都可以进餐。考虑下面两种情况。

(1) 按哲学家的生活进程,当所有的哲学家都同时拿起左手筷子时,则所有哲学家都将拿不到右手筷子,并处于等待状态,那么,哲学家都将无法进餐,最终饿死。

(2) 将哲学家的生活进程修改为当拿不到右手筷子时就放下左手筷子。但是,可能在一个瞬间,所有的哲学家都同时拿起左手筷子,则自然拿不到右手筷子,于是都同时放下左手筷子,等一会,又同时拿起左手筷子,如此重复下去,则所有的哲学家都将无法进餐。

以上两种情况反映的是程序并发执行时进程同步的两个关键问题:饥饿和死锁。为了提高系统的处理能力和机器的利用率,计算机系统广泛地使用并发机制,因此,必须彻底解决并发程序执行中的饥饿和死锁问题。于是,哲学家共餐问题可被推广为更一般性的 n 个进程和 m 个共享资源的问题,科学家们在研究过程中给出了解决这类问题的不少方法和工具,如信号灯、Petri 网、并发程序设计语言等。

> 并行和并发是两个相似的概念。并行通常是指多个资源里微观上同时发生了两个或两个以上事件,并发通常指宏观上一个资源里并行发生了两个或两个以上的事件,但在微观上是顺序发生的。显然,如果一组事件是并行的,那么一定也是并发的,但如果一组事件是并发的,那它们却不一定是并行的。在单处理机系统中,宏观上并发执行的程序都在运行,微观上它们是轮流占有处理机;在多处理机系统中,它们是真正并行的。

2. 证比求易与并行计算

关于证比求易,我国学者洪加威曾经讲了一个童话。很久以前,有一个年轻的国王向邻国一位聪明美丽的公主求婚,公主出了这样一道题:求出 48 770 428 433 377 171 的一个因子,若国王能在一天之内求出答案,便接受国王的求婚。国王回去后立即开始逐个数地进行试除,可是算了一天,总共试了三万多个数,还是没有结果。国王向公主求情,公主将答案相告:223 092 827 是它的一个因子,国王很快就验证了这个数的确能除尽 48 770 428 433 377 171。公主说:"我再给你一次机会,如果还求不出,将来你只好做我的证婚人了"。国王立即回国,并向时任宰相的大数学家求教,宰相在仔细地思考后认为这个数为 17 位,如果这个数存在因子,则最大的一个因子不会超过 9 位。于是,他给国王出了一个主意:按自然数的顺序给全国的老百姓每人编一个号发下去,等公主给出数后,立即将它通报全国,让每个老百姓用自己的编号去除这个数,除尽了立即上报,赏金万两。最后国王用这个办法求婚成功。

在证比求易的故事中,国王最先使用的是串行算法,其复杂性表现在时间方面;后来宰相提出的是一种并行算法,其复杂性表现在空间方面。直觉上,串行算法解决不了的问题完全可以用并行算法来解决,并行计算机系统求解问题的速度可以随着处理器数目的不断增加而不断提高,其实这是一个误解。当将一个问题分解到多个处理器上解决时,由于算法中不可避免地存在必须串行执行的操作,大大限制了并行计算机系统的加速能力。下面用阿达尔定律来说明这个问题。

设 f 为求解某个问题的计算必须串行执行的操作占整个计算的百分比,p 为处理器的数目,S_p 为并行计算机系统的最大加速能力(单位:倍),则

$$S_p \leqslant 1/(f+(1-f)/p)$$

设 $f=1\%$,$p\to\infty$,则 $S_p=100$。这说明即使在并行计算机系统中有无穷多个处理器,如果串行执行操作仅占全部操作的 1%,其解题速度与单处理器的计算机系统相比也只能提高 100 倍。因此,对于难解问题,单纯提高计算机系统的速度是远远不够的。

2.3.2 计算过程的能行操作与效率问题

一个问题在被判定为可计算问题后,为求解这个问题,必须给出实际解决该问题的操作序列,同时还必须确保操作序列的资源(时间和空间)消耗是合理的。围绕这一问题,计算机学科发展了大量与之相关的研究内容与分支学科方向。例如,集成电路技术、数字系统逻辑设计、自动布线技术、RISC 技术、数值计算方法、算法设计技术、计算复杂性理论、密码学、演化计算、人工智能等都是围绕这一基本问题展开的,其核心是计算的效率。

1. 背包问题与贪心法

算法设计技术是设计算法的一般性方法,已经被证明是对算法设计非常有用的通用技术,包括蛮力法、分治法、减治法、动态规划法、贪心法、回溯法、分支限界法、概率算法、近似算法等,还有受进化论启发的智能算法技术,如遗传算法、蚁群算法、演化计算等。下面通过背包问题说明贪心法的设计思想。所谓贪心法,就是把一个复杂问题分解为一系列较为简单的局部最优选择,每一步选择都是对当前解的一个扩展,直到获得问题的完整解。

给定 n 种物品和一个容量为 C 的背包,物品 i 的重量是 w_i,价值为 v_i,如何选择装入背包的物品,使得装入背包中物品的总价值最大?

设 x_i 表示物品 i 装入背包的情况,根据问题的要求,有如下约束条件和目标函数:

$$\begin{cases} \sum_{i=1}^{n} w_i x_i = C \\ 0 \leqslant x_i \leqslant 1 \quad (1 \leqslant i \leqslant n) \end{cases} \tag{2.2}$$

$$\max \sum_{i=1}^{n} v_i x_i \tag{2.3}$$

于是,背包问题可以归结为寻找一个满足约束条件式(2.2),并使目标函数式(2.3)达到最大

的解向量 $X = (x_1, x_2, \cdots, x_n)$。

如果 $\sum_{i=1}^{n} w_i \leqslant C$，很明显，最优解就是把所有物品都装入背包。所以，考虑 $\sum_{i=1}^{n} w_i > C$ 的情况。至少有 3 种看似合理的贪心策略。

(1) 优先选择价值最大的物品，因为这可以尽可能快地增加背包的总价值。但是，虽然每一步选择获得了背包价值的极大增长，但背包容量却可能消耗得太快，使得装入背包的物品个数减少，从而不能保证目标函数达到最大。

(2) 优先选择重量最轻的物品，因为这可以装入尽可能多的物品，从而增加背包的总价值。但是，虽然每一步选择使背包的容量消耗得慢了，但背包的价值却没能保证迅速增长，从而不能保证目标函数达到最大。

(3) 以上两种贪心策略或者只考虑背包价值的增长，或者只考虑背包容量的消耗，而为了求得背包问题的最优解，需要在背包价值增长和背包容量消耗两者之间寻找平衡。正确的贪心策略是优先选择单位重量价值最大的物品。

例如，有 3 个物品（物品可拆分），其重量分别是{20，30，10}，价值分别为{60，120，50}，背包容量为 50，应用 3 种贪心策略装入背包的物品和获得的价值如图 2.8 所示。

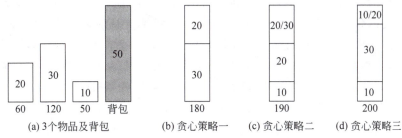

图 2.8　背包问题的贪心法求解示例

2. 图灵测试与人工智能

图灵在 1950 年发表的论文《计算机器与智能》中提出了一个问题："机器能思考吗?"在慎重地定义了术语智能和思维之后，他得出的结论是我们能够创造出可以思考的计算机。同时，图灵又提出了另一个问题："如何才能知道何时是成功的呢?"他也由此给出了一个判断机器是否具有智能的方法，称为图灵测试，如图 2.9 所示。测试过程为：由一位提问者在一个房间里通过计算机终端与另外两个回答者 A 和 B 通信，提问者知道其中一位回答者是人，另一位回答者是机器，但不知道哪个是人，哪个是机器。在分别与 A 和 B 交谈后（交谈的内容可以涉及数学、自然科学、政治、体育、娱乐、艺术、情绪等任何方面），提问者要判断出哪个回答者是机器。如果机器在一场会话中成功地扮演了人的角色，就可以认为它具有智能。

图 2.9　图灵测试示意图

图灵测试引发了很多争论，图灵之后的学者在讨论机器思维时大多会谈到这个测试。图灵测试不要求接受测试的思维机器在内部构造上与人脑相同，而只是从功能的角度来判定机器是否有思维，也就是从行为角度对机器思维进行定义。

2.3.3 计算的正确性问题

计算的正确性是任何计算工作都不能回避的问题,特别是使用自动计算机器进行的各种计算。一个问题在给出了可行的操作序列并解决了其效率问题之后,必须确保计算的正确性;否则,计算就是无意义的。围绕这一基本问题,计算机学科发展了一些相关的分支学科与研究方向,例如算法理论、程序设计方法、形式语义学、计算语言学、容错理论与技术、电路测试技术、程序测试技术、软件工程、网络协议等都是围绕这一基本问题展开的,其核心是计算的正确性。

1. GOTO 语句问题与程序设计方法

计算机在诞生的初期主要被用于科学计算,程序的规模一般都比较小,程序设计只能算是一种手工式的设计技巧。20 世纪 60 年代,计算机软硬件技术得到了迅速的发展,其应用领域也急剧扩大,这给传统的手工式程序设计带来了挑战。

1968 年,迪杰斯特拉在给《ACM 通讯》杂志的一封信中,首次提出了"GOTO 语句是有害的",该问题在《ACM 通讯》上发表后引发了激烈的争论,不少著名的学者参与了讨论。

> 迪杰斯特拉(Edsger Dijkstra,1930—2002 年)出生在荷兰鹿特丹,父亲是一名化学家,母亲是一位数学家。迪杰斯特拉是 1972 年图灵奖获得者,因最早指出"GOTO 语句是有害的"以及首创结构化程序设计而闻名于世。事实上,他对计算机科学的贡献并不仅限于程序设计技术,在算法理论、编译系统、操作系统等诸多方面,迪杰斯特拉都有许多创造。1983 年,《ACM 通讯》为纪念创刊 25 年,评选出从 1958—1982 年在该杂志上发表的 25 篇有里程碑意义的论文,迪杰斯特拉一人就有两篇入选。

GOTO 语句是无条件转移语句,其作用是将程序的流程转到某个指定的位置。使用 GOTO 语句可以使流程在程序中随意跳转,表面上看比较灵活,但如果一个程序中有较多的 GOTO 语句,会使程序逻辑混乱,增加程序出错的概率。通常将含有较多 GOTO 语句的程序称为面条程序,如图 2.10 所示。

图 2.10 面条程序示例

经过 6 年的争论,1974 年,著名计算机科学家克努斯(Knuth)在论文《带有 GOTO 语句的结构化程序设计》中对这场争论作了较全面而公正的论述:滥用 GOTO 语句是有害的,完全禁止也是不明智的,在不破坏程序良好结构的前提下有限制地使用 GOTO 语句,有可能使程序更清晰、效率更高。

> 克努斯(Donald Knuth,1938—)1963 年担任加利福尼亚理工学院的教师,1968 年担任斯坦福大学教授,1992 年为集中精力写作而荣誉退休,保留教授头衔。克努斯由于在算法分析和程序设计方面做出突出贡献,以及设计和完成 TEX(一种具有很高排版质量的文档制作工具),获得 1974 年图灵奖。他的《计算机程序设计艺术》被誉为算法领域的经典著作,被译为中、俄、日、德等多种文字在世界各国广为流传,是计算机科学与技术领域中 40 多年来畅销不衰的著作之一。

关于GOTO语句问题的争论直接导致了一个新的学科分支领域——程序设计方法学的产生,它是对程序的性质及其设计的理论和方法进行研究的学科。

2. 两军问题与网络协议

两军问题的描述如下。一支白军被围困在山谷中,山谷的两侧是蓝军,如图2.11所示。困在山谷中的白军人数多于山谷两侧的任一支蓝军,而少于两支蓝军的人数之和。若一支蓝军对白军单独发起进攻,则必败无疑;但若两支蓝军同时发起进攻,则蓝军可取胜。两支蓝军希望同时发起进攻,这样他们就需要传递消息,以确定发起进攻的具体时间。假设他们只能派遣士兵穿越白军所在山谷来传递信息,那么在穿越山谷时,士兵

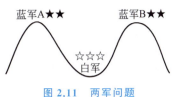

图2.11 两军问题

就有可能被俘,从而造成信息的丢失。现在的问题是:如何进行通信,才能使得蓝军获胜?

假设蓝军A的指挥官发出消息:"我建议在明天拂晓发起进攻,请确认",如果消息到达了蓝军B,其指挥官也同意这个建议,并且他的回信也安全送到了,那么能否发起进攻呢?不能!这是一个两步握手协议,因为蓝军B的指挥官无法知道他的回信是否安全送到,所以,他不能发起进攻。如果将两步握手协议改为三步握手协议,这样,蓝军A的指挥官必须确认对该建议的应答信息,假如信息没有丢失,蓝军A的指挥官收到确认消息,则他必须将收到的确认消息告诉对方,从而完成三步握手协议。然而,这样他也无法知道消息是否被对方收到,因此,他还是不能发起进攻。那么,采用四步握手协议呢?结果仍是于事无补。因此,结论是:不存在使蓝军必胜的通信约定(即协议)。下面用反证法证明。

假设存在某种协议,那么,协议中最后一条要么是必要的,要么不是。如果不是,则可以删除它,直到剩下的每条信息都是必要的。若最后一条信息没有安全到达目的地,那会怎样呢?因为每条信息都是必要的,因此,若丢失了一条信息,则进攻不会如期进行。由于最后发出信息的指挥官永远无法确定该信息是否安全送达,所以,他不会冒险发起进攻。同样,另一支蓝军也明白这个道理,所以他也不会冒险发起进攻。

两军问题阐述了网络传输层中"释放连接"问题的要点,而在实际应用中,当两台通过网络互连的计算机释放连接(对应两军问题的发起进攻)时,通常一方收到对方确认的应答信息后不再回复就释放连接,也就是使用三步握手协议。这样处理,协议并非完全没有问题,释放连接后可能有数据丢失,但通常情况下已经足够了,这也是网络不安全的因素之一。

思考题

1. 在证比求易故事中,假设求婚的人不是国王而是普通老百姓,怎么办呢?

2. 将两军问题一般化,即参与网络协议的是n个实体,所用信道是不安全的,可能被任意实体截获,如何设计满足安全要求的网络协议?

阅读材料——计算机学科的核心概念

认知计算机学科最终是通过概念来实现的,掌握和应用计算机学科中具有方法论性质的核心概念对从事该学科的工作是非常必要的。是否具有深入理解和正确拓展核心概念的能力,是衡量计算机专业人士是否成熟的重要标志之一。

计算机学科的核心概念是CC1991报告首次提出的,它表达了计算机学科特有的思维

方式,在整个本科教学过程中起着纲领性的作用,是具有普遍性、持久性的重要思想、原则和方法,核心概念具有如下基本特征:①在学科及各分支学科中普遍出现;②在抽象、理论和设计的各个层面上都有很多示例;③在理论上具有可延展和变形的作用,在技术上有高度的独立性。

1. 绑定

绑定是通过将一个对象(或事物)与其某种属性相联系,从而使抽象的概念具体化的过程。例如,将一个进程与一个处理器、一个变量与其类型或值分别联系起来,这种联系的建立,实际上就是建立了某种约束。

2. 大问题的复杂性

大问题的复杂性是随着问题规模的增长使问题的复杂性呈非线性增加的效应。这种非线性增加的效应是区分和选择各种现有方法和技术的重要因素。例如,随着程序代码行的增加,程序的复杂性呈非线性增加。

3. 概念模型和形式模型

模型是对一个问题或想法进行形式化、特征化、可视化思维的方法,概念模型和形式模型以及形式证明是将计算机学科各分支统一起来的重要核心概念。例如,抽象数据类型、数据流图和E-R图等都属于概念模型,而逻辑理论、开关理论和计算理论中的模型大多属于形式模型。

4. 一致性和完备性

一致性包括用于形式说明的一组公理的一致性、事实和理论的一致性,以及一种语言或接口设计的内部一致性。完备性包括给出的一组公理的完备性、使其能获得预期行为的充分性、软件和硬件系统功能的充分性,以及系统处于出错和非预期情况下保持正常行为的能力等。例如,在计算机系统的设计中,正确性、健壮性和可靠性就是一致性和完备性的具体体现。

5. 效率

效率是关于时间、空间、人力和财力等资源消耗的度量。在计算机软硬件的设计中,要充分考虑某种预期结果达到的效率,以及一个给定的实现过程较之替代的实现过程的效率。例如,对于任何给定的问题,设计出复杂性尽可能低的算法是设计算法时追求的一个重要目标。

6. 演化

演化指的是系统的结构、状态、特征、行为和功能等随着时间的推移而发生的更改。例如,程序设计语言经历了从具体到抽象的演化过程,计算机体系结构从以运算器为核心演化为以存储器为核心。

7. 抽象层次

抽象层次指的是通过对不同层次的细节和指标的抽象对一个系统或实体进行表述。在复杂系统的设计中,隐藏细节,对系统各层次进行描述(抽象),从而可以控制系统的复杂程度。例如,软件工程从需求规格说明到编码各个阶段的任务分解过程,计算机系统的分层思想,计算机网络的分层思想,都属于抽象层次。

8. 按空间排序

按空间排序指的是各种定位方式,如物理上的定位(如网络和存储中的定位),组织方式上的定位(如处理机进程、类型定义和有关操作的定位)以及概念上的定位(如软件的辖域、耦合、内聚等)。按空间排序是计算技术中一个局部性和相邻性的概念。

9. 按时间排序

按时间排序指的是事件的执行对时间的依赖性。例如,在具有时态逻辑的系统中,要考虑与时间有关的时序问题;在分布式系统中,要考虑进程同步的时间问题。

10. 重用

重用指的是在新的环境下,系统中各类实体、技术、概念等可被再次使用的能力,例如软件库和硬件部件的重用、组件技术等。

11. 安全性

安全性指的是计算机软硬件系统对合法用户的响应及对非法请求的抗拒,以保护系统不受外界影响和攻击的能力,例如为防止数据丢失、泄密,而在数据库系统中提供口令更换、操作员授权等功能。

12. 折中和结论

折中指的是为满足系统的可实施性而对系统设计中的技术、方案所做出的一种合理的取舍。结论是折中的结论,即选择一种方案代替另一种方案所产生的技术、经济、文化及其他方面的影响。折中是存在于计算机学科各领域的基本事实。例如,对于矛盾的软件设计目标,需要在诸如易用性和完备性、灵活性和简单性、低成本和高可靠性等方面采取的折中。

习题 2

一、选择题

1. 计算指的是( )。
   A. 数的加、减、乘、除、平方、开方等
   B. 函数的微分、积分等
   C. 方程的求解、定理的证明等
   D. 将一个符号串 f 变换成另一个符号串 g

2. 图灵机计算模型的主要贡献是( )。
   A. 研究了计算的本质   B. 描述了计算的过程
   C. 给出了可计算问题的定义   D. 以上都是

3. 任何一个学科持续发展的主要动力是( )。
   A. 优秀人物不断涌现   B. 科学问题的提出和解决
   C. 先进的工具和方法   D. 当时的历史条件

4. 首次提出"GOTO 语句问题是有害的"是( )。
   A. 克努斯   B. 阿德勒曼   C. 迪杰斯特拉   D. 费根鲍姆

5. ( )不属于计算机学科的基本形态。
   A. 理论   B. 抽象   C. 实验   D. 设计

6. NP 问题是可以( )的问题。
   A. 在多项式时间内求解   B. 在多项式时间内验证
   C. 在有限时间内求解   D. 在有限时间内验证

7. 计算思维能力指(　　)。
　　A. 形式化描述　　　B. 逻辑思维　　　C. 抽象思维　　　D. 以上都是
8. (　　)不属于学科基本能力。
　　A. 程序设计能力　　　　　　　　　B. 算法设计能力
　　C. 团队合作能力　　　　　　　　　D. 系统能力

二、简答题

1. 在图灵机中,设 B 表示空格, q_0 表示图灵机的初始状态, q_F 表示图灵机的结束状态,如果工作带上的信息为 $B10100010B$,读写头对准最右边第一个为 0 的单元,按照以下指令执行后,得到的结果是什么?

　　$(q_0\ \ 0\ \ 1\ \ L\ \ q_1)\ \ (q_0\ \ 1\ \ 0\ \ L\ \ q_2)\ \ (q_0\ \ B\ \ B\ \ H\ \ q_F)$
　　$(q_1\ \ 0\ \ 0\ \ L\ \ q_1)\ \ (q_1\ \ 1\ \ 1\ \ L\ \ q_1)\ \ (q_1\ \ B\ \ B\ \ H\ \ q_F)$
　　$(q_2\ \ 0\ \ 1\ \ L\ \ q_1)\ \ (q_2\ \ 1\ \ 0\ \ L\ \ q_2)\ \ (q_2\ \ B\ \ B\ \ H\ \ q_F)$

2. 图灵是如何定义计算的本质的?
3. GOTO 语句问题的提出直接导致了计算机学科哪一个分支领域的产生?
4. 如何界定一个问题是难解问题? 难解问题和 NP 问题之间是什么关系?
5. 如果一个问题未能解决,但是如果它还能引出另外具有可解决性的科学问题,则原问题是不是科学问题?

三、讨论题

1. 从例 2.1 构造图灵机的过程,你注意到了什么? 有哪些启发? 如何理解图灵机的运行方式和原理?
2. 计算机学科的根本问题是什么能被(有效地)自动计算。计算机学科所有分支领域的根本任务就是进行计算,你是如何理解计算机学科的根本问题的?
3. 即使某人可以相当熟练地操作计算机,我们仍不能说他已相当了解计算机学科,"计算机应用技术≠应用计算机技术"。谈谈你对计算机应用技术的认识。
4. 在学习计算机专业课程时,你更重视理论环节还是实践环节? 如何才能做到理论和实践相结合?
5. 如何理解计算机学科的符号化特征? 计算机学科的符号化特征对你的学习方法和思维过程有什么指导意义?

第二部分　系　统　篇

　　计算机系统由计算机硬件和计算机软件构成,自计算机诞生之日起,人们探索的重点不仅在于建造运算速度更快、处理能力更强的计算机,而且在于开发能让人们更有效地使用这种计算设备的各种软件。系统篇以自底向上的方式介绍计算机系统,由内到外地讨论计算机可以做什么以及是如何做的,使学生了解学科富有智慧的核心思想。第二部分知识单元及拓扑结构如下图所示,自底向上依次包括:第3章计算机的运算基础,第4章程序设计基础,第5章操作系统,第6章应用软件,第7章计算机网络与信息安全,第8章新技术专题。

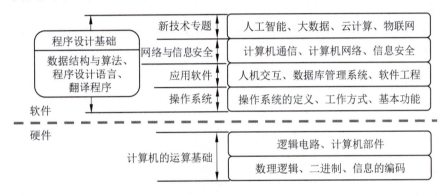

第 3 章　计算机的运算基础

计算机一般使用电子器件的两种状态来表示信息,如高电平和低电平、通路和断路,因此,计算机内部是一个二进制数字世界。本章主要讨论以下问题。

(1) 计算机使用二进制的理论基础是数理逻辑。什么是数理逻辑？

(2) 计算机内部使用二进制,在日常生活中人们习惯使用十进制,二进制数如何与十进制数进行转换？

(3) 任何数据都必须以二进制形式存储在计算机中,如何将各种类型的数据表示成二进制的形式？如何将指令表示成二进制形式？

(4) 计算机之所以具有逻辑处理能力,是由于其内部具有能够实现各种逻辑功能的逻辑电路。逻辑电路的基本原理是什么？逻辑电路是如何工作的？

(5) 计算机的基本部件是什么？如何理解内存？处理器是如何工作的？

【情景问题】模拟数据与数字数据

真实世界的信息大多是连续的、无限的,如天气的变化、移动的距离、色彩的渐变、声音的波……用连续形式表示的信息称为模拟信息。模拟是术语 analog 的翻译,它不属于中国人的思维模式,以后我们还可能会遇到很多这样的概念和术语,我们不能用中国文化里的内涵去理解,就像外国人很难理解什么是道,什么是太极一样。

计算机内部是一个二进制数字世界,而且计算机内存是有限的,计算机的硬件设备能处理的信息也是有限的,数据处理首先要解决的问题是如何用有限的计算机表示无限的真实世界。解决方法是数字化,将连续的信息分割成独立的片段,然后单独表示每一个片段。换言之,就是把一个连续的实体分割成若干离散的元素,然后用二进制数字单独表示每个离散元素。用离散形式表示的数字化信息称为数字信息。

用有限的计算机精确地表示无限的真实世界几乎是不可能的,只能将目标定为满足实际的计算需要,满足人类的视觉及听觉等感官。例如,水银温度计是一种模拟设备,水银柱按温度的正比例以连续方式在管子中变化,我们校准这个管子,给它标上刻度,就能够读出当前的温度。例如,实际温度是 26.8℃,水银柱的确指在相应的位置,如图 3.1 所示。但即使我们标记得再详细,也会有细微的误差,能够达到使用的精度需求就足够了。

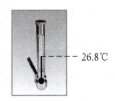

图 3.1　温度的表示

3.1　数理逻辑基础

3.1.1　数理逻辑的起源和发展

逻辑(logic)一词源于希腊文 logoc,有"思维"和"表达思考的言辞"之意。一直以来,人们希望使用数学方法来研究思维,具体地说,使用一种符号语言来代替自然语言对思维过程进行描述,把人类的思维过程转换为数学的计算。

用数学方法来描述和处理思维最早由德国数学家莱布尼茨提出,但直到 1847 年英国数学家乔治·布尔发表著作《逻辑的数学分析》后才有所发展。1879 年德国数学家弗雷格(G. Frege)在《概念语言——一种按算术的公式语言构成的纯思维公式语言》一书中建立了第一个比较严格的逻辑演算系统,英国逻辑学家怀特海(A. N. Witehead)和罗素(B. Russell)合著的《数学原理》一书对当时数理逻辑的成果进行了总结,使得数理逻辑形成了专门的学科。

> 英国数学家乔治·布尔(George Boole)16 岁就开始任教以维持生活,20 岁时对数学产生了浓厚的兴趣,开始广泛涉猎著名数学家牛顿、拉普拉斯、拉格朗日等人的数学名著,并写下了大量笔记。1847 年,发表了著作 The Mathematical Analysis of Logic,在这本书中阐述了逻辑学公理,建立了逻辑代数,因此,逻辑代数也称为布尔代数。逻辑代数建立在两个逻辑值 0、1 和三个逻辑运算与、或、非的基础上,这种简化的二值逻辑为计算机的二进制数、开关逻辑元件和逻辑电路的设计铺平了道路,并最终为计算机的发明奠定了数学基础。

数理逻辑是用数学的方法来研究推理规律的科学,它采用符号的方法来描述和处理思维形式、思维过程和思维规律,即把逻辑思维所涉及的概念、判断、推理用符号来表示,用公理化体系来刻画,并基于符号串形式的演算来描述推理过程的一般规律,从而实现人类思维过程的演算化、机械化,最终计算机化(即在计算机上实现)。1930 年以前,数理逻辑的发展主要针对纯数学的需要,其后,数理逻辑开始被应用于所有开关线路的理论中,并在计算机科学等方面得以应用,成为计算机科学的基础理论之一。

数理逻辑的主要分支有公理化集合论、证明论、递归函数论、模型论等。逻辑代数是数理逻辑的基础部分,而逻辑代数源自对命题逻辑的研究。

3.1.2 命题代数与逻辑代数

所谓**命题**是一个有具体意义且能够判断真假的陈述句。判断是对事物表示肯定或否定的一种思维形式,所以表达判断的命题总是具有"真"(true,T)或"假"(false,F)两种取值,命题所具有的值称为命题的真值。

命题分为**原子命题**和**复合命题**两种类型。原子命题是不能被分解为更简单的陈述句的命题,而复合命题则是将原子命题用连接词复合而成的命题。

例 3.1 以下是几个命题实例。

(1) 长春市是吉林省的省会城市。
(2) 3 乘以 8 等于 16。
(3) 姚大龙既擅长书法又擅长绘画。

其中,第一个命题是原子命题,该命题为真,即它的真值为 T;第二个命题也是原子命题,该命题为假,即它的真值为 F;第三个命题是复合命题,其真值需要根据实际情况确定。

命题代数和普通代数一样,用字母 $A,B,C\cdots$ 表示变量,称为**命题变量**(或命题变元),但是命题变元的取值只有两种:T 或 F。连接词相当于普通代数中的运算符,在命题代数中最基本的连接词是与、或、非等。

两个命题 A 和 B 的与(又称 A 和 B 的合取)记为 $A \wedge B$,表示当且仅当 A 和 B 同时为真时 $A \wedge B$ 为真,其他情况下 $A \wedge B$ 为假,其真值表如图 3.2(a)所示,与运算的实例如图 3.2(b)所示。

A	B	$A \wedge B$
T	T	T
T	F	F
F	T	F
F	F	F

(a) 与运算的真值表

A:姚大龙擅长书法。
B:姚大龙擅长绘画。
$A \wedge B$:姚大龙既擅长书法又擅长绘画。
只有当命题 A 和 B 均为真时 $A \wedge B$ 才为真。

(b) 与运算的一个实例

图 3.2　与运算

两个命题 A 和 B 的或(又称 A 和 B 的析取)记为 $A \vee B$,表示当且仅当 A 和 B 同时为假时 $A \vee B$ 为假,其他情况下 $A \vee B$ 为真,其真值表如图 3.3(a)所示,或运算的实例如图 3.3(b)所示。

A	B	$A \vee B$
T	T	T
T	F	T
F	T	T
F	F	F

(a) 或运算的真值表

A:姚大龙擅长书法。
B:姚大龙擅长绘画。
$A \vee B$:姚大龙擅长书法或绘画。
只有当命题 A 和 B 均为假时 $A \vee B$ 才为假。

(b) 或运算的一个实例

图 3.3　或运算

命题 A 的非(又称 A 的否)记为 $\neg A$,表示当 A 为真时 $\neg A$ 为假,当 A 为假时 $\neg A$ 为真,其真值表如图 3.4(a)所示,非运算的实例如图 3.4(b)所示。

A	$\neg A$
T	F
F	T

(a) 非运算的真值表

A:姚大龙擅长书法。
$\neg A$:姚大龙不擅长书法。
当命题 A 为真时 $\neg A$ 为假。

(b) 非运算的一个实例

图 3.4　非运算

例 3.2　将下列语句符号化,即表示为命题代数。

(1) 我和他既是同学又是兄弟。
(2) 我和他之间至少有一个去西部。

解　(1) 可表示为 $A \wedge B$,其中 A:我和他是同学,B:我和他是兄弟。

(2) 可表示为 $A \vee B$,其中 A:我去西部,B:他去西部。

可以将命题代数直接推广到逻辑代数。在逻辑代数中,逻辑变量的取值只有"真"和"假",通常以 1 和 0 来表示;通常用符号"·"表示与运算(在不至于混淆的情况下,符号"·"也可以省略),用符号"＋"表示或运算,用上画线"－"表示非运算。逻辑运算的基本规则如

表 3.1 所示。需要强调的是,参与逻辑运算的数值没有符号位。

表 3.1 逻辑运算的基本规则

与	或	非
0·0＝0	0＋0＝1	
0·1＝0	0＋1＝1	$\bar{0}=1$
1·0＝0	1＋0＝1	$\bar{1}=0$
1·1＝1	1＋1＝1	

> 香农(C. E. Shannon)1916 年出生于美国密歇根州,1936 年毕业于密歇根大学,获得数学和电子工程学士学位,1940 年获得麻省理工学院数学博士学位和电子工程硕士学位。1938 年,香农将逻辑代数应用于开关电路,因此,逻辑代数也称为开关代数。香农在 1948 年发表的论文《通信的数学原理》和 1949 年发表的论文《噪声下的通信》中,解决了过去许多悬而未决的问题,被尊称为"信息论之父"。

思考题

1. 为什么规定命题必须是一个陈述句?疑问句不可以做命题吗?
2. 生门和死门:一位哲学家被关在一个监狱里,监狱有两扇门,一扇通向自由(生门),一扇通向死亡(死门),监狱里有两个看守,两个看守都知道哪个是生门哪个是死门,但是一个说真话一个说假话,哲学家只能说一句话,哲学家该如何活着出去?

3.2 二进制

逻辑代数只使用 1(真)和 0(假)两个数,这样,当二进制的加法、乘法等算术运算与逻辑代数的逻辑运算建立了对应关系后,就可以用逻辑部件来实现二进制数据的各种运算。

3.2.1 进位计数制

按进位(当某一位的值达到某个固定量时,就要向高位产生进位)的原则进行计数的方法称为**进位计数制**,简称**进制**。在日常生活中,人们使用最多的是十进制,此外,人们也使用许多非十进制的计数方法,例如,时间采用的是六十进制,即 60 秒为 1 分钟,60 分钟为 1 小时;月份采用的是十二进制,即 1 年有 12 个月。

不同的进制以基数来区分,若以 r 代表基数,则

$r=10$ 为十进制,可使用 0,1,2,…,9 共 10 个数码;

$r=2$ 为二进制,可使用 0,1 共 2 个数码;

$r=8$ 为八进制,可使用 0,1,2,…,7 共 8 个数码;

$r=16$ 为十六进制,可使用 0,1,2,…,9,A,B,C,D,E,F 共 16 个数码。

r 进制数通常写作 $(a_n \cdots a_1 a_0 . a_{-1} \cdots a_{-m})_r$,其中 $a_i \in \{0,1,\cdots,r-1\} (-m \leqslant i \leqslant n)$。例如,二进制数 1101 写作 $(1101)_2$,十进制数 689.12 写作 $(689.12)_{10}$。

进位计数制采用位置记数法(数码按顺序排列)表示数,处于不同位置上的数码代表不同的值,例如,在十进制中,数码 8 在个位上表示 8,在十位上表示 80,在百位上表示 800,而在小数点后 1 位表示 0.8,所以,每个位置都对应一个位权值。对于 r 进制数 $(a_n \cdots a_1 a_0 . a_{-1} \cdots a_{-m})_r$,小数点左面的位权值依次为 $r^0, r^1, \cdots, r^n$,小数点右面的位权值依次为 $r^{-1}, \cdots, r^{-m}$。每个位置上的数码所表示的数值等于该数码乘以该位置的位权值。例如,十进制数 198.63 可以表示成:$198.63 = 1 \times 10^2 + 9 \times 10^1 + 8 \times 10^0 + 6 \times 10^{-1} + 3 \times 10^{-2}$。

进位计数制在执行算术运算时,遵守"逢 r 进 1,借 1 当 r"的规则,其中 r 为进制。如十进制的规则为"逢 10 进 1,借 1 当 10",二进制的规则为"逢 2 进 1,借 1 当 2"。二进制的算术运算规则非常简单,如表 3.2 所示。

表 3.2　二进制的算术运算规则

加	减	乘	除
0+0=0	0-0=0	0×0=0	0÷0(没有意义)
0+1=1	0-1=1(向高位借1)	0×1=0	0÷1=0
1+0=1	1-0=1	1×0=0	1÷0(没有意义)
1+1=0(向高位进1)	1-1=0	1×1=1	1÷1=1

例 3.3　计算 1010+10 和 1010-100 的值。

解

```
     1010           1010
  +    10        -   100
  ------         ------
     1100            110
```

则:1010+10=1100,1010-100=110。

例 3.4　计算 1010×101 和 10101÷100 的值。

解

```
        1010              101
   ×     101       100)10101
   -------              100
        1010             ---
        0000              101
       1010               100
   -------                ---
      110010                1
```

则:1010×101=110010,10101÷100=101 余 1。

> 二进制是德国数学家莱布尼茨在 18 世纪发明的,他的发明受了中国八卦的启迪。莱布尼茨曾写信给当时在康熙皇帝身边工作的法国传教士白晋,询问有关八卦的问题并仔细研究过八卦,莱布尼茨还把自己制造的一台手摇计算器送给了康熙皇帝。

3.2.2　二进制数和十进制数之间的转换

由于人们习惯使用十进制,而计算机内部使用的是二进制,所以,计算机系统需要进行十进制数和二进制数之间的转换。

将二进制数转换为十进制数只需要将二进制数按位权值展开然后求和,所得结果即为对应的十进制数。

例 3.5 将二进制数 1101.11 转换为十进制数。

解 $1101.11 = 1 \times 2^3 + 1 \times 2^2 + 0 \times 2^1 + 1 \times 2^0 + 1 \times 2^{-1} + 1 \times 2^{-2} = 13.75$

则:$(1101.11)_2 = (13.75)_{10}$。

将十进制数转换为二进制数需要将十进制数分解为整数部分和小数部分,对两部分分别进行转换,然后相加得到转换的最终结果。

将十进制整数转换为二进制整数的规则是"**除基取余,逆序排列**",即将十进制整数逐次除以二进制的基数 2,直到商为 0,然后将得到的余数逆序排列,先得到的余数为低位,后得到的余数为高位。

例 3.6 将十进制整数 46 转换为二进制整数。

解

除数	商	余数
46	23	0
23	11	1
11	5	1
5	2	1
2	1	0
1	0	1

(逆序排列)

则:$(46)_{10} = (101110)_2$。

十进制整数转换为 r 进制整数的数学原理

已知十进制整数 x,设 x 对应的 r 进制整数 $y = (a_n \cdots a_1 a_0)_r$,则

$$y = (a_n \cdots a_1 a_0)_r = a_n r^n + \cdots + a_1 r^1 + a_0 r^0 = ((\cdots(a_n r + a_{n-1})r + \cdots + a_2)r + a_1)r + a_0$$

将 y 除以 r,商为 $(\cdots(a_n r + a_{n-1})r + \cdots + a_2)r + a_1$,余数为 a_0;

所得商再除以 r,商为 $(\cdots(a_n r + a_{n-1})r + \cdots)r + a_2$,余数为 a_1;

以此类推,直至商为 0,余数为 a_n。

将十进制小数转换为二进制小数的规则是"**乘基取整,正序排列**",即将十进制小数逐次乘以二进制的基数 2,直到积的小数部分为 0,然后将得到的整数正序排列,先得到的整数为高位,后得到的整数为低位。

例 3.7 将十进制小数 0.375 转换为二进制小数。

解

乘数	积	整数
0.375	0.75	0
0.75	1.5	1
0.5	1.0	1

(正序排列)

则:$(0.325)_{10} = (0.011)_2$。

并不是所有的十进制小数都可以精确地转换为二进制小数,如果乘基取整后的小数部

分始终不为 0,则可以根据精度要求转换到一定的位数为止。

例 3.8 将十进制小数 0.325 转换为二进制小数。

解

乘数	积	整数	
0.325	0.65	0	
0.65	1.3	1	
0.3	0.6	0	正序排列
0.6	1.2	1	
0.2	0.4	0	
0.4	0.8	0	
0.8	1.6	1	
0.6	1.2	1	

此后处于无限循环状态,假设精度为小数点后 8 位,则:$(0.325)_{10} = (0.01010011)_2$。

思考题

1. 将 3 个苹果均分成 7 份,应该如何切分才能使切的刀数最少?

2. 如果有 1000 个苹果,有 10 个箱子,现要把 1000 个苹果放在 10 个箱子里面,如何放才能使得以后不管要多少个苹果,都可以整箱付货?

3. 一个工人工作 7 天,老板有一根黄金,每天要给工人 1/7 的黄金作为工资,老板只能切这段黄金 2 刀,请问怎样切才能每天都给工人 1/7 的黄金?

3.3 数字化原理——信息的编码

计算机内部是一个二进制数字世界,所有信息必须进行二进制编码才能存储到计算机中,进而被计算机程序加工和处理。

3.3.1 整数的编码

在数学中,整数的长度指该数所占的实际位数,例如 135 的长度是 3,5 的长度是 1,实际应用时有几位就写几位。在计算机中,整数的长度指该数所占的二进制位数,而且同类型的数据长度一般是固定的,由机器的字长确定,不足部分用 0 补足。换言之,计算机中同一类型的数据具有相同长度,与数据的实际长度无关。假设某计算机系统中整数占 2 字节(即 16 位二进制),则所有整数的长度都是 16 位,则 $(68)_{10} = (1000100)_2 = (0000000001000100)_2$。在以下讨论中,为简单起见,不失一般性,假设用 8 位二进制表示一个整数。

整数有正数和负数之分,由于计算机使用二进制 0 和 1,因此,可以采用 1 位二进制数表示数值数据的符号,通常用"0"表示正号,用"1"表示负号,也就是对数值数据的符号进行编码。

补码是一种使用最广泛的整数表示方法,其编码规则为:正数的补码其符号位为 0,其余各位与数的绝对值相同;负数的补码其符号位为 1,其余各位是数的绝对值取反,然后在最末位加 1。

例 3.9 $X = +1000101$ $[X]_补 = \mathbf{0}1000101$

$X = -1000101$ $[X]_补 = \mathbf{1}0111011$

由于$[+0]_补=00000000$,$[-0]_补=[-0]_反+1=11111111+1=00000000$,因此,补码表示法的优点之一就是零的表示唯一。补码表示法的另一个优点是方便进行算术运算。首先,对于加法运算,符号位可以作为数值参与运算,无须单独处理;其次,减法运算可以转换为加法运算,从而使正负数的加减运算转换为单纯的加法运算,简化了运算规则和逻辑电路。

例 3.10 计算 68+12 和 68-12 的值。

解 $68=+1000100$ $[68]_补=01000100$
   $12=+0001100$ $[12]_补=00001100$
   $-12=-0001100$ $[-12]_补=[-12]_反+1=11110011+1=11110100$

```
     01000100    [68]补              01000100    [68]补
  +  00001100    [12]补           +  11110100    [-12]补
     ────────                        ─────────
     01010000    [80]补           ①  00111000    [56]补
```

由于 8 位二进制表示一个整数,所以最高位的进位自然丢失,同时得到正确的结果。

> 补码的理论基础是模数的概念。从物理意义上讲,模数是某种计量器的容量。例如钟表的模数是 12,如果现在的准确时间是 6 点,而你的手表显示的是 8 点,怎样把表拨准呢?可以有两种方法:把时针往后拨 2 小时,或往前拨 10 小时。之所以这两种方法的效果是一样的,是因为 2 和 10 对模数 12 互为补数。模数系统有这样一个结论:一个数 A 减去另一个数 B,等价于数 A 加上负 B,也等价于数 A 加上数 B 的补数。用 mod 表示取模运算,则 $8-2=8+(-2)=8+(-2 \bmod 12)=(8+10) \bmod 12$(注意:多于模数 12 的部分相当于进位丢掉了)。

例 3.11 计算 68+61 的值。

解 $68=+1000100$ $[68]_补=01000100$
   $61=+0111101$ $[61]_补=00111101$

```
     01000100    [68]补
  +  00111101    [61]补
     ────────
     10000001    [-127]补
```

但是,68+61=129,这种错误称为 溢出。产生溢出的原因是要表示的值超过了系统能够表示的值的范围,例如,4 位二进制数表示的整数范围是 $-2^3 \sim 2^3-1$(注意有 1 位是符号位),如表 3.3 所示,8 位二进制数表示的整数范围是 $-2^7 \sim 2^7-1$,以此类推。

表 3.3 4 位二进制数表示的整数范围

位串	0111	0110	0101	0100	0011	0010	0001	0000	1111	1110	1101	1100	1011	1010	1001	1000
数值	7	6	5	4	3	2	1	0	-1	-2	-3	-4	-5	-6	-7	-8

注:二进制位串是对应数值的补码表示,左边第一位是符号位。

3.3.2 浮点数的编码

数值数据既有正数和负数之分,又有整数和小数之分,整数和小数都可以表示为浮点数。一个浮点数 X 可以用如下方式(即科学记数法)表示：
$$X = M \times r^E \tag{3.1}$$
其中，r 表示基数，由于计算机采用二进制，因此，基数为 2。E 为 r 的幂，称为数 X 的**阶码**，其值确定了数 X 的小数点的位置。M 为数 X 的有效数字，称为数 X 的**尾数**，其位数反映了数据的精度。

从式(3.1)可以看出，尾数 M 的小数点可以随 E 值的变化而左右浮动，所以，这种表示法称为**浮点表示法**。目前，大多数计算机都把尾数 M 规定为纯小数，把阶码 E 规定为整数。

基数一旦被计算机定义好了，就不能再改变了，因此，浮点表示法无须表示基数，是隐含的。这样，计算机中浮点数的表示由阶码和尾数两部分组成，如图 3.5 所示，其中阶码和尾数可以采用补码表示。

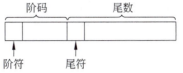

图 3.5 浮点表示法的一般格式

> 威廉·卡亨(William Kahan)1933 年出生于加拿大多伦多，1954 年在多伦多大学获数学学士学位，1958 年获博士学位。他曾在大学任教，先后在 IBM、惠普、英特尔等公司工作，积累了丰富的工程实践经验。卡亨在英特尔公司工作期间主持 8087 芯片的设计和开发工作，成功地实现了浮点运算部件。卡亨在 IEEE 浮点运算标准的制定、惠普计算机体系结构设计、数值计算、误差分析、自动诊断等方面也做出了突出的贡献，并获得了 1989 年图灵奖。

例 3.12 设 $X = 3.625$，假设用 12 位二进制数表示一个浮点数，其中阶码占 4 位，尾数占 8 位，则其浮点表示如下：

$$(3.625)_{10} = (11.101)_2 = 0.11101 \times 2^{10}$$

阶码为 +10，其补码为 010，由于阶码占 4 位，则阶码表示为 0010(注意是在阶码的前面补 0，因为阶码是整数)；尾数为 +0.11101，其补码为 011101，由于尾数占 8 位，则尾数表示为 01110100(注意是在尾数的后面补 0，因为尾数是纯小数)。最后，X 的浮点表示为 001001110100。

例 3.13 设 $X = 3.625$，假设用 8 位二进制数表示一个浮点数，其中阶码占 3 位，尾数占 5 位，则其浮点表示如下：

$$(3.625)_{10} = (11.101)_2 = 0.11101 \times 2^{10}$$

阶码为 +10，其补码为 010；尾数为 +0.11101，其补码为 011101，由于尾数占 5 位，空间不够，则尾数表示为 01110。最后，X 的浮点表示为：01001110。但是 01001110 是 3.5 的浮点表示，也就是说，由于尾数的空间不够大，从而产生了**截断误差**。使用较长的二进制位表示尾数可以减少截断误差的产生，事实上，今天所用的大多数计算机都使用 32 位二进制数来表示一个浮点数。

3.3.3 字符的编码

表示字符的简单方法是列出所有字符，对每一个字符赋予一个二进制位串构成**字符集**。微机上常用的字符集是**标准 ASCII 码**(American Standard Code for Information Interchange，美国信息交换标准代码),由 7 位二进制数表示一个字符,总共可以表示 128 个字符。表 3.4 给出了标准 ASCII 码编码表,每个字符都有一个由二进制位串决定的编码值。例如,a 的编码值为 97,b 的编码值为 98。

表 3.4 标准 ASCII 码编码表

$b_4 b_3 b_2 b_1$	$b_7 b_6 b_5$							
	0 0 0	0 0 1	0 1 0	0 1 1	1 0 0	1 0 1	1 1 0	1 1 1
0 0 0 0	NUL	DLE	SP	0	@	P	`	p
0 0 0 1	SOH	DC1	!	1	A	Q	a	q
0 0 1 0	STX	DC2	"	2	B	R	b	r
0 0 1 1	ETX	DC3	#	3	C	S	c	s
0 1 0 0	EOT	DC4	$	4	D	T	d	t
0 1 0 1	ENQ	NAK	%	5	E	U	e	u
0 1 1 0	ACK	SYN	&	6	F	V	f	v
0 1 1 1	BEL	ETB	'	7	G	W	g	w
1 0 0 0	BS	CAN	(	8	H	X	h	x
1 0 0 1	HT	EM	)	9	I	Y	i	y
1 0 1 0	LF	SUB	*	:	J	Z	j	z
1 0 1 1	VT	ESC	+	;	K	[	k	{
1 1 0 0	FF	FS	,	<	L	\	l	|
1 1 0 1	CR	GS	-	=	M	]	m	}
1 1 1 0	SO	RS	.	>	N	↑	n	~
1 1 1 1	SI	US	/	?	O	←	o	DEL

扩展 ASCII 码由 8 位二进制数表示一个字符,总共可以表示 256 个字符,通常各个国家都把扩展 ASCII 码作为自己国家语言文字的代码,但无法满足国际需要,于是出现了 Unicode。**Unicode** 由 16 位二进制数表示一个字符,总共可以表示 2^{16} 个字符,即 65 000 多个字符,能够表示世界上所有语言的所有字符,包括亚洲国家的表意字符,此外,还能表示许多专用字符(如科学符号)。

贝莫(Bob Bemer)1941 年获得航空工程学位,之后在很多有影响的计算机公司工作。贝莫首先认识到如果一台计算机要与另一台计算机通信,需要传送文本信息的标准代码。1960 年,贝莫发布了关于 60 多种计算机代码的调查报告,从而说明了对标准代码的需要。贝莫拟定了标准委员会的工作计划,编写了大量关于编码的文献,提出了转义符的概念。2003 年 5 月,贝莫得到了 IEEE-CS 颁发的计算机先驱奖,以表彰他通过 ASCII 码和转义符为满足世界对各种字符集和符号的需要所做出的贡献。

3.3.4 汉字的编码

计算机在我国的应用中,汉字的输入、处理和输出功能是必不可少的,实现汉字处理的前提是对汉字进行编码。我国于1981年颁布了《中华人民共和国国家标准信息交换汉字编码》(GB 2312—1980),该标准根据汉字的常用程度确定了汉字字符集,共收录汉字、数字序号、标点符号、汉语拼音符号等各种符号7445个,其中一级汉字3755个,二级汉字3008个,此外还包括682个西文字符和图符。

为了在计算机系统的各个环节方便和确切地表示汉字,需要使用多种汉字编码。例如,由输入设备产生的汉字输入码、用于计算机内部存储和处理的汉字机内码、用于汉字显示和打印输出的汉字字形码等。在汉字的处理过程中,各种汉字编码的转换过程如图3.6所示。

图 3.6 汉字编码转换过程

1. 汉字输入码

对于用户而言,在计算机中使用汉字首先遇到的问题就是如何使用西文键盘有效地将汉字输入计算机中。为了便于汉字的输入,中文操作系统都提供了多种汉字输入法,常用的有五笔字型、微软拼音等,不同的输入法对应不同的汉字输入码。例如,汉字"西"用微软拼音输入法时,需依次按下"x""i",则"xi"即为"西"字的输入码。

2. 汉字机内码

汉字的机内码是统一的,输入汉字后,需要将汉字输入码转换为汉字机内码。机内码是在计算机内部存储和处理使用的汉字编码,每个汉字用两个7位的二进制数表示,在计算机中用2字节表示,为了与ASCII码相区别,将每个字节的最高位置为1。例如,"西"字的机内码是11001110 11110111。

3. 汉字字形码

汉字是一种象形文字,可以将汉字看成一个特殊的图形,这种图形很容易用点阵来描述。所谓点阵就是把汉字图形放在一个网格(例如坐标纸)内,凡是有笔画通过的格点为黑点,用1来表示;否则为白点,用0来表示。那么,黑白点信息就可以用二进制数来表示。汉字字形码就是一个汉字字形的点阵编码,全部汉字字形码的总和称为汉字库。显然,表示汉字的点阵越大,汉字就越美观清晰,所需的存储量也就越多。图3.7所示是"王"字的16×16点阵。

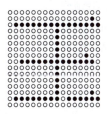

图 3.7 汉字字形码点阵示意图

3.3.5 声音的编码

声音是随时间连续变化的波,称为声波。声波传到人的耳朵,引起耳膜振动,这就是人们听到的声音。声音信号(又称音频信号)是一种模拟信号,主要由振幅和频率来描述。振幅反映声音的音量大小,频率反映声音振动一次的时间。

将声音数字化,就是每隔一段时间对声波进行采样,将采样点的振幅值用一组二进制数来表示,如图 3.8(a)所示。

在图 3.8(b)中,横轴是时间,纵轴是声波的振幅,因此,采样是在横轴和纵轴两个维度上进行了离散化。显然,采样的间隔时间越短,数字化音频的质量也就越高,声音质量越接近原始声音,而所需的存储量也越多。例如,音乐 CD 的采样频率是 44kHz,假定它是双声道,每声道占用 2 字节存储采样值,则 1 秒钟的音乐就需要 $44\,000 \times 2 \times 2 \approx 160KB$ 的存储量,存储一首 4 分钟长的歌曲,总计需要 $4 \times 60 \times 160 \approx 36MB$ 存储量,可见,数字化的声音文件需要相当大的存储量。

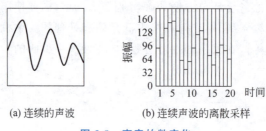

(a) 连续的声波　　(b) 连续声波的离散采样

图 3.8　声音的数字化

> 人耳能听到声音的频率范围是 20Hz～20kHz,实际上,人类只需要 3.4kHz 的可用信息,这就是电话线路的语音信号带宽。当然,采样频率的提高意味着声音质量的提高,如普通声道的带宽是 11kHz,立体声的带宽是 22kHz,高保真立体声的带宽是 44kHz。

3.3.6　图形和图像的编码

在计算机中,图形和图像是两个不同的概念。**图形**一般指通过绘图软件绘制的,由直线、圆、弧等曲线组成的画面,即图形是由计算机产生的;**图像**是由扫描仪、数码相机等输入设备捕捉的画面,即图像是真实的场景或图片,被输入了计算机。

数字化一幅图形通常采用的是矢量技术,就是把图形分解为一些基本元素,通过图形的基本元素及其属性来表示图形。图形的基本元素有点、线、矩形、圆和椭圆等,属性主要指诸如线的风格、宽度和色彩等影响图形输出效果的内容。矢量技术是用数学方法描述图形的几何形状,因此,存储的数据是绘制图形的数学描述。矢量图形可以进行组合、编辑、放大等处理,如图 3.9 所示。

图 3.9　矢量图形的处理

数字化一幅图像通常采用的是位图技术,就是把图像分解为一些点,这些点称为**像素**,每个像素由一种颜色构成,如图 3.10 所示。颜色是对到达视网膜的各种频率的光的感觉。人类的视网膜有 3 种颜色感光视锥细胞,分别对应红、绿、蓝三原色,人眼可以感觉的所有颜色都由这 3 种颜色混合而成。因此,在计算机中,颜色通常用 RGB(Red-Green-Blue)的组合来表示。用于表示颜色的二进制位数称为色深度,显然,色深度的位数越多,能够表示的颜色就越多,图像也就越逼真。增强彩色指色深度为 16 位的颜色,RGB 中的每个数值用 5 位二进制数表示,剩下的 1 位用于表示颜色的透明度。真彩色指色深度为 24 位的颜色,RGB 中的每个数值用 8 位二进制数表示,每个数值的范围是 0~255,能够表示 1670 万种以上的颜色。

图 3.10　图像与像素

表示一幅图像使用的像素个数称为分辨率。如果使用了足够的像素并将这些像素按正确的顺序排列,人们就会认为看到的是一幅图像。由于视觉的停留效果,当每秒钟变化的画面超过 15 帧时,连续出现的各个画面在人眼中产生的视觉停留就会相互连接,因此,视频可以看作连续的图像,随时间变化的图像序列就构成了数字视频。

> 打印机和显示器上使用的字体通常采用矢量技术,这样方便得到可缩放字体。例如,微软公司研发的 TrueType 字体是一种描述如何绘制文本符号的系统。但是,矢量技术还不能提供照片级质量的图像,这就是现在的数码相机采用位图技术的原因。位图技术的缺点是不能方便地放大图像,实际上,放大这种图像只有一个方法,就是把像素变大,这会使图像呈现颗粒状。数码相机中提供了数字变焦技术来解决图像放大后的颗粒状问题。

3.3.7　指令的编码

一个二进制位只能表示两种状态。例如,如果把食物分成甜的和酸的两类,只用一个二进制位即可,可以规定 0 表示食物是甜的,1 表示食物是酸的。同理,2 个二进制位可以表示 4 种状态,因为 2 位可以构成 4 种组合,即 00、01、10、11。例如,如果把食物分成酸、甜、苦、辣 4 种,则需要 2 个二进制位。一般来说,n 个二进制位能表示 2^n 种不同的状态。

> 虽然在技术上只需要最少的二进制位来表示一组状态,在实际表示时常常会多分配一些位数,通常是 2 的幂的倍数。这是因为计算机体系结构一次能够寻址和移动的位数通常是 2 的幂,例如 8、16、32 等。

由于指令系统中包含指令的数量有限,所以,处理器的设计者只需要列出所有的指令,再给每个指令分配一个二进制编码即可。例如,8086/8088 的指令系统共有 133 条基本指令,由于 $2^7 < 133 < 2^8$,因此,可以用 8 位二进制数表示一条指令,如 11110100 表示加法指令。因此,处理器的电子器件能够识别指令系统中的每一个二进制编码,计算机硬件只能够识别并执行机器指令。

思考题

1. 在计算机中,一般用一定长度的二进制位来表示整数和浮点数,如果实际应用中要处理非常大的整数或精度要求非常高的浮点数,如何表示这样的数据?

2. 英文字母在计算机处理过程中只有一种编码——ASCII 或 Unicode,为什么汉字在计算机处理过程中有多种编码?

3. 声音等多媒体信息数字化后,其特点就是数据量非常庞大,处理多媒体数据所需的高速传输速度也是计算机内部所不能承受的。如何理解这句话?

3.4 逻辑电路

计算机是电子设备,计算机硬件需要使用许多功能电路,例如触发器、寄存器、计数器、译码器、比较器、半加器、全加器等。这些功能电路都是由基本的逻辑电路经过逻辑组合而成的,再把这些功能电路有机地集成起来,就可以组成一个完整的计算机硬件系统。

3.4.1 门

门(也称逻辑门)是对电信号执行基础运算的设备,是处理二进制数的基本电路,是构成数字电路的基本单元。一个门接收一个或多个输入信号,生成一个输出信号。由于门处理的是二进制数据,所以,每个门的输入和输出只能是 0(对应低电平)或 1(对应高电平)。

门的表示方法有 3 种:①逻辑表达式,即数学表示法;②逻辑框图,即图形符号表示法,本书中门的逻辑框图包含两种表示方式,上面的逻辑框图是国家标准局规定的符号,下面的逻辑框图是国际上通常采用的符号;③真值表,列出了所有可能的输入组合及其相应输出的表。

基本的门是与门、或门和非门,其他复杂的门都可以由这三种门组合而成。其他常用的门还有异或门、与非门和或非门。

与门具有逻辑乘法功能,只有当输入 A 和 B 同时为 1 时,输出 P 才为 1,否则输出 P 为 0。图 3.11 是与门的示意图。

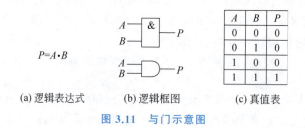

(a) 逻辑表达式 (b) 逻辑框图 (c) 真值表

图 3.11 与门示意图

或门具有逻辑加法功能,当输入 A 和 B 中有一个为 1 时,输出 P 就为 1,否则输出 P 为 0。图 3.12 是或门的示意图。

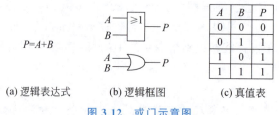

(a) 逻辑表达式 (b) 逻辑框图 (c) 真值表

图 3.12 或门示意图

非门具有逻辑取反功能,它只有一个输入和一个输出,当输入 A 为 0 时,输出 P 为 1,当输入 A 为 1 时,输出 P 为 0。图 3.13 是非门的示意图。

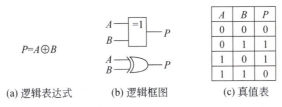

$P=\overline{A}$

(a) 逻辑表达式

1
A
P
A
P

(b) 逻辑框图

A	*P*
0	1
1	0

(c) 真值表

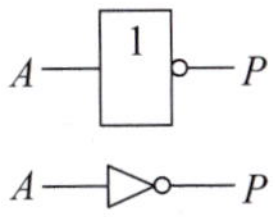

图 3.13　非门示意图

异或门表示仅当输入 A 和 B 相同时输出 P 为 0，否则输出 P 为 1。注意异或门和或门之间的区别，异或门是不可兼或，而或门是可兼或。图 3.14 是异或门的示意图。

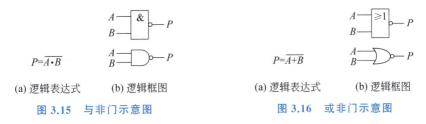

$P=A\oplus B$

(a) 逻辑表达式

=1
A
B
P
A
B
P

(b) 逻辑框图

A	*B*	*P*
0	0	0
0	1	1
1	0	1
1	1	0

(c) 真值表

图 3.14　异或门示意图

与非门和或非门分别是与门和或门的对立门，换言之，与非门是让与门的输出再经过一个非门，如图 3.15 所示，或非门是让或门的结果再经过一个非门，如图 3.16 所示。

$P=\overline{A\cdot B}$

(a) 逻辑表达式

&
A
B
P
A
B
P

(b) 逻辑框图

图 3.15　与非门示意图

$P=\overline{A+B}$

(a) 逻辑表达式

≥1
A
B
P
A
B
P

(b) 逻辑框图

图 3.16　或非门示意图

需要说明的是，门可以接收 3 个或更多的输入，其定义与具有两个输入的门是一致的。

门为计算机的各种功能电路提供了构件。**电路**是由多个门组合而成的，可以执行算术运算、逻辑运算、存储数据等各种复杂操作。

电子计算机由具有各种逻辑功能的逻辑部件组成，这些逻辑部件按其结构可分为两大类：一类是组合电路，输入值明确决定了输出；另一类是时序电路，输出是输入值和电路现有状态的函数。有了组合电路和时序电路，再进行合理的设计，就可以表示和实现逻辑代数的基本运算。

3.4.2　组合电路

把一个门的输出作为另一个门的输入，就可以把门组合成组合电路。在图 3.17(a)中，两个与门的输出被用作一个或门的输入(图中的连接点表示两条线是相连的)。在图 3.17(b)中，或门的输出被用作一个与门的输入。这两个不同的电路对应的真值表是相同的，如图 3.17(c)所示，即对于每个输入的组合，两个电路生成完全相同的输出。

各种算术运算可归结为相加和移位这两个最基本的操作，因而运算器以加法器为核心。对二进制数执行加法的电路称为**加法器**，功能较强的计算机具有专门的乘除部件和浮点运

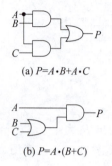

(a) $P=A \cdot B + A \cdot C$

(b) $P=A \cdot (B+C)$

A	B	C	A·B	A·C	B+C	P
0	0	0	0	0	0	0
0	0	1	0	0	1	0
0	1	0	0	0	1	0
0	1	1	0	0	1	0
1	0	0	0	0	0	0
1	0	1	0	1	1	1
1	1	0	1	0	1	1
1	1	1	1	1	1	1

(c) 图(a)和图(b)中组合电路的真值表

图 3.17　组合电路示例

算部件,这些部件都以加法器为核心,但又增加了一些移位逻辑和控制逻辑。

两个二进制数相加的结果可能产生进位值,计算两个 1 位二进制数的和并生成正确进位的电路称为**半加器**。两个 1 位二进制数相加的真值表如图 3.18(a)所示。注意得到的是两个输出——和与进位,所以,半加器电路应该有两个输出,并且和对应的是异或门,进位对应的是与门,如图 3.18(b)所示。

输入		输出	
A	B	和	进位
0	0	0	0
0	1	1	0
1	0	1	0
1	1	0	1

(a) 半加器的真值表

(b) 半加器的逻辑电路

图 3.18　半加器示意图

半加器没有把进位(即进位输入)考虑在计算之内,所以,半加器只能计算两个 1 位二进制数的和,而不能计算两个多位二进制数的和。考虑进位输入的电路称为**全加器**。可以用两个半加器构造一个全加器,把半加器的和再与进位输入相加,如图 3.19 所示。

输入			输出	
A	B	进位	和	进位
0	0	0	0	0
0	0	1	1	0
0	1	0	1	0
0	1	1	0	1
1	0	0	1	0
1	0	1	0	1
1	1	0	0	1
1	1	1	1	1

(a) 全加器的真值表

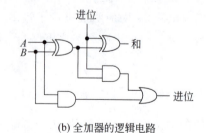

(b) 全加器的逻辑电路

图 3.19　全加器示意图

要实现两个 8 位的二进制数相加,只需要复制 8 次全加器电路,一位的进位输出将作为下一位的进位输入,最左边的进位输入是 0,最右边的进位输出作为溢出被舍弃。

3.4.3 时序电路

数字电路的一个重要作用是存储数据,其存储功能是由时序电路(也称存储器电路)实现的。存储器电路有很多种,图 3.20(a)为一个用与非门设计的 **S-R 锁存器**。

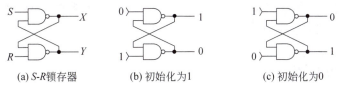

(a) S-R 锁存器　　　(b) 初始化为 1　　　(c) 初始化为 0

图 3.20　S-R 锁存器工作原理

在图 3.20(a)中,每个与非门都有一个外部输入(S 或 R)和一个来自输出的输入(X 或 Y),如果输出 X 为 1,输出 Y 为 0,S 和 R 也都为 1,则输出 X 保持为 1。同理,如果输出 X 为 0,输出 Y 为 1,S 和 R 也都为 1,则输出 X 保持为 0。因此,无论输出 X 的值是什么,如果 S 和 R 都为 1,则电路就保持当前状态。输出 X 在任意时刻的值是这个电路存储的值。

那么,如何把一个值存入 S-R 锁存器呢?暂时把 S 置为 0,保持 R 为 1,如图 3.20(b)所示,可以把 S-R 锁存器设置为 1,然后将 S 恢复为 1,S-R 锁存器将保持 1 的状态。同理,暂时把 R 置为 0,保持 S 为 1,如图 3.20(c)所示,可以把 S-R 锁存器设置为 0,然后将 R 恢复为 1,S-R 锁存器将保持 0 的状态。因此,通过控制 S 和 R 的值,S-R 锁存器就可以实现存储功能。

一个 S-R 锁存器存储一位二进制数,把这个思想扩展,就可以设计出容量较大的存储器电路。

3.4.4 集成电路

集成电路(也称芯片)是嵌入了多个门的硅片,这些硅片被封装在塑料或陶瓷中,边缘有引脚,可以焊接在电路板上或插入合适的插槽中,每个引脚连接着一个门的输入或输出、电源或接地。

一个小规模集成电路芯片 SSI 只有几个独立的门,图 3.21 展示了一个具有 14 个引脚的 SSI 芯片,其中 8 个用作门的输入、4 个用作门的输出、1 个接地、1 个接电源。用不同的门可以制成类似的芯片。

超大规模集成电路 VLSI 的门数量超过 100 000 个,这是否意味着 VLSI 芯片需要有多于 300 000 个引脚?答案是 VLSI 芯片上的门不是完全独立的,VLSI 芯片上嵌入的电路具有很高的门引脚比。也就是说,许多门被组合在一起,创建的复杂电路只需要很少的输入和输出值。

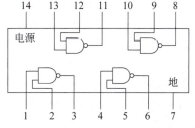

图 3.21　包含独立与非门的集成电路

计算机中最重要的集成电路莫过于中央处理器(CPU),每个 CPU 都有大量的引脚,这些引脚把 CPU 和存储器与输入/输出设备连接在一起,计算机系统的所有通信都是通过这些引脚完成的。

思考题

1. 计算机硬件在进行表达式计算时,通常要求操作数占用相同的二进制位数,并且要求存储方式也相同。例如,计算机硬件可以直接将两个 16 位整数相加,但是不能直接将一个 16 位整数和一个 32 位整数相加。解释其中的道理。

2. 微型计算机中 CPU 的引脚有多少个? 还有哪些芯片带有引脚? 各芯片引脚的个数是否应该有严格的规定? 为什么?

3.5 计算机部件

冯·诺依曼计算机有 5 个基本部件:运算器、控制器、存储器、输入设备和输出设备,时至今日,所有的计算机都没有突破冯·诺依曼计算机的基本结构。

3.5.1 存储器

随着计算机系统的不断发展,计算机应用领域的日益扩大,对存储器的要求也越来越高,现代计算机已演变成以存储器为核心的计算机系统。

1. 存储器的层次结构

存储器的性能指标主要有 3 个:存储容量、存取速度和每位价格。**存储容量**指存储器可以容纳的二进制信息总量。显然,存储器的存储容量越大,存储的信息就越多。存储器的最小存储单位是**位**(bit,简称 b),每一位可以存储一位二进制数,8 位为 1 **字节**(byte,简称 B)。存储容量通常以字节为基本单位,由于计算机的存储容量一般都很大,所以,常见的单位也有千字节(KB)、兆字节(MB)、吉字节(GB)、太字节(TB)等,其换算关系如下:

$$1\text{KB} = 2^{10}\text{B} = 1024\text{B}$$
$$1\text{MB} = 2^{20}\text{B} = 1\,048\,576\text{B}$$
$$1\text{GB} = 2^{30}\text{B} = 1\,073\,741\,824\text{B}$$
$$1\text{TB} = 2^{40}\text{B} = 1\,099\,511\,627\,776\text{B}$$

> 在存储器容量的度量单位中,前缀 K、M、G、T 的使用是有误差的,因为这些前缀在其他应用领域中已经用来作为 10 的幂的单位,例如 km 指的是 1000m,MHz 指的是 1 000 000Hz,而这些前缀在计算机领域中是 2 的幂的单位。

存取速度可以用存取时间和存取周期两个参数来衡量,存取时间指从 CPU 发出有效存储地址从而启动一次存储器读/写操作,到读/写操作完成所经历的时间;存储周期指连续启动两次独立的存储器读/写操作所需的最小时间间隔。**每位价格**指存储器的价格与存储容量的比,一般地,设 C 是具有 S 位存储容量的存储器的价格,则每位价格 $V = C/S$。

存储器的容量、速度和价格之间存在如下关系:存取时间越短则每位价格就越高;存储容量越大则每位价格就越低;存储容量越大则存取时间就越长。这就要求设计存储系统时需要在容量、速度和价格之间进行权衡。解决这个问题的方法是采用层次结构,即在一台计算机中,采用具有各种存取速度、存储容量和访问方式的存储器,这些存储器构成了一个层次结构,如图 3.22 所示。

在"高速缓存-内存储器-外存储器"三级存储系统中,各级存储器承担的职能不同。高速缓存主要强调快速存取,以便使存取速度和处理器的运算速度相匹配;外存储器主要强调大的存储容量,以满足计算机大容量的存储要求;内存储器介于高速缓存和外存储器之间,要求选取适当的存储容量和存取速度,使它能容纳系统的核心软件和较多的用户程序。追求整个存储器系统具有更高的性能价格比是三级存储系统的核心思想。

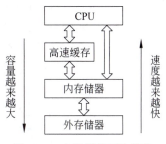

图 3.22 存储器的层次结构

2. 内存储器

CPU 的主要工作是执行程序,某一时刻 CPU 只能处理一条指令和几组数据,因此,计算机需要一个空间存储其余的指令和数据,等待 CPU 处理,这个存储空间就是内存储器。**内存储器也称为内存或主存**,它直接与 CPU 相连,存储容量较小,但存取速度较快,用于保存正在使用(或经常使用)的程序和数据。

内存储器由单独的、可编址的存储单元组成,**存储单元**是可管理的最小单位,典型的存储单元是单个字节,每个存储单元的编号称为**地址**。地址具有唯一标识存储单元的作用,一般从 0 开始连续编号,如图 3.23 所示。

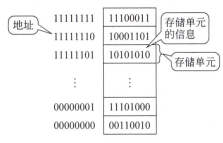

图 3.23 存储器示意图

> 可以将内存与宾馆的房间进行类比:位——床位;一个二进制位可以存储一个二进制数——一张床可以容纳一个人(假设男为 0 女为 1);存储单元——房间;内存地址——房间号;内存容量——床位总数。

如果要访问存储器中某个存储单元的信息,就必须知道这个单元的地址,然后按地址存入或取出信息,CPU 对内存的一次存取通常在微秒级时间内完成。向存储器里存入信息也称为**写入**,写入的新内容覆盖了原来的旧内容;从存储器里取出信息也称为**读出**,信息读出后并不破坏原来存储的内容,因此,信息可以重复读出。需要强调的是:存储位不能是空的,必须存放 0 或 1,换言之,任意时刻存储单元的内容都不能是空的,一定是 0 和 1 的编码。

内存储器有两种:随机存储器 RAM 和只读存储器 ROM。RAM 芯片包含可以存储指令和数据的电路,存储在 RAM 里的数据只不过是硅片上流过微电路的电流,这意味着只要断电,存储在 RAM 里的信息就会丢失,因此,RAM 又称为易失性存储器。RAM 占了存储器的绝大部分,是内存性能的决定性因素。ROM 中存储的信息是不会丢失的,因此又称为非易失性存储器。一般情况下,ROM 中的信息是固化的,是生产厂家写入的固定指令和数据,计算机只能从 ROM 中读取信息,而不能写进任何信息。例如 BIOS 程序是写在 ROM 中对计算机进行初始化的指令集合。

3. 外存储器

由于计算机的内存储器具有易失性,所以需要将数据和程序存储在永久性存储设备上。**外存储器也称为辅助存储器,或简称外存、辅存**,存储容量大,但只能和内存储器交换信息,在脱机状态下不能被计算机系统的其他部件直接访问。常用的辅助存储器有硬盘、光盘、U 盘、移动硬盘、磁带等。

> 术语联机(on-line)和脱机(off-line)通常分别用来描述连接于计算机和没有连接于计算机的设备。联机意味着设备已经与计算机相连,不需要人的干预就可以使用;脱机意味着设备在被计算机使用之前需要人的干预——将这个设备接通电源,或者将这个设备与计算机相连接。

(1) 硬盘。硬盘由坚硬的合金盘片组成,存储容量大且存取速度较快,并且具有直接访问文件或记录的功能。

(2) 光盘。光盘是用激光在磁光介质上进行读写的存储器,能够存储大量的数据,主要有 CD ROM、WORM CD 和 MO 三种类型。CD ROM 是只读存储器,它只能读取预先录制好的数据,不能改变其内容;WORM CD 是一次写入多次读出存储器;MO 是多次写入多次读出存储器,就像硬盘一样可以反复使用。

(3) U 盘。U 盘也称闪存盘,是一种可擦除的存储芯片,不仅具有可读可写的优点,而且所写入的数据在断电后也不会丢失。随着 USB 接口出现并逐步流行,U 盘逐渐代替了软盘成为最热门的移动存储设备。

(4) 移动硬盘。移动硬盘通过一根电缆与计算机的 USB 接口连接,不需要重新启动计算机就可以连接或断开,实现真正的即插即用。

(5) 磁带。磁带采用顺序存取方式,如果要访问某一信息,必须从磁带的头部开始顺序检索,因而访问速度较慢,但是,磁带能以较低的成本高密度地存储大量数据。如今,磁带主要用在大型机上备份数据,或用于执行一些对时间要求不是很高的操作。

4. 高速缓冲存储器

计算机存取数据的时间主要取决于内存,据统计,CPU 大约有 70% 的工作是对内存进行读写操作,因此,内存的存储容量和存取速度直接影响到系统的速度及整机性能。目前,随着硬件制造水平不断提高,计算机的内存容量越来越大,速度越来越快,但内存的存取速度与 CPU 的处理速度相比仍有很大差距。为了使较慢速的内存与高速的 CPU 相匹配,现代计算机系统大多采用了高速缓冲存储技术。

高速缓冲存储器(cache,简称缓存)介于内存和 CPU 之间,位置可以在 CPU 芯片的内部,也可以在 CPU 芯片的外部。它的存取速度比内存快,但价格昂贵,所以存储容量较小,主要用来存放当前内存中即将使用(或使用最多)的程序块和数据块,并以接近 CPU 的速度向 CPU 提供程序指令和数据。

高速缓冲存储技术基于程序执行的局部性原理,即程序的执行在一段时间内总是集中在程序代码的一个小范围内。因此,当 CPU 读取内存中某一地址的指令时,计算机就自动地将与该地址相近的一段代码从内存传送到缓存中。如果 CPU 执行的指令在缓存中,那么 CPU 对内存的访问就相当于对缓存的访问;如果 CPU 执行的指令不在缓存中,则向缓存传送该指令以及与该指令的地址相近的一段代码。当缓存的命中率在 90% 以上时,整个内存可以看作以相当于缓存的速度进行工作,从而也就加快了整个程序的执行速度。

> 莫里斯·威尔克斯(Maurice Wilkes)1913 年出生于英国,1934 年毕业于剑桥大学,1938 年获剑桥大学博士学位。他以 EDVAC 为蓝本,设计并制造了世界上第一台真正意义上的存储程序式计算机 EDSAC。在设计和制造 EDSAC 的过程中,威尔克斯创造了许多新的技术和概念,如"变址""宏指令""微程序设计""子例程""高速缓冲存储器"等。由于他在计算机技术方面的杰出贡献,威尔克斯获得了 1967 年图灵奖。

3.5.2 中央处理器 CPU

1. 总线

计算机硬件系统的各个部件为了交换数据和控制信号,需要进行互连,目前最流行的互连方式是使用总线。**总线**是计算机内部传输指令、数据和各种控制信息的公共信息通道,是计算机系统的骨架。例如,中央处理器 CPU 和内存储器通过一组总线进行连接,如图 3.24 所示。利用总线,CPU 通过给出有关存储单元的地址以及读信号,从内存中相应单元取出数据,同样,CPU 通过给出有关存储单元的地址以及写信号,将数据存放到内存中的相应单元。

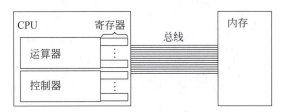

图 3.24 CPU 与内存通过总线连接

从物理角度看,总线就是一组电导线,这组电导线直接印制在电路板上延伸到各个部件。可以将总线理解为由并行线路组成的"高速公路",是传送信息所需要的通道。

> 决定 CPU 速度的第一个要素就是总线宽度,它决定了计算机一次能同时传送数据的位数,即计算机的字长。例如,"32 位计算机"指总线宽度是 32 位,能同时并行传送 32 个二进制位的计算机。

2. 运算器

运算器又称算术逻辑单元(Arithmetic Logic Unit,ALU),是计算机对数据进行加工处理的部件。我们知道,计算机所做的每一件事情都是一系列极其简单而又极其快速的算术运算和逻辑运算的结果,即运算器在控制器的控制下完成对二进制数的加、减、乘、除等基本算术运算和与、或、非等基本逻辑运算。

运算器主要由算术逻辑运算部件和寄存器组成。算术逻辑运算部件是可以执行算术运算和逻辑运算的逻辑电路,具体执行哪一种运算则由控制器发来的控制信号决定。寄存器用来保存算术逻辑运算部件正在处理的数据,运算结果可以暂存在寄存器中,也可以在控制器的控制下送到指定的内存单元中。一般来说,寄存器的个数多一些,运算器中可以暂存的信息就多一些,从而减少了访问内存的次数,提高机器的工作速度。

运算器一次能处理的固定长度的位组称为字(word),一个字所包含的二进制位数称为字长。显然,字长越长,计算机的处理能力就越强。目前,一般大型计算机的字长在 128～256 之间,小型计算机的字长在 64～128 之间,微型计算机的字长在 32～64 之间。随着计算机技术的发展,各种类型计算机的字长有增加的趋势。

3. 控制器

控制器是计算机的"神经中枢",用来控制计算机各部件协调工作。控制器从内存中指定单元取指令进行译码,然后根据该指令的功能向有关部件发出控制命令,执行该指令。另外,控制器在工作过程中还要接收各部件反馈回来的信息。

如图 3.25 所示,控制器由程序计数器(PC)、指令寄存器(IR)、指令译码器(ID)、时序控制电路以及微程序控制电路等组成。其中,程序计数器用来对程序中的指令进行计数,使得程序计数器存放的是当前指令完成后将要执行的下一条指令在存储器中的地址;根据程序计数器中存放的地址从存储器中取出一条指令,送到指令寄存器中,因此,指令寄存器用来暂存正在执行的指令;指令译码器用来识别指令的功能,分析指令的操作要求,将指令翻译成控制信号;时序控制电路用来生成时序信号,以协调在指令执行周期内各部件的工作;微操作控制电路用来产生各种控制操作命令。

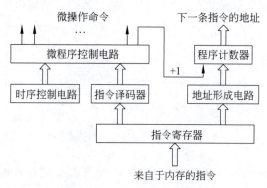

图 3.25 控制器的基本构成

例 3.14 假设要把存放在地址为 6A 和 6C 的存储单元中的数相加,结果存放在地址为 6E 的存储单元中,完成该任务的指令序列如表 3.5 所示,请给出程序的执行过程。简单起见,指令的编码采用十六进制。

表 3.5 两个数相加的指令序列

指令编码	含义
156A	把地址为 6A 的存储单元中的数取出装入寄存器 5
166C	把地址为 6C 的存储单元中的数取出装入寄存器 6

续表

指令编码	含 义
5056	把寄存器5和寄存器6中的数相加,结果存入寄存器0
306E	把寄存器0中的数存放到地址为6E的存储单元中
C000	停止

解 要执行表3.5所示程序,首先需要将该程序装入内存中,并且把第一条指令的地址放在程序计数器中,从而启动该程序的执行,如图3.26所示。

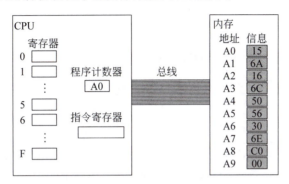

图3.26 首先将程序装入内存中

控制器开始一个指令执行周期,首先执行取指令,把存放在地址A0的指令取出并送入指令寄存器,由于指令的长度为16位,因此指令占A0和A1两字节,应该将程序计数器加2,使得程序计数器存放的是下一条将要执行指令的地址,如图3.27所示。

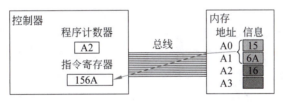

图3.27 取指令并送入指令寄存器

接着,指令译码器分析指令寄存器中的指令,将指令翻译成控制信号,完成把地址为6A的存储单元的数据取到寄存器5中,如图3.28所示。由于指令本身被嵌入了电路逻辑中,所以CPU中的电路逻辑将决定执行什么操作,这就解释了为什么一台计算机只能执行它自己的指令系统。

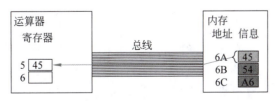

图3.28 执行指令:从内存中取数据

然后,控制器开始下一个指令执行周期,直到执行停机指令。程序的具体执行过程如表 3.6 所示。

表 3.6 程序的具体执行过程

机器周期		操 作
1	取指令	从地址 A0 开始的内存单元读取指令送入指令寄存器,程序计数器加 2
	分析指令	控制器分析指令寄存器中的指令 156A
	执行指令	把地址为 6A 的存储单元的数据存取到寄存器 5 中
2	取指令	从地址 A2 开始的内存单元读取指令送入指令寄存器,程序计数器加 2
	分析指令	控制器分析指令寄存器中的指令 166C
	执行指令	把地址为 6C 的存储单元的数据存取到寄存器 6 中
3	取指令	从地址 A4 开始的内存单元读取指令送入指令寄存器,程序计数器加 2
	分析指令	控制器分析指令寄存器中的指令 5056
	执行指令	启动算术运算部件实现加法操作,把结果存取到寄存器 0 中
4	取指令	从地址 A6 开始的内存单元读取指令送入指令寄存器,程序计数器加 2
	分析指令	控制器分析指令寄存器中的指令 306E
	执行指令	将寄存器 0 中的内容写入地址是 6E 的内存单元
5	取指令	从地址 A8 开始的内存单元读取指令送入指令寄存器,程序计数器加 2
	分析指令	控制器分析指令寄存器中的指令 C000 为停止指令
	执行指令	控制器在这个指令执行周期的执行步停止,程序执行完毕

需要强调的是,数据和指令都保存在内存中,都是 0 和 1 的编码,所以,计算机并不知道哪个是数据哪个是指令,如果赋给程序计数器的值不是指令的地址,例如,如果在图 3.26 中给程序计数器置初值 A1,那么计算机是不会知道的,CPU 只会忠实地执行命令,控制器在对应的存储单元取出二进制位串后,会把它们当成指令来执行,这时就会出现错误。

3.5.3 输入/输出设备

输入/输出(Input/Output,I/O)操作是通过输入/输出设备来完成的,这些设备提供了在外部环境和计算机之间交换数据的一种手段,是实现人机通信的工具。

1. 输入设备

总体上讲,输入设备接收来自用户的数据和程序,并将其转换为计算机可以识别的二进制形式。由于现实世界信息的形式多种多样,因此需要设计各种输入设备把这些多样的信息数字化。

(1) 键盘。键盘是计算机最常用的输入设备,用户主要通过键盘向计算机输入命令、程序和数据等信息,或使用一些操作键和组合控制键来控制信息的输入和编辑,或使用功能键对系统的运行进行一定程度的干预和控制。

> 现在的 QWERTY 键盘(以第一行按键的字母命名)是 100 多年以前为了减少打字机的键与键之间的拥挤而设计的。许多新键盘的布局都比传统的计算机键盘的布局好,并且易于学习。但是一项技术一旦流行起来就很难消失,传统的 QWERTY 键盘仍然是大部分计算机上的标准键盘。

(2) 定点输入设备。常用的定点输入设备有鼠标、跟踪球、操纵杆、触摸屏、光笔等。

鼠标是一种通过移动光标来做选择操作的输入设备,底部内置一个小球,有 1~4 个按钮(一般是 2 个),由一根电缆与计算机相连。当鼠标在一个光滑的平面上移动时,小球滚动屏幕上的光标也沿同一方向移动。

跟踪球看上去像一个倒置的鼠标,常被附加或内置在键盘上,用法类似于鼠标,其主要优点是需要的桌面空间比鼠标要小。笔记本电脑的键盘有时会内置一个跟踪球。

操纵杆(也称游戏杆)有一个类似于汽车齿轮变速装置的手柄,用来移动屏幕上的光标,顶端有一个按钮用来执行选择操作,主要用在游戏中。

触摸屏是覆盖了一层特殊材料的显示屏,可以使用手指轻压屏幕特定的区域来选择某个选项,主要用在商场、酒店、医院、飞机场等公共场所,用于信息查询。

光笔是一种外形类似圆珠笔的输入设备,通过与屏幕接触来选择或输入信息。

(3) 扫描输入设备。扫描输入设备以图像形式输入文本或图形并将其转换成计算机能显示和识别的机器代码,提供了从数据源直接获取数据的一个有效途径。常用的扫描输入设备有扫描仪、数码相机、传真机、条形码识别器、光学字符阅读器等。扫描仪用于扫描平面文档,例如纸张、照片等,光学字符阅读器通过反射光来识别铅笔的痕迹,例如标准试卷的阅卷,条形码识别器用于识别商品上的条形码。

(4) 语音输入设备。语音输入设备能直接将人的声音转换成计算机可以识别和处理的机器代码。语音输入设备具有巨大的发展潜力,它将彻底改变用户与计算机的沟通方式。常见的语音输入设备有麦克、录音笔等。

(5) 传感器。传感器是可以感知温度、湿度、压力、气味等物理数据的设备。目前,传感器应用在机器人技术、天气预报、医学监测、生物反馈以及科学研究领域,是普适计算机必不可少的输入设备。

2. 输出设备

总体上讲,输出设备将计算机内部的二进制信息转换成人们可以理解的形式提供给用户。输出设备可以分为两类:软拷贝设备和硬拷贝设备。软拷贝是临时性的,没有实体性的东西留下来,例如在显示器上看到的文章或电影;硬拷贝是可以触摸和携带的,通常以纸张形式保留下来。常用的输出设备有显示器、打印机、绘图仪、投影仪等。

(1) 显示器。显示器属于软拷贝设备。显示器以及和它配套的显卡是计算机系统基本的输出设备之一,计算机运行时的各种状态、操作结果都要随时显示在显示器上,显卡用于从内存中获取要显示的数据传送到显示器中。显示器主要有 CRT(阴极射线管)显示器、LCD(液晶)显示器等。

(2) 打印机。打印机属于硬拷贝设备。打印机分为击打式打印机和非击打式打印机,击打式打印机的噪声大且不能生成图形,常见的有点阵式打印机、行式打印机等。非击打式打印机的噪声小且能生成图形,常见的有激光打印机、喷墨打印机等。

（3）语音输出设备。语音输出设备属于软拷贝设备。最常见的语音输出设备是微型计算机上配备的立体声喇叭,可以一边工作一边听音乐,可以玩有声的游戏,还可以在计算机上作曲。

（4）绘图仪。绘图仪属于硬拷贝设备。绘图仪与打印机的原理类似,但能生成高质量的图形,主要用于大幅面输出。常见的绘图仪有笔式绘图仪、喷墨绘图仪、静电绘图仪、直接成像绘图仪等。

3. 输入/输出接口

计算机硬件系统通常把内存储器、运算器和控制器合称为**主机**,而主机以外的装置称为**外部设备**(简称外设),外部设备包括输入/输出设备和外存储器等。由于计算机的主机与外部设备之间数据传输的速度有很大差异,需要接口来协调两者之间的差异。**接口**指计算机系统中两个硬件设备之间的逻辑电路,主机与输入/输出设备之间的接口称为输入/输出接口,简称 I/O 接口,外设和 I/O 接口之间通过电缆相连接。

从信息传送的方式来看,接口可分为**串行接口**(简称串口)和**并行接口**(简称并口)两大类。在串行接口中,外部设备和接口之间的信息按位进行传送,例如微机上用来连接鼠标的 RS-232C 接口就是一种常用的串口;在并行接口中,外部设备和接口之间的信息按字节(或字)进行传送,具有较高的数据传输速度,例如微机上连接打印机的 LPT 接口就是一种常用的并口。

目前最受欢迎的接口是 USB 接口,USB 接口的目的是使所有的低速外设(例如扫描仪、打印机、鼠标、键盘、U 盘、外置硬盘、数码相机,甚至显示器)都可以连接到统一的 USB 接口上。USB 接口不需要独立供电(可以从主板上获得电源),支持热插拔(在开机状态下插拔),真正实现了"即插即用"。

在笔记本电脑中,常用的输入/输出接口还有 RJ45、HDMI、VGA 等。RJ45 为网线接口,用于连接网线,进行有线上网。HDMI 是可以同时传输视频和音频的接口,一般将该接口与电视机或者大屏幕连接,输出一些高清视频。VGA 接口用于传输模拟信号,常用于连接投影仪。

思考题

1. 现在的微处理器是集成在硅片上,是否有更好的替代品,能够在散热、集成、耐用性等方面有所提高?

2. 一个指令系统通常包含几百条指令,不同指令的执行速度有所不同,控制器如何知道何时开始一个指令执行周期?

3. 传感器接收的是模拟信息还是数字信息?其难点是什么?为什么普适计算机需要传感器作为输入设备?

4. 条形码、身份证号码的最后一位通常是校验位,为什么要设置校验位?

 阅读材料——著名计算机奖项

1. ACM 图灵奖

1966 年是电子计算机诞生 20 周年,也是图灵机计算模型发表 30 周年。为了纪念图灵对计算机科学的贡献,美国计算机学会(ACM)决定将计算机界的第一个奖项命名为图灵奖。图灵奖被誉为计算机界的诺贝尔奖,专门奖励那些在计算机科学研究中做出创造性贡献、推动了计算机科学技术发展的杰出科学家。从实际执行的情况来看,图灵奖偏重于计算机科学的理论、算法、语言和软件开发方面。由于图灵奖对获奖条件要求极高,评定审查极为严格,一般每年只奖励一名计算机科学家,只有极少数年度有两名合作者或在同一方向做出关键性贡献的科学家共享此奖,获奖的计算机科学家中美国学者居多。

2000年图灵奖得主为华裔科学家姚期智(安德鲁·姚,Andrew Yao),他的研究包括计算机有效算法设计以及量子通信和计算复杂性理论。2003年10月,姚期智先生正式加盟清华大学高等研究中心,受聘为清华大学计算机系讲席教授。

2. IEEE-CS 计算机先驱奖

IEEE-CS 计算机先驱奖是由 IEEE-CS 于 1980 年设立的奖项。从 ENIAC 诞生到 1980 年的 36 年间,计算机本身经历了巨大的发展变化,各种类型的计算机在各个领域、各个部门发挥着巨大的作用,推动了社会文明和人类进步,在这一巨大的、前所未有的科技成果的背后,是无数计算机科学家和工程技术人员奉献的智慧、创造才能和辛勤努力,尤其是其中的佼佼者所做出的关键性贡献。IEEE-CS 为此做出决定,设立计算机先驱奖以奖励这些理应赢得人们尊敬的学者和工程师。与其他奖项不同的是,计算机先驱奖规定获奖者的成果必须是在 15 年以前完成的,这样一方面保证了获奖者的成果确实已经得到时间的考验,不会引起分歧;另一方面又保证了获奖者是名副其实的"先驱",是走在历史前面的人。此外,该奖项还兼顾了理论与实践、技术与工程、硬件与软件、系统与部件等各个与计算机科学技术发展有关的领域,每年可有多人获奖。

1981 年计算机先驱奖的得主是华裔科学家杰弗里·朱(Jeffrey Chuan Chu),杰弗里·朱 1919 年出生于天津,1942 年在明尼苏达大学取得电气工程学士学位以后进入宾夕法尼亚大学,于 1945 年获得硕士学位。他是世界上第一台电子计算机 ENIAC 研制组成员,是 ENIAC 总设计师莫里奇和埃克特的得力助手,在 ENIAC 的线路设计和实验调试中发挥了重要作用。

习题 3

一、选择题

1. 最早提出用数学方法来描述和处理逻辑问题的是(　　)。
　　A. 布尔　　　　　　B. 莱布尼茨　　　　C. 怀特海　　　　　D. 罗素
2. 如果 $[X]_{补}$=11110011,则 $[-X]_{补}$=(　　)。
　　A. 1110011　　　　B. 01110011　　　　C. 0001100　　　　D. 00001101
3. 十进制数 137.625 对应的二进制数为(　　)。
　　A. 10001001.11　　B. 10001001.101　　C. 10001011.101　　D. 1011111.101
4. 十进制数 123 对应的八进制数是(　　)。
　　A. 371　　　　　　B. 173　　　　　　C. 246　　　　　　D. 73
5. 超大规模集成电路包含门电路的个数超过(　　)。
　　A. 1000　　　　　B. 10000　　　　　C. 100 000　　　　D. 1 000 000

6. 显示器的主要参数之一是分辨率,其含义是(　　)。
   A. 屏幕的水平和垂直扫描频率
   B. 屏幕上光栅的列数和行数
   C. 可显示不同颜色的总数
   D. 同一幅画面允许显示不同颜色的最大数目
7. 在计算机内用 2 字节的二进制编码来表示一个汉字,这种编码称为(　　)。
   A. 拼音码　　　　B. 机内码　　　　C. 输入码　　　　D. ASCII 码
8. 在 16×16 点阵的汉字字库中,存储一个汉字的字模信息需要(　　)字节。
   A. 16　　　　　　B. 32　　　　　　C. 64　　　　　　D. 256
9. 能对二进制数进行与、或、非等基本逻辑运算,实现逻辑判断的是(　　)。
   A. 运算器　　　　B. 控制器　　　　C. 存储器　　　　D. 输入/输出设备
10. 硬盘属于个人计算机的(　　)。
    A. 主存储器　　　B. 输入设备　　　C. 输出设备　　　D. 辅助存储器
11. (　　)不属于计算机的基本组成部件。
    A. CPU　　　　　B. 存储器　　　　C. 总线　　　　　D. 输入/输出设备
12. CPU 由(　　)组成。
    A. 运算器和存储器　　　　　　　　B. 控制器和存储器
    C. 运算器和控制器　　　　　　　　D. 加法器和乘法器
13. 在主存储器和 CPU 之间增加高速缓存的目的是(　　)。
    A. 解决 CPU 和主存之间速度匹配问题
    B. 扩大主存的容量
    C. 扩大 CPU 中寄存器的数量
    D. 既扩大主存的容量又扩大 CPU 中寄存器的数量
14. 以下存储设备中,数据在电源断电以后就消失的部件是(　　)。
    A. 外存储器　　　B. 移动存储器　　C. 内存储器　　　D. 硬盘
15. 存储器 ROM 是(　　)的设备。
    A. 可读可写数据　B. 可写数据　　　C. 只读数据　　　D. 不可读写数据
16. 当谈及计算机的内存时,通常指的是(　　)。
    A. RAM　　　　　B. ROM　　　　　C. cache　　　　　D. 虚拟内存

二、简答题

1. 判断下列语句是否是命题? 如果是命题,指出其真值。
   (1) 存在最大的质数。
   (2) 中国是一个人口众多的国家。
   (3) 这座楼可真高啊!
   (4) 你喜欢长城吗?
   (5) 请跟我来。
2. 将下列命题符号化。
   (1) 姚大龙和李小龙是好朋友。
   (2) 姚大龙和李小龙中至少有一个人去广州出差。

（3）姚大龙是三好学生或优秀干部。

（4）姚大龙是计算机学院的学生,他住在 2 号楼 305 室或 308 室。

3. 简单解释计算机采用二进制的原因。

4. 仿照十进制整数转换为 r 进制整数的数学原理,给出十进制小数转换为 r 进制小数的数学原理。

5. 假设用 8 位二进制数表示一个整数,采用补码形式,计算 85＋65 的值。

6. 假设用 12 位二进制数表示一个浮点数,其中阶码占 4 位,尾数占 8 位,则它能表示的实数范围是多少?

7. 构造 $(P \wedge Q) \vee (P \wedge \neg R)$ 的真值表。

8. 假设输入 A 为 1,输入 B 为 0,分析图 3.29 所示两个电路的输出。

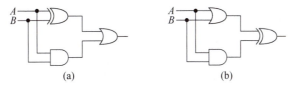

图 3.29　第 8 题图

9. 计算机系统的存储器分为哪几个层次?为什么要划分存储器的层次?

10. 在计算机系统中,位、字节、字和字长所表示的含义各是什么?

11. 解释内存中存储单元的概念。

12. 简述控制器的基本工作过程。

13. 假设用一个容量为 8GB 的 U 盘存储文字资料,则最多可以存储多少个汉字?假设存储 MP3 文件,则最多可以存储多少首歌呢?

14. 图 3.30(a)给出了内存中某些存储单元的内容,执行图 3.30(b)给定的指令序列,写出这些存储单元的变化过程。

步骤1：将地址A3单元的内容送到地址为A0的单元中
步骤2：将值01送到地址为A2的单元中
步骤3：将地址为A1单元的内容送到地址为A3的单元中

(a) 内存单元的状态　　　　　　　(b) 指令的执行步骤

图 3.30　第 14 题图

三、讨论题

1. 在计算机内部采用二进制,而日常生活中人们习惯采用十进制,这不是很麻烦吗?如果计算机采用十进制,会给运算带来什么困难?

2. 逻辑代数为计算机的二进制数、开关逻辑元件和逻辑电路的设计铺平了道路,并最终为计算机的发明奠定了数学基础。你如何理解数学对计算机科学的影响?

3. 集成电路是电子计算机的核心部分,目前集成电路多是用半导体材料制成的,而现在的半导体芯片发展已经接近理论上的极限。请查找这方面的资料,说明目前对于这个极限都有哪些突破方法。

4. 抄写一份销售计算机的广告,说明其中的技术参数。

5. 在冯·诺依曼计算机中,运算器是整个系统的核心,但随着计算机的发展,存储器成为提高计算机性能的瓶颈,也在逐渐成为整个系统的核心。你能分析具体的原因吗?

6. 上网查找计算机的存储器、CPU、输入/输出设备等部件的发展趋势,体会每个趋势给计算机的发展带来了什么影响。

7. 惠普等机构的研究人员正在致力于分子级的电子学——分子电子学的研究,它最终能生产出比今天计算机的运算速度快百万倍的新型计算机。分子电路技术的突破将开启普适计算机的序幕,计算机可以小至能够在衣服的纤维里移动,以人体散发的热量和自然光作为能源。请查找分子电子学方面的资料并讨论其发展前景。

第 4 章 程序设计基础

冯·诺依曼计算机的特征是存储程序,也就是说,用计算机求解现实生活中的具体问题,必须事先设计好程序并存储在计算机中,然后让计算机执行程序才能获得问题的解。本章主要讨论以下问题。

(1) 什么是程序? 什么是程序设计? 什么是程序设计语言?

(2) 程序是怎么设计出来的? 程序设计的关键是什么?

(3) 计算机运行程序的过程就是对数据的加工处理过程。如何将数据存储到计算机的内存中? 如何描述问题的处理方法和具体步骤才能让计算机"看懂"呢?

(4) 为了方便编写程序,现代程序设计普遍采用高级程序设计语言,高级语言程序如何转换为等价的机器指令?

【情景问题】七桥问题

17世纪的东普鲁士有一座哥尼斯堡城(现在叫加里宁格勒,在波罗的海南岸),城中有一座岛,普雷格尔河的两条支流环绕其旁,并将整个城市分成北区、东区、南区和岛区4个区域,全城共有7座桥将4个城区连接起来,如图4.1所示。于是,产生了一个有趣的问题:一个人是否能在一次步行中经过全部的7座桥后回到起点,且每座桥只经过一次?

伟大的数学家欧拉(Leonhard Euler,1707—1783年)于1736年发表了论文《与位置几何有关的一个问题的解》,文中提出并解决了七桥问题,为图论的形成奠定了基础。今天,图论已广泛应用在计算机科学、运筹学、控制论、信息论等学科中,成为对现实世界进行抽象的一个强有力的数学工具。

为了解决七桥问题,欧拉用 A、B、C、D 表示 4 个城区,用 7 条线表示 7 座桥,将七桥问题抽象为一个图模型,如图4.2所示,从而将七桥问题抽象为一个数学问题:求经过图中每条边一次且仅一次的回路,后来人们称之为欧拉回路。

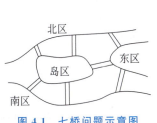

图 4.1 七桥问题示意图

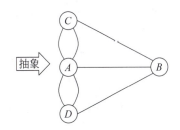

图 4.2 七桥问题的模型

欧拉论证了七桥问题不存在这样的回路,并且将问题进行了一般化处理,即对于任意多的城区和任意多的桥,给出了是否存在欧拉回路的判定规则:

(1) 如果通奇数桥的地方多于两个,则不存在欧拉回路;

(2) 如果没有一个地方通奇数桥,则无论从哪里出发,都能找到欧拉回路。

4.1 问题求解与程序设计

4.1.1 程序设计的一般过程

计算机是一个大容量、可以高速运转,但是没有思维的机器,计算机看起来聪明是因为它能精确、快速地执行算术运算和逻辑运算。计算机不能分析问题并产生问题的解决方案,用计算机解决某一个特定的问题,必须事先编写程序,告诉计算机需要做哪些事,按什么步骤去做,然后让计算机执行程序最终获得问题的解。用计算机求解问题的一般过程如图 4.3 所示。

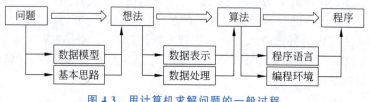

图 4.3 用计算机求解问题的一般过程

由问题到想法的主要任务是抽象出具体的数据模型,并形成问题求解的基本思路。由想法到算法的主要任务是完成数据表示和数据处理,即如何存储问题的数据模型,将数据模型从机外表示转换为机内表示,如何形式化问题求解的基本思路,确定具体的操作步骤,将问题的解决方案形成算法。由算法到程序的主要任务是将算法的操作步骤转换为某种程序设计语言对应的语句。

程序是能够实现特定功能的指令的有限序列,是描述对某一问题的求解步骤。其中,指令可以是机器指令、汇编语言的语句,也可以是高级语言的语句,甚至还可以是用自然语言描述的语句。**程序设计**是给出解决特定问题的程序的过程,是软件构造活动中的重要组成部分,程序设计往往以某程序设计语言为工具,给出这种语言下的程序。专业的程序设计人员常被称为**程序员**。

> 广义上讲,可以认为程序是一种行动方案或工作步骤。在日常生活中,我们经常会碰到这样的程序:某个会议的日程安排、手工制作的说明等。计算机程序实际上也是一种处理事情时按时间顺序的工作步骤。由于组成计算机程序的基本单位是指令,因此,计算机程序就是按照工作步骤事先编排好的指令序列。

4.1.2 程序设计的关键

程序设计的关键是数据表示和数据处理。**数据表示**完成的任务是从问题抽象出数据模型,并将该模型从机外表示转换为机内表示;**数据处理**完成的任务是对问题的求解方法进行抽象描述,即设计算法,再将算法的指令转换为某种程序设计语言对应的语句,转换所依据的规则就是某种程序设计语言的语法,换言之,就是用某种程序设计语言描述要处理的数据以及数据处理的过程。

1. 数据表示

冯·诺依曼体系结构的特征是存储程序,计算机加工处理的数据以及数据之间的关系都要存储到计算机的内存中,所以,需要将抽象出的数据模型从机外表示转换为机内表示,也就是将数据模型存储到计算机的内存中,典型方法就是用程序设计语言描述数据模型。数据表示的一般过程如图 4.4 所示。

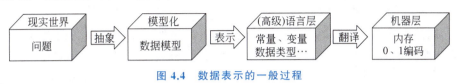

图 4.4 数据表示的一般过程

2. 数据处理

利用计算机解决问题的最重要一步是抽象算法,也就是从计算机的角度设想计算机是如何一步一步完成这个任务的。有些问题很简单,很容易就可以得到问题的解决方案;如果问题比较复杂,就需要更多的思考才能得到问题的解决方案。问题的解决方案最终需要借助程序设计语言来表示,也就是将算法转换为程序,只有能够在计算机上运行良好的程序才能为人们解决特定的实际问题。数据处理的核心是算法设计,一般来说,对不同求解方法的抽象描述产生了相应的不同算法,而根据不同的算法可以设计出不同的程序。数据处理的一般过程如图 4.5 所示。

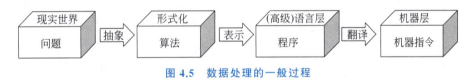

图 4.5 数据处理的一般过程

思考题

1. 用计算机求解问题,实质上计算机只做了一件事——执行程序,其他所有环节必须都由人来完成。为什么计算机不能设计程序而只能执行程序?
2. 在程序设计过程中,数据表示和数据处理都采用了分层方法,为什么采用分层方法?

4.2 数据表示——数据结构

用计算机求解问题,首先要抽象出问题的数据模型。计算机能够求解的问题一般可以分为数值问题和非数值问题,数值问题抽象出的数据模型通常是数学方程,例如求解梁架结构中应力的模型是线性方程组,预报人口增长情况的模型是微分方程;非数值问题抽象出的数据模型通常是线性表、树、图等数据结构。

4.2.1 基本的数据结构

数据是所有能输入计算机中并能被计算机程序识别和处理的符号集合,是计算机程序加工处理的对象。数据的含义十分广泛,包括数值、字符、图形、图像、声音等。**数据元素**是数据的基本单位,在计算机程序中通常作为一个整体进行考虑和处理。

数据结构指相互之间存在一定关系的数据元素的集合,通常,数据元素之间具有以下三种基本关系:

(1) 一对一的线性关系,具有这种关系的数据结构称为**线性结构**;

(2) 一对多的层次关系,具有这种关系的数据结构称为**树结构**;

(3) 多对多的任意关系,具有这种关系的数据结构称为**图结构**。

例 4.1 为学籍管理问题抽象数据模型。

解 用计算机来完成学籍管理,就是由计算机程序处理学生学籍登记表,实现增、删、改、查等功能。图 4.6(a)所示是一张简单的学生学籍登记表。在学籍管理问题中,计算机的操作对象是每个学生的学籍信息——称为表项,各表项之间的关系可以用图 4.6(b)所示的线性结构来抽象描述。

学号	姓名	性别	出生日期	政治面貌
0001	陆宇	男	2004/09/02	团员
0002	李明	男	2005/12/25	党员
0003	汤晓影	女	2004/03/26	团员
⋮	⋮	⋮	⋮	⋮

(a) 学生学籍登记表

(b) 线性结构

图 4.6 学生学籍登记表及其数据模型

例 4.2 为人机对弈问题抽象数据模型。

解 计算机之所以能和人对弈,是因为对弈的策略已被存入计算机。在对弈问题中,计算机的操作对象是对弈过程中可能出现的棋盘状态——称为格局,而格局之间的关系是由对弈规则决定的。因为从一个格局可以派生出多个格局,所以,这种关系通常不是线性的。如图 4.7(a)所示,从某格局出发可以派生出 5 个新的格局,从新的格局出发,还可以再派生出新的格局,格局之间的关系可以用图 4.7(b)所示的树结构来抽象描述。

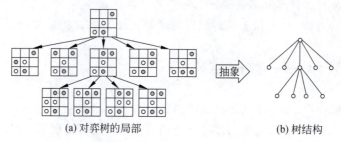

(a) 对弈树的局部　　　　　　(b) 树结构

图 4.7 对弈问题及其数据模型

例 4.3 为七巧板涂色问题抽象数据模型。

解 假设有如图 4.8(a)所示的七巧板,使用至多 4 种不同颜色对七巧板涂色,要求每个区域涂一种颜色,相邻区域的颜色互不相同。为了识别不同区域的相邻关系,可以将七巧板的每个区域看成一个顶点,如果两个区域相邻,则这两个顶点之间有边相连,这样就可以将七巧板抽象为图 4.8(b)所示的图结构。

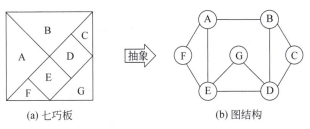

(a) 七巧板　　　　　　　(b) 图结构

图 4.8　七巧板涂色问题及其数据模型

4.2.2　数据结构的存储表示

为现实世界的问题建立数据模型后，还要将该模型存储在计算机的内存中，也就是将数据从机外表示转换为机内表示。通常有两种存储表示方法：顺序存储方法和链接存储方法。顺序存储的基本思想是用一组连续的存储单元依次存储数据元素，数据元素之间的逻辑关系由元素的存储位置来表示；链接存储的基本思想是用一组任意的存储单元存储数据元素，数据元素之间的逻辑关系用指针来表示。例 4.1 所示线性结构的顺序存储示意图如图 4.9 所示，例 4.2 所示树结构的链接存储示意图如图 4.10 所示，例 4.3 所示图结构的邻接矩阵存储示意图如图 4.11 所示。

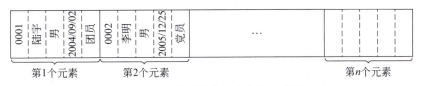

图 4.9　线性结构的顺序存储示意图

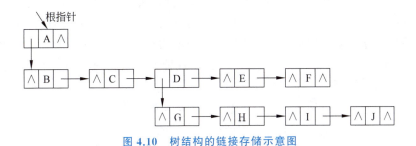

图 4.10　树结构的链接存储示意图

$$\begin{array}{c}\begin{array}{ccccccc} & A & B & C & D & E & F & G\end{array}\\ \begin{array}{c}A\\B\\C\\D\\E\\F\\G\end{array}\begin{bmatrix}0 & 1 & 0 & 0 & 1 & 1 & 0\\1 & 0 & 1 & 1 & 0 & 0 & 0\\0 & 1 & 0 & 1 & 0 & 0 & 0\\0 & 1 & 1 & 0 & 1 & 0 & 1\\1 & 0 & 0 & 1 & 0 & 1 & 1\\1 & 0 & 0 & 0 & 1 & 0 & 0\\0 & 0 & 0 & 1 & 1 & 0 & 0\end{bmatrix}\end{array}$$

图 4.11　图结构的邻接矩阵存储示意图

思考题

1. 从一个非数值问题抽象出数据结构是非常重要的,例如七巧板涂色问题,你认为这其中主要采用了什么思维?

2. 树结构和图结构都是非线性结构,而内存是一维的线性结构,如何解决这个矛盾?

3. 七桥问题的图模型(如图 4.2 所示)可以采用链接存储吗?试画出存储示意图。

4.3 程序的灵魂——算法

利用计算机解决问题的最重要一步是描述算法,给出形式化、机械化的操作步骤,告诉计算机需要做哪些事,按什么步骤去做。由于实际问题千奇百怪,问题求解的方法千变万化,所以,算法的设计过程是一个灵活的、充满智慧的过程。对于计算机专业的学生,学会读懂算法、设计算法,应该是一项最基本的要求,而发明(发现)算法则是计算机学者的更高境界。

4.3.1 算法的重要性

通俗地讲,算法是解决问题的方法,现实生活中关于算法的实例不胜枚举,例如菜谱、转椅的安装操作指南等,再如四则运算法则、算盘的计算口诀等。严格来说,**算法**是对特定问题求解步骤的一种描述,是指令的有限序列,此外,算法还必须满足下列重要特性。

(1) **有穷性**:一个算法必须总是(对任何合法的输入)在执行有穷步之后结束,且每一步都在有穷时间内完成。

(2) **确定性**:算法中的每一条指令必须有确切的含义,不能存在二义性,并且,在任何条件下,对于相同的输入只能得到相同的输出。

(3) **可行性**:算法中的每一条指令都是计算机系统可以执行的有限次操作。

算法是计算机科学的重要基石,同时也是计算机科学研究的一项永恒主题。发明(或发现)算法是一个非常有创造性和值得付出的过程,算法研究始终是推动计算机技术发展的关键。例如 Google 使用网页排名 PageRank 算法高效地计算与搜索关键词相关联的 Web 页面的权重,再将搜索结果排序后展现给用户,提高了用户满意度;家中的 Wi-Fi、智能手机、路由器等几乎所有内置计算机系统的设施都会以各种方式使用快速傅里叶变换算法;在文档、视频、音乐、云计算等应用中都采用了 RLE 数据压缩算法;没有 RSA 加密算法和数字签名,电子交易就不会如此可信;通信网络中的路由协议需要使用有关最短路径算法。

对于许多实际问题,写出一个可以正确运行的算法还不够,如果这个算法在规模较大的数据集上运行,那么运行效率就成为一个重要的问题。事实上,如果一个算法的运行时间远远超过用户预期,就算其他方面的性能再好,也是一个不实用的算法。例如,你一定不希望在搜索引擎上输入一个关键词,等了 5 分钟才有结果,也一定不希望在网约车平台中输入一个目的地,等了 10 分钟还没有派车,你一定希望看视频时画面清晰不卡顿,也一定希望车载导航提示能够跟上你的行车速度。

程序员对算法通常怀有特殊的感情,学习算法也可以让程序员变得更优秀。算法学习在磨砺程序员心智的同时,也被无数程序员吸收和运用。几乎所有互联网公司在招聘程序员时,都会考查数据结构和算法的功底,如果对各种经典算法都能信手拈来,那就是距离各大 IT 企业更近了一步。

4.3.2 算法的描述方法

算法的设计者在构思和设计了一个算法之后,必须清楚准确地将所设计的求解步骤记录下来,即**描述算法**。人们通常用伪代码来描述算法。**伪代码**是介于自然语言和程序设计语言之间的方法,它保留了程序设计语言严谨的结构、语句的形式和控制成分,忽略了烦琐的变量说明,在抽象地描述算法时,允许使用自然语言来表达一些处理和条件。由于伪代码书写方便、格式紧凑、容易理解和修改,因此被称为"算法语言"。

例 4.4 设计算法求两个自然数 m 和 n 的最大公约数。

解法 1 可以将这两个自然数分别进行质因数分解,然后找出所有公因子并将这些公因子相乘,结果就是这两个数的最大公约数。例如,$48=2\times2\times2\times2\times3$,$36=2\times2\times3\times3$,则 48 和 36 的公因子有 2、2、3,因此,48 和 36 的最大公约数为 $2\times2\times3=12$。算法用伪代码描述如下:

1. 找出 m 的所有质因子;
2. 找出 n 的所有质因子;
3. 从第 1 步和第 2 步得到的质因子中找出所有公因子;
4. 将找到的所有公因子相乘,结果即为 m 和 n 的最大公约数;

上述方法是我们小时候学过的求最大公约数的短除法,但是分解质因数问题是一个 NP 类问题,随着整数位数的增加,算法消耗的时间呈指数级增长。

解法 2 辗转相减法是《九章算术》中记载的"更相减损术",基本思想是不断将两个自然数的大数减去小数,直到两个数相等,这个相等的数就是所求最大公约数。例如,求 48 和 36 的最大公约数,计算过程是:$48-36=12$,$36-12=24$,$24-12=12$,因此,12 就是 48 和 36 的最大公约数。算法用伪代码描述如下:

1. 重复下述操作,直至 m 和 n 相等:
   1.1 如果 m > n,则 m=m - n;
   1.2 否则 n=n - m;
2. 输出 n;

解法 3 辗转相除法就是著名的欧几里得算法,基本思想是将 m 和 n 辗转相除直到余数为 0,则除数 n 就是所求最大公约数。例如,求 48 和 36 的最大公约数,计算过程是:48 mod 36=12,36 mod 12=0,因此,12 就是 48 和 36 的最大公约数。理解起来,辗转相除法是辗转相减法的改进,是用较大值尽可能多地减去较小值。设 r 表示 m 除以 n 的余数,算法用伪代码描述如下:

1. r =m mod n;
2. 重复下述操作直至 r 等于 0:
   2.1 m=n; n=r;
   2.2 r=m mod n;
3. 输出 n;

例 4.5 设计算法在含有 n 个元素的升序序列中查找值为 k 的元素。

解法 1 顺序查找法，在升序序列中逐个将元素与给定值进行比较，若相等，则查找成功，给出该元素在序列中的位置；若整个序列比较完仍未找到与给定值相等的元素，则查找失败，给出失败信息。算法用伪代码描述如下：

1. 将序号 i 的值初始化为 1；
2. 重复下述操作直至比较完所有元素：
   2.1 如果第 i 个元素的值等于 k，则输出序号 i，算法结束；
   2.2 将序号 i 的值增 1，准备比较下一个元素；
3. 查找失败；

解法 2 折半查找法，取中间元素作为比较对象，若给定值与中间元素相等，则查找成功；若给定值小于中间元素，则在有序序列的前半区继续查找；若给定值大于中间元素，则在有序序列的后半区继续查找。重复上述过程，直至查找成功，或查找区间无元素，查找失败。算法用伪代码描述如下：

1. 初始化查找区间：low = 1, high = n；
2. 重复下述操作直至 low > high：
   2.1 计算中间元素的序号：mid = (low + high) / 2；
   2.2 如果第 mid 个元素的值等于 k，则输出序号 mid，算法结束；
   2.3 如果第 mid 个元素的值小于 k，则 low = mid + 1；
   2.4 如果第 mid 个元素的值大于 k，则 high = mid - 1；
3. 查找失败；

4.3.3 算法分析

算法是解决问题的方法，一个问题可以有多种解决方法，由不同解决方案的抽象描述可以产生相应的不同算法，这些算法的解题思路不同，复杂程度不同，解题效率也不相同。算法分析指的是对算法所需要的两种计算机资源——时间和空间进行估算，所需要的资源越多，该算法的复杂度就越高。不言而喻，对于任何给定的问题，复杂度尽可能低是设计算法时追求的一个重要目标；另一方面，当给定的问题有多种解法时，选择其中复杂度最低者，是选用算法时遵循的一个重要准则。随着计算机硬件性能的提高，一般情况下，算法所需要的额外空间已不是我们需要关注的重点了，但是对算法时间效率的追求仍然是计算机科学不变的主题。

为了客观地反映一个算法的执行时间，可以用算法中基本语句执行次数的数量级来度量算法的工作量。**基本语句**是执行次数与整个算法的执行次数成正比的语句，基本语句对算法运行时间的影响最大，是算法中最重要的操作。这种衡量效率的方法得出的不是时间量，而是一种增长趋势的度量，称作算法的**渐进时间复杂度**，简称**时间复杂度**。算法的渐进分析不是从时间量上度量算法的运行效率，而是度量算法运行时间的增长趋势。换言之，只关注当输入规模充分大时，算法中基本语句的执行次数在渐近意义下的阶，通常用大 O（读作"大欧"）记号表示。

定义 4.1 若存在两个正的常数 c 和 n_0,对于任意 $n \geqslant n_0$,都有 $T(n) \leqslant c \times f(n)$,则称 $T(n) = O(f(n))$(或称算法在 $O(f(n))$ 中)。

例 4.6 分析例 4.5 顺序查找算法和折半查找算法的时间复杂度。

解 对于顺序查找法,基本语句是步骤 2.1 的比较操作。如果第 1 个元素的值等于 k,则比较操作执行 1 次;如果第 n 个元素的值等于 k,则比较操作执行 n 次;平均情况下,设每个元素的查找概率相等,即 $p_i = 1/n (1 \leqslant i \leqslant n)$,查找第 i 个元素进行 $n-i+1$ 次比较,顺序查找的平均比较次数为 $\frac{1}{n}\sum_{i=1}^{n}(n-i+1) = \frac{n+1}{2} = O(n)$。

对于折半查找法,基本语句是第 mid 个元素的值与给定值 k 的比较操作。最好情况下,第 $n/2$ 个元素的值等于 k,则比较操作执行 1 次;最坏情况下,查找区间只有 1 个元素时查找成功,则比较操作执行 $\log_2 n$ 次;平均情况下,设每个元素的查找概率相等,即 $p_i = 1/n (1 \leqslant i \leqslant n)$,折半查找的平均比较次数为

$$\text{ASL} = \sum_{i=1}^{n} p_i c_i = \frac{1}{n}\sum_{j=1}^{k} j \times 2^{j-1} = \frac{1}{n}(1 \times 2^0 + 2 \times 2^1 + \cdots + k \times 2^{k-1})$$
$$\approx \log_2(n+1) - 1 = O(\log_2 n)$$

思考题

1. 算法是程序设计的关键,换言之,针对一个实际问题,如果找不到解决问题的算法,就一定写不出程序,你认同这个观点吗?

2. 算法分析常常是一件很困难的事情,你能分析欧几里得算法的时间复杂度吗?

4.4 程序设计语言

语言是思维的工具,思维是通过语言来表达的,程序设计语言是计算机可以识别的语言,是人与计算机交流的工具。人把要计算机完成的工作告诉计算机,就需要使用程序设计语言编写程序,让计算机执行程序完成相应的工作。

4.4.1 程序设计语言的发展

程序设计语言的发展是一个不断演化的过程,其根本的推动力是对抽象机制的更高要求,以及对程序设计思想的更好支持。具体来说,就是把机器能够理解的语言提升到能够很好地模仿人类思考问题的形式。

1. 第一代程序设计语言(First Generation Language,1GL)——机器语言

在程序设计语言发展史上首先出现的是机器语言,世界上第一台可执行程序计算机诞生后便产生了机器语言。机器语言使用内置在计算机电路中的指令,计算机能够执行的全部指令集合构成**计算机指令系统**,不同型号的计算机有不同的指令系统,因而不同型号计算机具有不同的特点,并且相互间存在差别。例如,某计算机规定用"00000100"表示加法指令,遇到这样的二进制位串就执行一次加法操作。

用机器语言编写程序相当烦琐,程序生产率很低,质量难以保证并且程序不能通用。想象一下如何在图 4.12 所示机器语言程序中查找错误!

```
0101000010100101000101001010111 0101
0000101001010101001010010100001 0100
1010001010010101110101000010100 1010
1011101010000101001010101001010 0101
0000010010100010100000101001010 01
010001011110101000010000101001 01000
1010010101110101000 01…
```

图 4.12　机器语言程序示例

2. 第二代程序设计语言（Second Generation Language，2GL）——汇编语言

用机器语言进行程序设计不仅枯燥费时，而且容易出错。20 世纪 50 年代初出现了汇编语言，它使用助记符表示每条机器语言指令，例如 ADD 表示加，SUB 表示减，MOV 表示传送数据，还可以使用十进制数或十六进制数。

由于程序最终在计算机上执行时采用的都是机器指令，所以需要用一种称为**汇编器**的翻译程序，把用汇编语言编写的程序翻译成等价的机器指令。相对于机器语言，汇编语言简化了程序的编写。汇编语言程序与硬件密切相关，因此程序也不能通用。

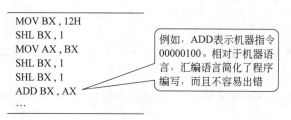

图 4.13　汇编语言程序示例

3. 第三代程序设计语言（Third Generation Language，3GL）——高级语言

当硬件变得更强大时，就需要更强大的软件使计算机得到更有效的使用。20 世纪 50 年代中期出现了第一个高级程序设计语言（简称**高级语言**，相应地，机器语言和汇编语言称为**低级语言**，低级意味着要求程序员从机器的层次上考虑问题）——FORTRAN 语言，后来又相继出现了 COBOL、ALGOL60、BASIC 等高级语言。

高级语言的指令形式类似自然语言和数学语言，不仅容易学习，方便编程，也提高了程序的可读性。每种高级语言都有相应的翻译程序，把高级语言程序翻译成等价的机器指令。高级语言程序不依赖计算机硬件，是面向过程（即描述相应的计算过程）的语言，通常又称为过程语言。

1968 年，荷兰计算机科学家迪杰斯特拉发表了论文《GOTO 语句的害处》，指出调试和修改程序的困难与程序中包含 GOTO 语句的数量成正比，从此，各种结构化程序设计理念逐渐确立起来。Pascal 语言和 Modula-1 语言都是采用结构化程序设计规则制定的，BASIC 语言也被升级为具有结构化的版本，此外，还出现了灵活且功能强大的 C 语言。

面向对象的程序设计最早是在 20 世纪 70 年代提出的，当时主要被用在 Smalltalk 语言中。20 世纪 90 年代，面向对象的程序设计逐步代替了结构化程序设计，成为目前最流行的程序设计技术，Java、C++、C♯、Python 等都是面向对象程序设计语言。

可视化程序设计是在面向对象程序设计技术基础上发展起来的，可视化程序设计语言

把图形用户界面设计的复杂性封装起来,定义为对象,编程人员只需要根据设计要求的屏幕布局,用系统提供的工具,在屏幕上画出各种图形对象,并设置这些图形对象的属性,系统就会自动产生界面代码,从而大大提高程序设计的效率。Visual Basic、Delphi、Visual C++ 等都是可视化程序设计语言。

随着计算机网络技术的发展,程序设计语言的发展又呈现出网络化的发展趋势。网络程序设计语言指在网络环境下进行程序设计使用的语言,包括服务器端程序设计和客户端程序设计,常用的服务器端程序设计语言有 ASP(Active Server Pages)、PHP(Perl Hypertext Preprocessor)和 JSP(Java Server Pages)等,常用的客户端程序设计语言有 JavaScript 和 VBScript 等。

4. 第四代程序设计语言(Forth Generation Language,4GL)——非过程式语言

20 世纪 70 年代末到 80 年代初,随着数据库技术和微型计算机的发展,出现了面向问题的非过程式程序设计语言。与前三代程序设计语言相比,4GL 上升到一个更高的抽象层次,利用 4GL 开发软件只需要考虑"做什么"而不必考虑"如何做",不涉及太多的算法细节,从而大大提高了软件生产率。许多 4GL 为了提高对问题的表达能力和语言的效率,引入了过程化的语言成分。到目前为止,使用最广泛的 4GL 是数据库查询语言,许多大型数据库语言如 Oracle、Sybase、Informix 等都包含 4GL 成分。

5. 第五代程序设计语言(Fifth Generation Language,5GL)——知识型语言

由于 3GL 的发展一直受到冯·诺依曼概念的制约,存在许多局限性,20 世纪 80 年代后,摆脱冯·诺依曼概念的束缚已成为众多计算机语言学家奋斗的目标。5GL 力求摆脱传统语言那种状态转换语义的模式,以适应现代计算机系统知识化、智能化的发展趋势。目前,5GL 主要应用在人工智能研究上,典型代表是 LISP 语言和 PROLOG 语言。PROLOG 语言属于逻辑型语言,以形式逻辑和谓词演算为基础,LISP 语言属于函数型语言,以 λ 演算为基础。

目前,4GL 和 5GL 的发展都不是很成熟,在效率、应用等方面都存在诸多问题,常用的程序设计语言仍然是 3GL。由于高级语言程序需要转换为机器语言程序来执行,因此,高级语言程序对软硬件资源的消耗就更多,运行效率也较低。由于汇编语言和机器语言可以利用计算机的所有硬件特性并直接控制硬件,同时,汇编语言和机器语言的运行效率较高,因此,在实时控制、实时检测等领域,许多应用程序仍然使用汇编语言和机器语言来编写。

4.4.2 程序设计语言的基本要素

程序设计语言是为了方便描述计算过程而人为设计的符号语言,设计程序设计语言的根本目标在于使人类以熟悉的方式编写程序,因此,程序设计语言与自然语言之间有很多相似之处。自然语言的一篇文章由段落、句子、单词和字母组成,类似地,程序设计语言的一个程序由模块、语句、单词和基本字符组成。例如,C 程序由一个或多个函数组成,函数由若干条语句构成,语句由单词构成,单词由基本符号构成。C 程序的基本构成如图 4.14 所示。

同自然语言一样,程序设计语言也是由语法和语义两方面定义的。其中,语法包括词法规则和语法规则,词法规则规定了如何从语言的基本符号构成词法单位(也称单词),语法规

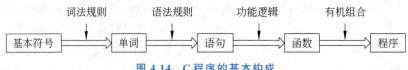

图 4.14　C 程序的基本构成

则规定了如何由单词构成语法单位(例如表达式、语句等),这些规则是判断一个字符串是否构成一个形式上正确的程序的依据;语义规则规定了各语法单位的具体含义,程序设计语言的语义具有上下文无关性,程序文本所表示的语义是单一的、确定的。从某种角度来说,学习程序设计语言主要就是学习这些规则。

> 在编写程序时,必须严格按照语法规则构造语句,如果语句中的一个字符、一个停顿没有与正确的形式一致,都会出现语法错误。实际上,编程是一个要求非常苛刻的过程,学习编程最困难的部分,是将做事的方式向追求完美的方向调整。聪明、理性、简单、细致是程序员的共同特征。

程序设计的过程就是利用计算机求解问题的过程,这个过程最终需要借助程序设计语言来表示解决方案,因此,学习程序设计语言的最终目的是能够表示问题的解决方案。实际上,所有程序设计语言的最终目的都是一样的,就是控制计算机按照人们的意愿去工作。共同的目的使各种各样的程序设计语言具有共同的基本内容,无论哪一种程序设计语言,都是以数据的表示(常量、变量、数据类型等)、数据的组织(数组、结构体、类等)、数据的处理(赋值运算、算术运算、逻辑运算等)、程序的流程控制(顺序、分支、循环等)、数据的传递(全局变量、函数调用、消息传递等)为基本内容,只是不同的语言采用不同的方法实现上述基本内容,体现为不同的程序设计语言具有不同的表述格式(即语法规则)。

4.4.3　程序设计的环境

广义上,程序设计的环境包括所有与程序设计相关的硬件环境和软件环境,狭义上,程序设计的环境指利用程序设计语言进行程序开发的编程环境,这里只讨论狭义上的编程环境。有些语言需要指定的编程环境(例如 Visual Basic 语言),有些语言只需要一个文本编辑器(例如 JavaScript 语言),有些语言有很多可供选择的编程环境(例如 C/C++ 语言常用的编程环境有 Visual Studio C++ 、Dev C++ 、Code∷Blocks 等)。

目前的编程环境大都是交互式集成开发环境(Integrated Design Environment,IDE),包括程序编辑、程序编译、运行调试等功能。此外,还包括许多编程的实用程序。熟练使用编程工具和环境也是提高编程效率的因素之一,初学者应该尽快熟悉编程环境。Dev C++ 集成开发环境如图 4.15 所示。

思考题

1. 未来的程序能不能用自然语言编写?能不能由算法自动生成程序?

2. 为什么会存在这么多程序设计语言?众多的程序设计语言从哪里开始学习?是学习 C 语言、C++ 语言还是 Java 语言?这些语言之间是否应该有一些共性的知识?

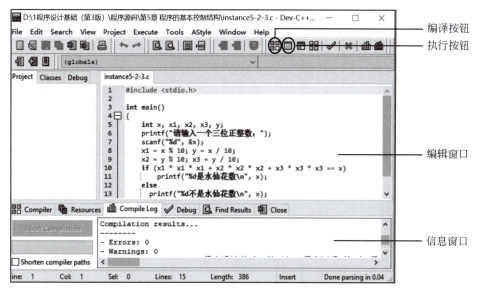

图 4.15 Dev C++ 集成开发环境

4.5 翻译程序

4.5.1 翻译程序的工作方式

利用高级语言编写的程序不能直接在计算机上执行，因为计算机只能执行二进制的机器指令，所以，必须将高级语言编写的程序（称为源程序）转换为在逻辑上等价的机器指令（称为目标程序），实现这种转换的程序称为翻译程序。不同的程序设计语言需要不同的翻译程序，同一种程序设计语言在不同类型的计算机上也需要配置不同的翻译程序，如图 4.16 所示。

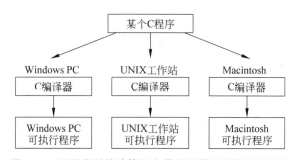

图 4.16 不同类型的计算机上需要配置不同的翻译程序

翻译程序的工作方式通常分为两种：解释方式和编译方式。

解释一般是翻译一句执行一句，即在翻译过程中，并不把源程序翻译成一个完整的目标程序，而是按照源程序中语句的顺序逐条语句翻译成机器可执行的指令并立即予以执行，如图 4.17 所示。由于解释方式不产生目标代码，所以，源程序的执行不能脱离其解释环境，并且每次运行都需要重新解释，早期的 BASIC 语言和近年来流行的 Java 语言都具有逐条解释执行程序的功能。

编译是一个整体理解和翻译的过程,即先由编译程序把源程序翻译成目标程序,然后再由计算机执行目标程序,如图4.18所示。由于编译后形成了可执行的目标代码,所以,目标程序可以脱离其语言环境独立执行,但对源程序修改后需要重新编译,C语言、C++语言都是编译型语言。

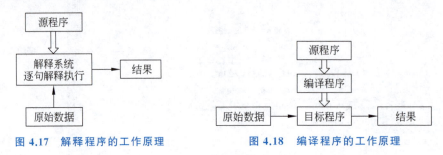

图4.17 解释程序的工作原理　　　　图4.18 编译程序的工作原理

4.5.2 编译程序的基本过程

下面以编译程序为例介绍翻译程序的基本过程,编译程序的设计原理与方法同样也可以用于解释程序。

编译程序是把源程序翻译成目标程序,因此,编译程序需要根据源语言的具体特点和对目标程序的具体要求来设计。如同自然语言的翻译,编译程序的翻译规则是源语言的语法规则和语义规则。C语言编译程序的处理过程如图4.19所示。

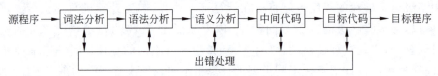

图4.19 C语言编译程序的处理过程

1. 词法分析

词法分析的任务是对源程序进行扫描和分解,按照词法规则识别出一个个单词,如关键字、标识符、运算符等,并将单词转化为某种机内表示。例如,C语言的编译程序在词法分析阶段将语句"double area=10 ;"分解为如下5个单词:

　　　　　　　　double　　area　　=　　10　　;
　　　　　　　　　①　　　　②　　　③　　 ④　　⑤

其中,单词①是关键字,单词②是标识符,单词③是运算符,单词④是常量,单词⑤是分隔符。

如果发现词法错误,则指出错误位置,给出错误信息。为此,词法分析还需要标记源程序的行号,以便可以将错误信息和行号联系到一起。

2. 语法分析

语法分析是编译程序的核心部分,它的任务是对词法分析得到的单词序列按照语法规则分析出一个个语法单位,如表达式、语句等。如果发现语法错误,则指出错误位置,给出错误信息。例如,语法分析将语句"double area=10;"表示成如图4.20所示的语法树,并得出分析结果：是一个语法上正确的变量初始化语句。

3. 语义分析

语义分析的任务是检查程序中语义的正确性,以保证单词或语法单位能有意义地结合在一起,并为代码生成收集类型信息。语义分析的一个重要任务是类型检查,即对每个运算符的运算对象,检查它们的类型是否合法。例如,对语句"double area=10;"语义分析检查运算符"="两边的运算对象,发现 area 是实型变量,而 10 是整型常量,则在语法分析得到的语法树上增加一个将整型常量转换成实型常量的语义处理结点 inttoreal,得到如图 4.21 所示的语法树。

图 4.20　语法树　　　　　图 4.21　增加语义处理的语法树

4. 中间代码

为了降低编译的难度,一般先将源程序转换为某种中间形式,然后再转换为目标代码。中间代码是复杂性介于源语言和机器语言之间的一种表现形式,常用的中间代码有三元式（运算符,运算对象 1,运算对象 2）、四元式（运算符,运算对象 1,运算对象 2,结果）、逆波兰式（运算对象 1,运算对象 2,运算符）等。

Java 程序的编译过程只到中间代码阶段,然后再由安装在计算机上的 Java 虚拟机把中间代码形式的 Java 程序转换为特定机器上的目标程序,以实现 Java 程序的跨平台特性。

5. 目标代码

目标代码的任务是将中间代码转换为特定机器的目标程序,这是编译的最后阶段,涉及计算机硬件系统功能部件的使用、机器指令的使用、存储空间的分配以及寄存器的调度等。显然,高级语言和计算机的多样性为目标代码生成的理论研究和实现技术带来很大的复杂性。

思考题

1. 程序的翻译过程和构造过程是一个互逆的过程,以 C 程序为例,对比 C 程序的构造过程和翻译过程。

2. 翻译程序的工作过程被分成词法分析、语法分析等多个阶段,这也是运用了分层的思想,为什么要分阶段完成？阶段划分的原则是什么？

阅读材料——几种经典的高级语言

FORTRAN。FORTRAN 的名字由英文 FORmular TRANslation 缩写而成,其含义是公式翻译。FORTRAN 语言诞生于 1954 年,能够把数学公式描述的计算过程翻译成计算机程序,曾经是科学计算方面最主要的编程语言。

COBOL。1960 年推出的 COBOL（Common Business Oriented Language,通用事务处理语言）是在美国国防部推动下,由政府机构和工业界联合开发的一种语言,曾经是商业企业管理信息系统方面最主要的编程语言。

BASIC。1964 年推出的 BASIC(Beginner's All-purpose Symbolic Instruction Code,初学者通用符号指令代码)是一个简单的交互式语言,由于语言简单易于学习,在 20 世纪 70 至 90 年代是初学者学习计算机程序设计的首选语言。

Pascal。1968 年推出的 Pascal 语言是由著名的瑞士计算机科学家 N.Wirth 设计的一种语言,在 20 世纪 80 至 90 年代,Pascal 语言被称为世界范围的计算机专业教学语言,对计算机科学技术的发展产生了巨大影响。

C。C 语言是由美国贝尔实验室在 1972 年开发的,其目的是成为一种编制系统软件的工具语言。C 语言是迄今为止最常用、最古老的编程语言之一,是目前很多系统软件、图形处理及游戏引擎的主流编程语言。

C++。C++ 语言是由美国贝尔实验室于 1983 年开发的,是 C 语言的超集,它一方面修正了 C 语言的一些弱点;另一方面支持面向对象的程序设计。C++ 语言是目前使用最广泛的一种面向对象的程序设计语言。

Java。Java 语言由 SUN 公司在 1991 年开发,在网络开发方面具有独特优势,逐渐成为 Internet 上最受欢迎的一种编程语言,被广泛地应用于大型系统 Web 后台开发、分布式系统开发、安卓系统 App 开发、大数据开发等多个领域。

C♯。微软公司推出的 C♯ 语言在更高层次上重新实现了 C/C++,是一种面向对象的程序设计语言,可以让开发人员快速构建基于微软网络平台的应用,并且提供了大量的开发工具和服务,帮助开发人员开发基于计算和通信的各种应用。

Python。Python 诞生于 1990 年,起初是一种用来替代 Perl 的简单脚本语言,Python 凭借其语法简单、支持的动态类型、基于解释型等特征,成为多数平台上编写脚本和快速开发应用的编程语言。如今几乎到处可以看到 Python 的身影,尤其在人工智能和数据科学领域。

CSS。CSS(Cascading Style Sheets,层叠样式表)是一种广泛用于网站设计和基于浏览器的编程语言,不仅可以静态地修饰网页,还可以配合各种脚本语言动态地对网页各元素进行格式化。

PHP。PHP 是开源的通用计算机脚本语言,尤其适用于网络开发,并可嵌入 HTML 中使用。PHP 的语法借鉴吸收 C、Java 和 Perl 等流行计算机语言的特点,便于网络开发人员快速编写动态页面,同时 PHP 也常用于其他很多领域。

JavaScript。JavaScript 简称 JS,1995 年由 Netscape 公司开发,是运行在浏览器上的脚本语言。JavaScript 是基于原型编程、多范式的动态脚本语言,支持面向对象、命令式和函数式编程,也被用到了很多非浏览器环境中。

 习题 4

一、选择题

1. 程序设计的关键是(　　)。

  A. 数据表示　　　　　　　　　　B. 数据处理

  C. 程序设计语言　　　　　　　　D. A 和 B

2. 排序是将一个记录的任意序列重新排列成一个有序的序列。排序问题抽象出的数据模型是(　　)。
　　A. 集合　　　　　B. 线性结构　　　C. 树结构　　　　　D. 图结构
3. (　　)不属于算法的基本特性。
　　A. 有穷性　　　　B. 确定性　　　　C. 健壮性　　　　　D. 可行性
4. 计算机硬件能唯一识别和执行的语言是(　　)。
　　A. 机器语言　　　B. 汇编语言　　　C. 低级语言　　　　D. 高级语言
5. 第四代程序设计语言 4GL 属于(　　)语言。
　　A. 过程性　　　　B. 非过程性　　　C. 知识型　　　　　D. 以上都不是
6. 程序设计语言是由语法和语义两方面定义的,其中语法包括(　　)。
Ⅰ 词法规则　　　　Ⅱ 语法规则　　　　Ⅲ 语义规则
　　A. 仅Ⅰ　　　　　B. 仅Ⅱ　　　　　C. Ⅰ和Ⅱ　　　　　D. Ⅰ、Ⅱ和Ⅲ
7. (　　)是判断一个字符串是否构成一个形式上正确的程序的依据。
　　A. 词法规则　　　B. 语义规则　　　C. 语法规则　　　　D. 以上都是
8. 编译程序的作用是(　　)。
　　A. 把源程序翻译成目标程序　　　　B. 解释并执行源程序
　　C. 把目标程序翻译成源程序　　　　D. 对源程序进行编辑

二、简答题

1. 针对给定的实际问题,如何才能写出程序? 关键环节是什么?
2. 对非数值处理问题,抽象出的模型有哪些? 举例说明。
3. 高级语言一般指的是第几代程序设计语言? 高级语言包含哪几类语言?
4. 用伪代码描述下列问题的算法,并分析时间复杂度:
(1) 求三个数中的最小值。
(2) 在一个含有 n 个元素的集合中查找最小值元素和次小值元素。
(3) 判定一个年份是否是闰年。闰年满足的条件是:①能被 4 整除,但不能被 100 整除的年份;②能被 400 整除的年份。
(4) 求 $1+2+3+\cdots+100$。
(5) 判定一个整数 n 能否同时被 3 和 5 整除。

三、讨论题

1. 你认同本章 4.1 节给出的用计算机求解问题的一般过程吗? 如何理解这个一般过程?
2. 你认为程序设计语言和自然语言最大的不同点是什么? 如何才能学会用程序设计语言和计算机进行交流?
3. 算法的设计过程是一个灵活的充满智慧的过程,设计解决问题的算法对计算机专业人员来说通常是最具挑战的任务。但是,算法是一个很难的主题,学习算法涉及很多交叉学科的知识,怎样才能学好算法并写出优秀的程序? 谈谈你的看法。
4. 由实际问题抽象出数据模型是模型化的过程,由实际问题抽象出算法是形式化描述解决方案的过程,模型化和形式化是计算机专业学生必须掌握的基本能力之一。谈谈你对模型化和形式化的理解。

第 5 章　操 作 系 统

操作系统在用户和计算机硬件之间提供了一个附加层,负责管理计算机的软硬件资源,并为用户使用计算机提供方便。本章主要讨论以下问题。

(1) 什么是操作系统?为什么要在计算机硬件之上设置操作系统?
(2) 为了方便用户使用计算机,操作系统应该提供什么样的用户界面?
(3) 操作系统启动后就接管了计算机,操作系统的工作方式是什么?
(4) 计算机的软硬件资源有哪些?操作系统如何管理计算机的软硬件资源?

【情景问题】操作系统为我们做了什么

操作系统是计算机裸机之上的第一层软件程序。如果没有操作系统,用户(包括应用程序)就要直接与计算机硬件进行交互,不仅要熟悉计算机的硬件系统,而且还要了解各种外部设备的物理特性,这显然是非常不方便的。操作系统为用户使用计算机搭建了一个最基本的工作环境,换言之,计算机只有加载了相应的操作系统,用户(尤其是普通用户)才可以方便地使用计算机。

操作系统就像是一个大管家,接收来自应用软件和用户的操作请求,然后把请求分配给执行具体操作的硬件,硬件才会开始工作完成指定操作。例如,在 Windows 环境下,用户双击一个 Word 文档的图标,屏幕上就会出现该文档的编辑窗口,如果用户想要打印这个文档,只需要单击"打印"按钮,在对话框中进行相应设置后,即可完成打印。其实,用户的双击操作是向操作系统发出一个操作请求,操作系统要确定相应的应用程序存放在磁盘的什么位置,启动对磁盘的读操作,按照内存空间的当前状态把应用程序加载到合适的存储区域,然后启动应用程序;用户的打印操作也是向操作系统发出一个打印请求,操作系统启动打印驱动程序,并将要打印的文档传送到打印缓冲区,然后由打印驱动程序控制打印机完成打印操作,如图 5.1 所示。

图 5.1　操作系统接收和分配用户的操作请求

计算机加载了相应的操作系统之后,就构成了一个可以协调运转的计算机系统。例如,你在计算机上同时打开了文字处理软件、音频播放器和微信,在编辑文档的同时听着舒缓的音乐，和微信好友聊着天，这时 CPU 就同时运行着很多软件。为了满足并发的需求，操作系统把每个程序的运行虚拟化成进程，CPU 在一个进程上运行几十毫秒后快速切换到另一个进程，一两秒钟内就把所有进程都运行了一遍。CPU 的运行速度非常快，但是 CPU 的每一瞬间也只能执行一个进程，如果没有操作系统的管理和协调，CPU 的利用率就非常低。任何一个程序的执行都要使用 CPU、内存、外部设备等资源，计算机资源是有限的，不可能让一个程序独享所有的资源，操作系统以管理者的身份来有效地管理计算机的软硬件资源，提高资源的使用效率。

5.1　什么是操作系统

在计算机系统中，操作系统位于硬件和软件之间，对下层的硬件进行管理，并为上层的应用软件提供接口。

5.1.1　操作系统的定义

任何一个正在使用计算机的用户都不可避免地使用计算机的资源，其中硬件资源包括处理器、内存和各种外部设备，软件资源包括各种以文件形式存在的程序、数据和文档。例如，我们需要分配内存空间来存放正在运行的程序，程序运行时需要从外界输入数据，程序运行的结果需要输出到屏幕上、打印出来或存到磁盘上。在多道多任务环境下，并发执行的程序就产生了对处理器的竞争、对内存的竞争、对外部设备的竞争，总之是对各类计算机资源的竞争。凡是在供不应求的地方都应该有一个管理者，操作系统是计算机系统的管理者，按照一定的策略管理和调度计算机的软硬件资源来满足用户对计算机的基本操作需求。显然，资源越多，用户需求越多，操作系统就越复杂。

从资源管理的角度，操作系统的描述性定义是：**操作系统**是负责管理计算机的软硬件资源、提高计算机资源的使用效率、方便用户使用的程序集合。

> 操作系统是一个程序集合，这个程序集合应该包含哪些功能没有严格定义。1997 年 10 月，美国司法部指控微软公司把 IE 浏览器与 Windows 操作系统绑定到一起，违反了为保护正常竞争而制定的反托拉斯法。但微软公司声称 IE 浏览器本就是 Windows 的一部分，如果从操作系统中删除浏览器，将对操作系统造成损害。最终微软公司胜诉。

操作系统的作用主要有以下 3 点。

（1）**方便性**。一个未配置操作系统的计算机是极难使用的，因为计算机硬件只认识 0 和 1，用户要想与计算机交流就必须使用机器指令；要想输入数据或打印数据，也必须自己启动并控制相应的外部设备。

（2）**有效性**。CPU 的高速和外部设备的相对低速是计算机硬件无法逾越的基本矛盾，如果没有操作系统的管理，CPU 和外部设备就会经常处于空闲状态，尤其 CPU 更容易"一天打鱼，千天晒网"。操作系统通过合理地组织计算机的工作流程，改善系统的资源利用率并提高系统的吞吐量。

（3）**提供应用软件的运行环境**。操作系统位于应用软件和硬件之间，掩盖了不同硬件的设计细节,对应用软件提供统一接口。因此,应用软件的兼容性通常由硬件和操作系统共同定义,人们经常使用"软硬件平台"这个术语来描述运行应用软件所依赖的硬件系统和操作系统,所有的应用软件都要确定在哪个操作系统上能够正确执行,如图 5.2 所示。

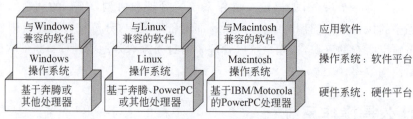

图 5.2　运行应用软件的软硬件平台

操作系统是紧邻硬件的第一层软件,其他软件(包括各种系统软件、工具软件和应用软件)则是建立在操作系统之上的。因此,操作系统在计算机系统中占据着非常重要的地位,操作系统的性能高低,决定了计算机的潜在硬件性能是否能发挥出来;操作系统的安全可靠程度,决定了计算机系统的安全性和可靠性。

5.1.2　操作系统的用户界面

作为用户和计算机之间的操作接口,操作系统应该提供方便友好的用户界面,以改善用户与计算机的交互环境。通常有两种用户界面:命令行用户界面和图形用户界面。

1. 命令行用户界面

所谓命令行用户界面就是用户通过键盘在终端上输入命令和操作系统进行交互,操作系统执行命令的结果以字符界面的形式提供给用户,如图 5.3 所示,因此,命令行用户界面也称为面向字符的操作系统。DOS 和 UNIX 都属于命令行用户界面。

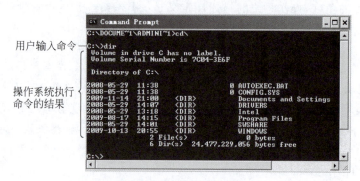

图 5.3　DOS 的命令行界面

在命令行界面下,用户能够灵活而高效地操纵计算机,但是通常需要记忆大量的命令语句。目前,命令行用户界面并没有过时,在手机、微波炉、立体音响以及其他内存和功能都很有限的消费设备上还是采用命令行界面,通过网络传送数据的应用程序也常常采用命令行界面。事实上,互联网的爆炸式发展使得命令行界面的 UNIX 操作系统大受欢迎。

2. 图形用户界面

图形用户界面主要由窗口、图标、菜单和指点设备(如鼠标)组成,如图 5.4 所示,用户不仅可以用键盘操作计算机,也可以用鼠标对出现在图形界面上的对象直接进行操作。Windows 就属于图形用户界面,UNIX 和 Linux 也提供了图形界面形式。

从用户角度看,图形用户界面至少有以下两点好处。

(1) 直观化。可视化的图标(如垃圾站、文件夹等)比输入命令更容易操作。

(2) 人性化。几乎所有对话框都有撤销功能,允许用户反悔。但是这些好处是需要代价的,需要更贵的图形显示系统、更大的内存空间、更大的磁盘空间、更快的处理器以及更复杂的软件来支持。

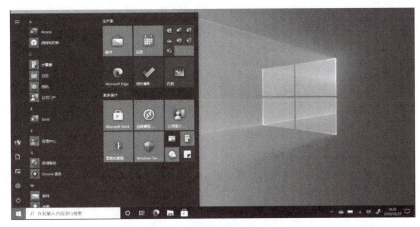

图 5.4　Windows 的图形界面

> MS-DOS 开始时只支持 20 多条命令,只能显示黑白的简单字符,只能支持 BASIC 语言。后来不断发展成熟,能支持 100 多条命令,能显示彩色的简单图形,支持多种高级语言,与此同时,对硬件也提出了更高的要求。事实上,每当英特尔公司推出一款新的微处理器,微软公司也会推出一款新的操作系统,每一款在功能上都有一定的进步,但对机器性能的要求也提高了,刺激了用户的购买欲,同时,也推动了个人计算机的发展。Wintel 联盟(即微软与英特尔的联盟)曾经瓜分了 PC 市场 60% 的利润。

5.1.3　操作系统的分类

随着大规模集成电路和计算机体系结构的发展,以及计算机应用领域的不断扩展,形成了微机操作系统、网络操作系统、分布式操作系统和嵌入式操作系统等适用于不同体系结构和应用的操作系统。任何操作系统都以自己特定的方式管理计算机资源。

1. 微机操作系统

配置在微型计算机上的操作系统称为微机操作系统,分为单用户单任务操作系统、单用户多任务操作系统和多用户多任务操作系统。所谓任务指的是计算机完成的一项工作,计算机执行一个任务通常就对应着运行一个应用程序。目前,在 32 位微机上配置的操作系统大多数是单用户多任务操作系统。

单用户单任务操作系统只允许一个用户使用,且只允许用户程序作为一个任务运行,如 DOS 和 CP/M。单用户多任务操作系统只允许一个用户使用,但允许将一个用户程序分成若干任务并发执行,如 Windows 和 OS/2。**多用户多任务操作系统**允许多个用户通过各自的终端使用,且允许将每个用户程序分成若干任务并发执行,如 UNIX 和 Linux。

2. 网络操作系统

网络操作系统是用户和计算机网络之间的接口,也就是说,用户通过网络操作系统使用计算机网络资源。与单机操作系统不同,网络操作系统是开放系统,除了具有单机操作系统的功能外,还应该支持网络通信、网络资源共享以及其他网络服务功能。典型的网络操作系统有 UNIX 和 NetWare。

3. 分布式操作系统

在分布式系统上配置的操作系统称为**分布式操作系统**。所谓分布式系统是指由多个处理单元连接而成的系统,其中,每个处理单元既具有高度的自主性又相互协同,能在系统范围内实现资源管理、动态分配任务、并行运行分布式程序。与网络操作系统的不同之处在于:分布式操作系统淡化了所访问资源的位置,用户使用分布式系统资源或请求系统服务就像在使用本机资源或请求本机服务一样。

4. 嵌入式操作系统

在嵌入式系统上配置的操作系统称为**嵌入式操作系统**,例如,在手机、工控机、汽车等电子设备中都运行着相应的嵌入式操作系统。嵌入式操作系统具有单机操作系统的功能,但同时具有占用空间小、实时性强、专用性强、执行效率高、软件固化等特点。

思考题

1. 如何理解软件的跨平台特性?你使用过的哪些软件具有跨平台特性?
2. 为什么嵌入式操作系统要进行软件固化呢?请探讨其合理性。

5.2 操作系统的工作方式

5.2.1 操作系统的启动

操作系统的启动过程是将操作系统从辅助存储器(如硬盘)加载到内存中并开始运行的过程。操作系统的启动是由驻留在 BIOS(Basic Input Output System,基本输入输出系统)中的引导程序来完成的,这些程序被固化到计算机主板的 ROM 芯片上。

> **BIOS 与 CMOS 的区别**
>
> BIOS 是一组设置计算机硬件的程序,保存在主板上的一块 ROM 芯片中,它直接对计算机系统中的输入/输出设备进行控制,是连接软件程序和硬件设备之间的枢纽。就 PC 而言,BIOS 包括控制键盘、显示屏幕、磁盘驱动器、串行通信设备和其他功能的程序代码,在每次开机或重新启动计算机时,BIOS 便会自动开始运行。CMOS 是计算机主板上的一块可读写的芯片,用来保存当前系统的硬件配置情况和用户对某些参数的设定。CMOS 由主板上的充电电池供电,即使系统断电参数也不会丢失。

操作系统的核心指令称为**内核**,内核提供操作系统中最重要的服务,例如内存管理、设备驱动程序等。启动操作系统实质上是将操作系统的内核加载到内存中,在计算机运行的过程中,内核会一直驻留在内存中,操作系统的其他部分则存储在硬盘上,需要时才被载入。

所谓加载操作系统实质上是指加载操作系统的内核。

不论是台式机、笔记本电脑还是手机,无论是 Windows、Linux、Android 还是 iOS 系统,所有设备在开机启动过程中都会经过以下 4 个阶段:机器自检、查找引导设备、加载内核、登录系统,具体过程如下。

(1) 机器自检。打开与计算机相连的外部设备(如显示器、打印机)的电源开关,然后打开计算机的电源开关;CPU 执行 BIOS 中的系统启动程序进行机器自检,检测系统各个部件,如总线、主板、时钟、键盘、鼠标等部件是否正常连接,同时显示检测信息;如果在机器自检中发现问题,系统将给出提示信息或鸣笛警告。

(2) 查找引导设备。CPU 根据 CMOS 设定的启动顺序,找到优先启动的设备,例如本地磁盘、USB 设备等,然后从这个设备启动系统。

(3) 加载内核。CPU 启动 BIOS 中的引导程序,将操作系统的内核加载到内存中,然后将系统的控制权交给操作系统,接下来由操作系统控制计算机的所有活动。在这个阶段,有的操作系统会对硬件进行重新检测,同时加载各个设备的驱动程序,然后操作系统的内核才接管了 BIOS 的工作。

(4) 登录系统。操作系统根据系统配置信息,启动并执行一些系统程序,如提示用户输入用户名和密码。出现操作系统的用户界面(如 Windows 桌面)后,用户就可以使用计算机了。

> Windows 注册表是帮助 Windows 控制硬件、软件、用户环境和界面的数据文件,包括所有外部设备的驱动程序。在 Windows 目录下,注册表一般命名为 system.dat 和 user.dat。可以通过 Windows 目录下的 regedit.exe 程序存取注册表的记录。

5.2.2 操作系统的中断类型

操作系统是硬件与软件的中间接口,是计算机资源的管理者。那么,操作系统是如何管理如此复杂的硬件设备呢?又是如何向应用程序提供服务的呢?答案是中断,操作系统的常态是睡眠,只有发生中断时,操作系统才被唤醒并处理事务。

中断指在程序执行的过程中遇到需要紧急处理的事件时,暂时终止 CPU 正在执行的程序,转去执行相应的事件处理程序,处理完成后再返回原程序被中断处或调度其他程序执行的过程。引起中断的事件称为中断源,中断源向 CPU 提出处理的请求称为中断请求,CPU 暂停现行程序而转为响应中断请求的过程称为中断响应。操作系统是"中断驱动"的,换言之,中断是唤醒操作系统的唯一方式。根据中断源的不同,有以下 3 种中断。

(1) 硬件中断。硬件中断是由硬件发出的中断,包括输入输出设备发出的数据交换请求、时钟中断、硬件故障中断等。例如,用户在键盘按下一个按键时,键盘会发出中断信号去唤醒操作系统来处理这个事件。再如,总线、串并口等硬件故障引发的中断,向 CPU 请求处理。

(2) 软件中断。软件中断是应用程序触发的中断,通常是正在执行的应用程序需要操作系统提供服务,包括各种系统调用。例如,应用程序要执行打印操作、文件读写操作、网络连接操作等,由应用程序发出软件中断,唤醒操作系统进行相应的处理。

(3) 异常中断。异常中断指应用程序在运行过程中出现了非正常的失误,需要操作系统进行处理。例如,程序中出现除以零的语句、操作结果发生溢出等算术异常;再如,应用程序读写一个地址,而这个地址被保护起来不能被用户程序读写,也会发生异常中断。需要说明的是,异常并不全是错误,例如,即将运行的某一段程序没有从硬盘调入内存,也会产生异常中断,唤醒操作系统将没有载入内存的程序段调入内存。

思考题

1. 每次开机时都要重新启动操作系统,这是不是很麻烦?是否可以将操作系统整体固化到硬件中?

2. 现代计算机在关机时通常都要花费几分钟的时间,开机时启动操作系统需要时间,关机为什么也需要时间呢?

3. 为什么操作系统采用中断驱动的方式?中断技术的前身是什么?操作系统有更好的工作方式吗?

5.3 操作系统的基本功能

可以把计算机系统划分为硬件、操作系统和软件 3 个层次。从资源管理的角度,操作系统应该具有处理器管理、存储管理、设备管理、文件管理等功能。

5.3.1 处理器管理

处理器是计算机系统最重要的硬件资源。为了提高处理器的利用率,现代操作系统一般都允许计算机同时执行多个任务。现在主流的计算机通常都配置一个或多个处理器,每个处理器包含多核。尽管如此,核的数量远远小于需要执行的程序的数量,每个等待执行的程序(也称为任务)都要抢占 CPU 资源,因此,操作系统需要合理安排和调度任务,使得处理器资源得以充分利用。下面以单处理器为例进行讨论,例如 Windows 操作系统启动成功后,就进入了并发执行的多任务处理状态,如图 5.5 所示。

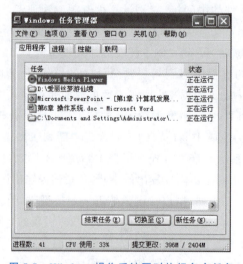

图 5.5 Windows 操作系统同时执行多个任务

在多任务环境下,通常会有多个任务并发地使用处理器,操作系统应该能够按照有效的策略采用合理的调度算法组织多个任务在系统中运行,其中,有效主要指系统的运行效率和资源的利用率,合理主要指操作系统对于不同的用户程序要公平,以保证系统不发生"饥饿"和"死锁"。

操作系统维护了一个就绪任务队列存放请求 CPU 资源的就绪任务,这个队列中的所有任务都在等待分配 CPU 资源。如何将 CPU 从当前运行的进程中释放出来呢?计算机系统通过 Timer 硬件发出时钟中断,然后执行 Timer 中断服务程序的调度器,根据当前的任务执行情况,将 CPU 分配给就绪队列中的任务。如图 5.6 所示,操作系统为每个任务分配一个定长的时间片,在此时间内,CPU 由获得该时间片的任务所占据,当时间片被用完时,Timer 硬件便会自动发

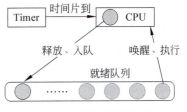

图 5.6　按时间片切换 CPU

出中断,正在执行的任务被释放并存放到就绪队列中,调度器从就绪队列中选择一个任务来使用 CPU。

每个任务在执行过程中,如果时间片消耗完毕,该任务就被调度器切换出 CPU。但是,当该任务被再次执行时,如何恢复运行呢?这就涉及以下两个问题:①程序从哪里开始执行?②程序恢复后应该从切换出去的语句(称为断点)开始执行,那么之前的运行环境怎么恢复?

操作系统为每个执行中的程序(任务)创建了一个进程,图 5.7 所示是 Windows 环境下正在执行的进程。为了能够对进程进行有效的控制,操作系统为每个进程创建了进程控制块(Processing Control Block),用以保存每个任务执行时的所有环境信息,包括程序被切换出去时执行到的语句,以及运行过程中产生的中间数据和当时的堆栈等信息。每当进程切换出去时,进程控制块随着进程一起保存到了内存,等到该进程重新占有 CPU 时,能够根据进程控制块恢复到切换之前的运行环境,使得程序继续执行。这个一进一出的过程称作进程交换。显然,进程切换是比较花费时间的,应该尽量减少切换的次数,因此,调度的好坏就关乎整个系统的性能。

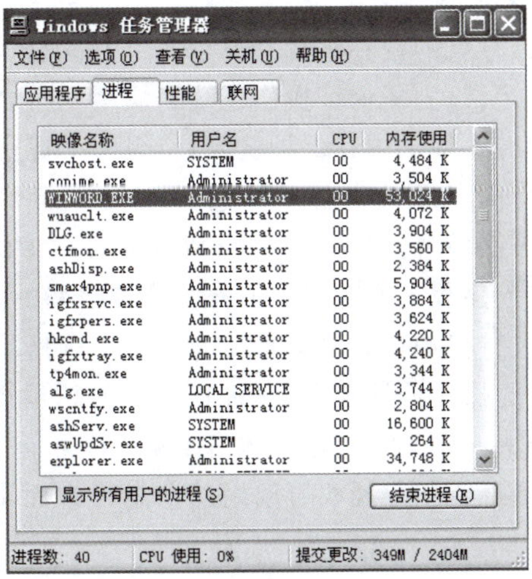

图 5.7　Windows 环境下正在执行的进程

5.3.2 存储管理

在冯·诺依曼体系结构下,计算机处理的数据和指令都必须存储在内存中,因此,内存是计算机最重要的资源之一。随着计算机技术的发展,虽然存储容量一直在不断扩大,但仍然不能满足现代计算机系统的需要,内存仍然是一种宝贵又稀缺的资源。存储管理的对象是内存(也称主存),主要功能包括分配和回收内存空间、对存储信息实现有效保护、扩充内存等,为多任务运行提供支撑,提高存储空间的利用率。

1. 分配和回收内存空间

操作系统应该能够对内存资源进行分配和回收。在多任务环境下,由于操作系统和多个应用程序共存于内存之中(注意:操作系统本身也是程序,也需要占用内存空间),存储管理应该为正在运行的程序分配内存,使得这些程序都占有各自的内存空间,如图 5.8 所示。在一个任务结束执行时,存储管理还应该能够将分配的内存资源进行回收,以便为其他任务所使用。

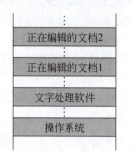

图 5.8 操作系统为正在运行的每一个程序分配内存空间

为了解决多个任务使用主存的问题,存储管理采用分区存储管理、分页存储管理、分段存储管理、段页式存储管理等方案进行内存分配。例如,分区存储管理方案采用可变分区的最佳适应调度算法,在进行内存分配时从空闲区中选择一个能满足任务要求的最小分区,这样可以保证不去分割一个更大的区域。采用这种分配算法时,通常把空闲区按大小以递增顺序排列,然后总是从最小的一个区开始进行查找,直至找到一个满足要求的分区为止。

在进行内存分配和回收的过程中会遇到碎片问题,内存空间会被分割为许多很小的空闲分区,这样的小分区被称为**碎片**。由于这些碎片并不连续,即便是其容量总和大于要载入的程序仍无法使用。如何解决碎片问题,对内存分配和回收至关重要。

2. 对存储信息实现有效保护

操作系统应该能够对已分配的内存进行存储保护。在多任务环境下,内存中既有操作系统,又有许多用户程序在运行,为了保证操作系统和应用程序之间以及应用程序和应用程序之间互不冲突,存储管理应该提供内存保护机制,使得每个程序只在自己的内存空间内运行。如果指令和数据从一个内存区域"泄漏"到其他另一个程序的内存区域,那么,另一个程序的指令和数据就有可能被破坏并且"崩溃"。可以同时按住 Ctrl 键、Alt 键和 Del 键来关闭被破坏的程序,重新将该程序载入内存就能够修复内存泄漏的问题。

内存中的程序和数据进行保护可以从两个方面进行:①防止地址越界,采取存储区域保护的方式,划定每个任务的操作地址范围,对进程存取的地址进行检查,发生地址越界时产生中断,由操作系统进行相应处理;②防止操作越权,对属于自己区域的信息可读可写,对公共区域中允许共享的信息或获得授权可使用的信息可读而不可修改,对于未获授权使用的信息不可读不可写。

3. 扩充内存

由于计算机系统的物理内存容量有限,而应用程序往往需要大量的内存空间,为了在有限的物理内存上运行内存需求远超物理内存容量的程序,存储管理还应该提供内存扩充功能。扩充指的是对物理内存进行逻辑上的扩充,通常采用交换技术将内、外存结合起来,让执行程序的一部分驻留内存,其他部分运行时根据需要在内、外存之间进行交换,从而完成整个程序的运行。例如,在程序运行过程中需要访问某个变量,CPU 在读取数据时发现这个变量不在内存,就会产生异常中断,操作系统就被唤醒来处理这个中断,中断处理程序把该变量所在的页面从磁盘载入内存。如果内存已经没有空间来存放这个页面,中断处理程序会将内存中的某个页面切换出去,以腾出空间存放该变量所在的页面。常用的页面替换算法是 LRU(Least Recently Used)算法,将内存中最长时间未使用的那个页面切换出去。LRU 算法的基本原理是,最近使用的页面会在未来一段时间内仍然被使用,已经很久没有使用的页面很有可能在未来较长的一段时间内仍然不会被使用。LRU 算法的合理性在于优先选择热点数据,所谓热点数据,就是最近最多使用的数据,主要衡量指标是使用的时间,附加指标是使用的次数。计算机系统中大量使用了 LRU 算法的基本原理,解决了很多实际开发面临的问题。

5.3.3 设备管理

随着计算机相关领域的发展,输入输出设备的种类越来越繁多,诸如显卡、磁盘、网卡、U 盘、智能手机等都是常见的外接输入输出设备,并且,新的输入输出设备也在不断出现。操作系统负责与各种各样的设备进行通信,设备管理应该能够记录所有设备的当前状态,并根据设备的种类采用合理的设备分配策略,将设备分配给提出请求的任务,启动具体设备完成数据传输等操作,当设备使用完毕后,还要负责设备的回收。由于外部设备的运行速度远低于处理器的处理速度,设备管理还应该能够提供缓冲功能,以协调外部设备和处理器之间的并行工作程度。

> 所谓缓冲区就是一段内存,通常是在一个设备向另一个设备传输数据时用来临时保存数据的一段存储区。凡是速度不匹配的场合都需要设立缓冲区,例如打印缓冲区、键盘缓冲区、文件缓冲区等。

操作系统与外部设备的通信是在设备驱动程序的协助下完成的,例如,用键盘输入数据是通过键盘驱动程序把键盘的机械接触转换为系统可以识别的 ASCII 码,并存放到内存的键盘缓冲区;显示器输出信息也是通过显示器驱动程序从内存中取出要显示的信息,并输出到显示器上。所谓**设备驱动程序**就是能够控制特定设备接收和发布信息的程序。每个设备驱动程序必须与特定的设备类型和物理特性相关,因此,安装一个新设备到计算机上就需要安装这个设备的驱动程序,例如,安装了一台新的打印机,如果不是操作系统已有驱动程序支持的,就必须先安装配套的打印驱动程序。

操作系统对输入输出设备的管理采用硬件中断方式。当某个设备的状态发生变化时,该设备主动产生硬件中断并反映当前的状态,从而操作系统可以采取相应的措施。每一个设备都有一个中断类型码和相应的中断服务程序,这些信息保存在中断向量表中,当发生硬件中断时,操作系统能够区分来自不同设备的中断请求,并提供不同的中断服务。

下面以键盘为例说明设备中断的处理过程,键盘中断响应进程如图 5.9 所示。假设用户在键盘上按下 A 键,已知 A 键的扫描码是 0x1E,则该扫描码被送入主板上相应接口的寄存器中,同时发出类型码是 09H 的中断信号;CPU 检测到中断唤醒操作系统跳到中断向量表中,在相应行找到对应的中断服务程序,将服务程序的起始地址载入地址寄存器中;CPU 执行中断服务程序,完成对 A 键的接收。显然,中断类型码和相应的中断服务程序非常重要,因此,中断向量表通常放在操作系统的内核中,不允许一般用户对其进行改变。

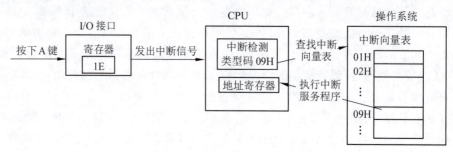

图 5.9　键盘中断响应进程

5.3.4　文件管理

在计算机系统中,内存只适合存储正在运行的程序和需要的数据,并且内存容量十分有限,因此,需要长期保存的程序和数据都以文件的形式存储在磁盘上。**文件**是操作系统进行数据管理的基本单位,换言之,要读取磁盘中的数据,必须首先按照文件名找到相应的文件,然后从这个文件中将数据读取出来;要将数据存储到磁盘中,必须首先在磁盘上建立一个文件,然后将数据写入这个文件。**文件管理**是操作系统实现文件统一管理的一组软件、被管理的文件以及为实施文件管理所需要的数据结构的总称。文件管理负责管理外存上的文件,对存储器的存储空间进行组织、分配和回收,实现文件的存取、检索、共享和保护功能,方便用户使用,保证文件安全,并且提高系统资源的利用率。

从用户角度来看,文件系统主要是实现"按名取存",用户只需要知道文件名,就可存取文件的信息,而无须知道这些文件存放在什么地方。为了区别不同的文件,每个文件都必须有一个名字,即文件名。文件名是存取文件的依据,通常由主文件名和扩展名组成,主文件名和扩展名之间用"."分开。主文件名至少要有一个字符,扩展名可以没有。扩展名一般用于区分文件的类型,例如,.doc 表示 Word 文档文件,.dat 表示数据文件等。

为了便于管理,一般把文件存放在不同的文件夹里,就像在日常工作中把不同类型的文件资料用不同的文件夹来分类整理和保存一样。文件夹中除了包含文件外,还可以包含文件夹,所包含的文件夹称为子文件夹。在磁盘上,所有文件夹以树结构组织,最顶层的文件夹称为根文件夹。图 5.10 所示是 Windows 操作系统的文件系统示例。为实现文件目录管理,每一个打开的文件对应一个**文件控制块**(File Control Block),记载打开文件的类型、位置、大小、权限等信息,以便操作系统对文件进行控制和管理。

操作系统对磁盘文件的存取速度远小于对内存的存取速度,为了提高数据的存取效率,应用程序一般通过文件缓冲区对磁盘文件进行读写操作。所谓**文件缓冲区**就是一段连续的内存空间,应用程序与磁盘文件的数据交换通过文件缓冲区来完成,即在应用程序和磁盘文件之间设置一个文件缓冲区,如图 5.11 所示。

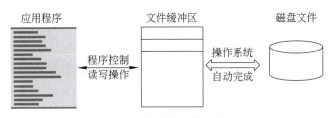

图 5.10　文件系统示例

图 5.11　文件缓冲区的工作原理

在打开一个文件时,系统自动在内存中开辟一个文件缓冲区,每一个打开的文件都会占用一个文件缓冲区。对文件操作结束时一定要关闭文件,因为操作系统需要对每一个打开的文件进行管理,可同时打开的文件是有限的,如果不及时关闭文件,就会耗尽操作系统的文件资源。关闭文件的另一个重要作用是强制将文件缓冲区的数据写入文件,因为数据不是直接写入文件,而是先写入文件缓冲区,当文件缓冲区满时再写入文件,如果文件缓冲区不满时发生程序异常终止,缓冲区中的数据就会丢失。

思考题

1. 通过使用设备驱动程序,操作系统不必直接管理每个设备运行的细节问题,这也是运用了抽象的方法,请说明抽象方法在操作系统中还有哪些运用。

2. 在图 5.7 中,能否从进程 WINWORD.EXE 猜测到哪个应用软件在运行?

3. 你是否有过这样的经历:正在用计算机进行文字处理等工作,由于忙于编辑而忘记保存文件,结果突然断电,辛辛苦苦输入的信息付之东流。你能解释背后的道理吗?

阅读材料——几种常用的操作系统

DOS 是磁盘操作系统(Disk Operating System)的简称。DOS 有很多版本,DOS 4.0 以下为单用户单任务操作系统,DOS 4.0 以上版本具有多任务功能。DOS 在过去很长一段时间是最广泛使用的微机操作系统,主要包括微软公司的 MS-DOS 和 IBM 公司的 PC-DOS,当时我国的汉字操作系统(如 UCDOS、CCDOS)都是以 DOS 为基础的汉化版。

随着微型计算机的发展和计算机应用的不断深入与普及,DOS 已经不能适应微型计算机的广泛应用,微软公司于 1990 年 5 月推出 Windows 3.0,1995 年 8 月推出 Windows 95 及其中文版,此后,又陆续推出 Windows 98、Windows ME、Windows 2000、Windows XP、

Windows 2003、Windows Vista、Windows 7、Windows 10 等，Windows 至今仍是微型计算机上的主流操作系统。

UNIX 是目前使用最广泛的多用户操作系统，在计算机专业人员中较为流行，1969 年由贝尔实验室研制，1972 年用 C 语言进行了改写，提高了兼容性和可读性。UNIX 是一个功能非常强大的操作系统，具有以下 3 个显著的特点：①可移植性强，可以不经过较大的改动而方便地从一个硬件平台移植到另一个硬件平台；②拥有一套功能强大的工具，能够解决很多实际问题；③设备无关性，UNIX 本身包含了很多设备驱动程序。UNIX 提供了分别针对个人计算机、工作站、服务器、大型计算机和超级计算机的不同版本，而且不局限于命令行的用户界面，包括 IBM 公司在内的好几家公司都发布了不同版本的图形用户界面 UNIX。

Linux 是当今发展最快的操作系统之一，是一种开源的、免费的 UNIX 类型的操作系统。Linux 之所以与众不同是因为它本身连同源代码都遵守公用许可协议（GPL），也就是说允许用户自由复制、传播或出售。虽然 Linux 是为微型计算机设计的操作系统，但由于它同时还具有 UNIX 的技术特性，因此成为 Web 服务器上流行的操作系统。目前比较流行的 Linux 版本主要有 Red Hat Linux、Ubuntu Linux、SUSE Linux 等。

Ubuntu 是一个以桌面应用为主的 Linux 操作系统。从前人们认为 Linux 难以安装、难以使用，在 Ubuntu 出现后，这些观点都成为了历史。Ubuntu 也拥有庞大的社区力量，用户可以方便地从社区获得帮助。作为 Linux 发行版中的后起之秀，Ubuntu 在短短几年时间里便迅速成长为从 Linux 初学者到实验室、计算机/服务器都适合使用的发行版。由于 Ubuntu 是开放源代码的自由软件，用户可以登录 Ubuntu 的官方网站免费下载该软件的安装包。

macOS 是一套运行于苹果 Macintosh 系列计算机上的操作系统，是首个在商用领域成功的图形用户界面系统。疯狂肆虐的电脑病毒几乎都是针对 Windows 的，由于 macOS 的架构与 Windows 不同，所以很少受到电脑病毒的袭击。

国产操作系统多为以 Linux 为基础二次开发的操作系统，典型的有华为鸿蒙、优麒麟、中标麒麟、深度 Linux 等。华为鸿蒙操作系统是一款基于微内核的、面向全场景的分布式操作系统，是提供操作系统核心功能的精简版本。鸿蒙操作系统设计在很小的内存空间内，增加了移植性，提供模块化设计，用户可以安装不同的接口，如 DOS、Workplace OS、Workplace UNIX 等。优麒麟操作系统对 Linux 内核进行了升级，并且适配了系统级管理与配置工具等更多的本地化服务，包括优客助手、搜狗输入法、华文字库等。中标麒麟（NeoKylin）是由中标软件有限公司与国防科学技术大学共同推出的国产操作系统联合品牌，以操作系统技术为核心，重点打造安全创新等差异化特性产品。

 习题 5

一、选择题

1. 操作系统是一种（　　）。
    A. 操作应用程序的接口　　　　　　　　B. 应用软件的接口
    C. 工具软件　　　　　　　　　　　　　D. 系统软件

2. 应用软件的兼容性通常取决于(　　)。
    A. 程序设计语言   B. 硬件系统
    C. 操作系统   D. B 和 C
3. 在操作系统的启动过程中,以下说法正确的是(　　)。
    A. CPU 先进行机器自检,再加载操作系统
    B. CPU 先加载操作系统,再进行机器自检
    C. 操作系统接管计算机后,再进行机器自检
    D. CPU 根据 CMOS 中的参数来启动操作系统
4. 目前,在 32 位微机上配置的操作系统大多数是(　　)。
    A. 单用户单任务操作系统   B. 单用户多任务操作系统
    C. 多用户多任务操作系统   D. 以上都是
5. 采用树型文件目录结构组织文件的主要目的是(　　)。
    A. 提高文件搜索效率
    B. 允许文件重名
    C. 便于分类管理
    D. 既提高文件搜索效率又解决文件重名问题
6. 操作系统为每一个文件设置一个(　　),记录着该文件的有关信息。
    A. 进程控制块   B. 文件控制块
    C. 设备控制块   D. 作业控制块
7. (　　)不是操作系统直接完成的功能。
    A. 管理计算机硬盘   B. 对程序进行编译
    C. 实现虚拟存储器   D. 删除文件
8. 当(　　)时,进程从执行状态转变为就绪状态。
    A. 进程被调度程序选中   B. 时间片到
    C. 等待某一事件   D. 等待的事件发生

二、简答题

1. 目前主流的操作系统有哪些？主要特点是什么？
2. 操作系统的作用是什么？操作系统接管计算机的过程是什么？
3. 与命令行界面相比,图形界面有什么优缺点？
4. 简述操作系统的主要功能。

三、讨论题

1. 目前流行的程序设计语言不下几百种,而流行的操作系统却只有几种,为什么操作系统不能像程序设计语言那样百花齐放呢？
2. 为什么操作系统的性能高低决定了计算机的潜在硬件性能？
3. Windows 操作系统的漏洞使得计算机系统存在很多安全隐患,Windows 操作系统可能会没有漏洞吗？这些漏洞产生的原因是什么？
4. 考虑这样的一个业务场景：某系统存在很多活跃用户,同时也有大量每天基本不登录的僵尸用户,要求设计一个筛选机制,剔除僵尸用户,同时为提升系统的用户黏性,给活跃用户做一个排名,设计一些奖励活动,来重点关注活跃用户。请你给出一个设计方案。

第 6 章　应 用 软 件

应用软件是为满足不同领域、不同问题的应用需求而被开发出来的软件系统,例如财务软件、办公软件、聊天软件等。应用软件扩展了人们某些方面的能力,使得人们做到了利用传统工具不容易做到或完全做不到的事情,是计算机技术发展的真正驱动力。一个易于使用的应用软件应该具有良好的人机交互界面;应用软件可能处理大量的、复杂的数据,大批量数据的存储和管理通常采用数据库技术;在开发应用软件时应该采用软件工程原理,从工程的角度管理软件系统的开发过程。本章主要讨论以下问题。

(1) 什么是人机交互?有哪些类型的人机交互界面?
(2) 什么是数据库?如何将现实世界中大量的、复杂的数据存储到数据库中?
(3) 如何有效地获取和处理数据库中的数据?
(4) 为什么要用工程的方法来管理软件的开发过程?
(5) 应该按照什么样的过程来开发软件?如何保证软件质量?

【情景问题】"著名"软件错误

当今社会已经过于依赖计算机技术,当人类把从财务管理到卫星发射这样的事情都交给复杂的计算机系统时,系统崩溃带来的代价也就逐渐增大了。下面是一些"著名"软件错误的实例。

(1) 在 1985 年 6 月到 1987 年 1 月之间,用于追踪癌变细胞的 Therac-25 型放射治疗仪由于软件重新启动的操作错误导致了意外辐射,结果造成一名患者死亡,一名患者严重受伤。

(2) 1990 年 1 月,AT&T(美国电话电报公司)经历了一场令人难忘的通信大灾难,AT&T 的长途电话网瘫痪 9 小时,造成了几十亿美元的损失,并引发了各种骚乱。最后技术人员发现问题出在 100 万行编码中的一条错误语句上,一个函数接收了一个错误的参数。

(3) 1991 年 2 月,海湾战争期间,一枚伊拉克"飞毛腿"导弹袭击了靠近沙特阿拉伯城市达兰的一个美军基地,造成 28 名美军士兵死亡,100 多人受伤,而位于达兰的美国"爱国者"导弹发射器没有能够成功地跟踪并拦截"飞毛腿"导弹。原因是"爱国者"导弹发射软件的一个运算涉及十进制数 0.1,而这个数没有被精确地转换为对应的二进制数,在大约 100 小时的发射操作中,这个算术运算的累计误差是 0.34s,足以使导弹偏离目标。

(4) 1996 年 6 月,欧洲空间局发射的无人火箭 Ariane 5 在升空 40s 后就爆炸了,原因是一个相对于平台的水平速率是 64 位的浮点数被转换成了 16 位的整数,导致火箭偏离了航道,然后解体、爆炸。

(5) 1999 年 9 月,美国发射的火星气候探测仪在接近火星时被烧毁,原因是混淆了英国计量单位和国际计量单位,使飞船在火星大气层的进入点比预计的低了大约 100km。

软件作为一种思维产品,和其他工程产品相比有着很多不同的特性,几乎所有的软件在特定条件下都会有意想不到的行为。目前,开发低成本、高可靠性的软件仍然是一件十分困难的工作。

6.1 人机交互

人机交互是研究人与计算机之间如何交互和协同的技术,是一门具有交叉性、边缘性、综合性的学科,研究内容包括心理学领域的认知科学、软件工程领域的系统架构技术、信息处理领域的语音处理技术和图像处理技术、人工智能领域的智能控制技术等。

6.1.1 人机交互的定义

交互(也称对话)是两个或两个以上相关的、且自主的、实体间进行的一系列信息交换过程,强调实体的自主性是为了在行为上保证对话是独立的。交互的启动者是主动发起交互的一方,相应地,另一方是响应者。一个交互过程由启动者和响应者双方组成,如果只有启动者一方,另一方没有响应则不会形成交互。**人机交互**(也称人机对话)指人与计算机之间使用某种对话语言,以一定的交互方式,为完成确定任务而进行的人与计算机之间的信息交换过程。作为人机交互的参与者,人(用户)和计算机都可以作为交互的启动者和响应者。

从是否具有适应性的角度,可以将人机交互分为以下 3 种:①**系统适应**,计算机系统具有自适应能力,可以逐渐调整系统来适应人(用户);②**用户适应**,计算机系统不具有适应能力,人(用户)必须逐渐适应计算机系统;③**互相适应**,计算机系统具有一定的适应能力,人机交互是互相适应。目前的人机交互大多属于互相适应。人机交互的基本形式有数据交互、语音交互、图像交互和行为交互等。

1. 数据交互

数据交互是人通过输入数据的方式与计算机交互,是人机交互的重要内容和形式,其一般过程是:①计算机向操作者发出提示,提示用户输入及如何输入;②用户通过输入设备把数据输入计算机;③计算机对用户输入进行检查和响应,给出反馈信息或响应结果,并显示在屏幕上(或以其他方式给出结果)。问答式对话、菜单选择、表格填充、直接操纵、命令语言等都属于数据交互,数据交互设备主要有键盘、鼠标、跟踪球、操纵杆、触摸屏、光笔、显示器、打印机等。

2. 语音交互

语音一直被公认为是最自然、最流畅、最方便的信息交流方式,在日常生活中人类的沟通大约有 75% 是通过语音来完成的。语音交互就是研究人们如何通过自然的语音或机器合成的语音与计算机交互的技术。人机之间的语音交互不仅需要基于语音识别、语音合成和语音理解等技术,还涉及人在语音通道下的交互机理、交互行为等。

3. 图像交互

图像交互就是计算机根据人的行为去理解图像,然后做出反应,其中让计算机具备视觉感知能力是首先要解决的问题。目前人们研究的机器视觉系统由低到高可以分为 3 个层次:图像处理、图像识别和图像感知。图像处理主要是对图像进行各种加工以改善视觉效果;图像识别主要是对图像中感兴趣的目标进行检测和测量,建立对图像的描述;图像感知的重点是在图像识别的基础上,进一步研究图像中单个目标的性质以及与周围场景的关系,从而理解图像内容并解释客观场景。图像交互取得进展成果的应用有人脸识别、指纹识别、虹膜识别等。

4. 行为交互

人们在相互交流的过程中除了使用自然语言,还常常使用肢体语言,即通过身体的姿态和动作来表达意思,这就是所谓的人体行为交互。人体行为交互不仅能够加强语言的表达能力,有时还能起到语言交互所不能起到的作用,如时装表演、舞台小品等。人机行为交互指计算机通过定位和识别技术、跟踪人类的肢体运动和表情特征,从而理解人类的动作和行为,并做出响应的过程。行为交互使计算机通过用户行为能够预测用户想要做什么,因此将带来全新的交互方式。

上述人机交互形式很多都沿用了人与人之间交互所采用的技术,但是,作为人机交互的计算机一方,由于其内部结构以及理解能力、表达能力等方面受到的限制,所以,人机交互存在着本质性困难。人与人之间的对话习惯是使用非形式化的、模糊的、连续的、反复的交流方式,而计算机能直接处理的是形式化的、严格的、系统的、数字化的信息,这两者之间的距离极大。目前,人机交互的研究主要集中在自然语言理解、语音识别、文字识别、手势识别、表情识别、虚拟现实等方面,其根本目标就是拉近计算机与人之间的距离。

6.1.2 人机交互界面

"界面"一词最早出现于人机工程学,广义的人机交互界面指人与计算机之间相互施加影响的区域,参与人机交流的一切区域都属于人机交互界面;狭义的人机交互界面指的是计算机系统的用户界面。本节讨论狭义的人机交互界面。

1. 命令行交互界面

20 世纪 60 年代中期,交互式终端和分时系统出现,此时人们已经开始考虑如何提供给用户方便、实用的人机交互界面,这个时期的人机交互界面称为命令行界面,主要采用问答式对话、文本菜单和命令语言进行交互,用户通过键盘在命令行界面输入命令,就可以与操作系统或应用程序对话,如图 6.1 所示。

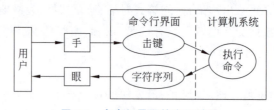

图 6.1 命令行界面的交互过程

2. 图形交互界面

随着超大规模集成电路的发展,高分辨率显示器、鼠标的出现和广泛应用,人机交互界面进入了图形交互界面的时代。在图形界面中,用户不仅可以用键盘在计算机上进行操作,也可以用鼠标对出现在界面上的对象直接进行操作,人机交互过程极大地依赖视觉和手动控制的参与,因此具有强烈的直接操作特点,如图 6.2 所示。

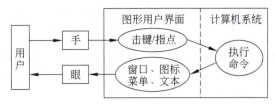

图 6.2　图形界面的交互过程

显然,图形交互界面依赖基本的图形硬件:高速度的处理器、高分辨率的显示器、高性能的图形接口部件(即显卡)等。在这些图形硬件成为计算机的普通配置后,主要的问题就是需要有支持和建立图形交互界面的软件系统。目前,图形交互界面的主要技术和基础软件系统已经逐渐成熟。

3. 多媒体交互界面

媒体是信息的载体,常见的形式有文本、图形、图像、声音、动画、视频等,多媒体是两种以上媒体组成的结合体,多媒体技术被认为是在自然交互技术取得突破之前的一种过渡技术。多媒体界面的交互过程如图 6.3 所示,用户可以交替或同时利用多种感觉通道,不仅可以用键盘和鼠标操作计算机,而且可以综合采用语音、视线、手势等听觉和视觉通道,通过整合来自多个通道的输入来捕捉用户的交互意图,并以多媒体的表现形式反馈给用户。

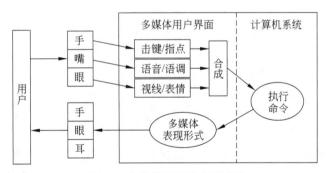

图 6.3　多媒体界面的交互过程

多媒体交互界面大大丰富了计算机信息的表现形式,使用户可以交替或同时利用多个感觉通道,拓宽了计算机输出的带宽,提高了用户接收信息的效率,而且并行使用多种媒体可消除人机交互过程中的歧义性和噪声。多媒体技术不仅极大地改变了计算机的使用方法,而且使计算机的应用深入前所未有的领域,开创了计算机应用的新时代。

4. 虚拟现实交互界面

1965 年,美国高等研究计划局的萨德兰德(Ivan Sutherland)在论文"终极显示"(The Ultimate Display)中提出使计算机的显示器成为观察客观世界窗口的设想,并研制了头盔式图形显示器,被看作研究虚拟现实技术的开端。虚拟现实是一种可以创建和体验虚拟世界的计算机系统,虚拟现实技术实际上是计算机图形学、人机接口技术、传感器技术以及人工智能技术等交叉和综合的结果。

虚拟现实除了一般计算机所具有的视觉感知外,还有听觉感知、力觉感知、触觉感知、运动感知,甚至包括味觉感知、嗅觉感知等,理想的虚拟现实具有人类所具有的所有感知功能。虚拟现实界面的交互过程如图6.4所示,用户通过传感装置直接对虚拟环境进行操作,虚拟现实技术再进行多通道整合,并得到实时三维显示信息和其他反馈信息。

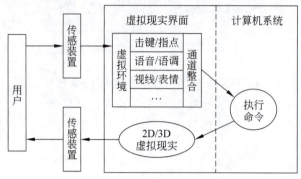

图6.4　虚拟现实界面的交互过程

以虚拟现实技术为代表的新型人机交互技术旨在探索自然和谐的人机关系,使人机交互界面从以视觉感知为主发展到包括视觉、听觉、触觉、嗅觉和动觉等多种感觉通道感知;从以手动输入为主发展到包括语音、手势、姿势和视线等多种效应通道输入。作为一种新型人机交互方式,虚拟现实技术比以往的任何人机交互方式都有希望彻底实现和谐的、以人为中心的人机交互界面。

虚拟现实技术具有广阔的应用前景,如虚拟战场、产品设计与性能评价、城市规划、教育、娱乐、高难度和危险环境下的训练、建筑装饰、服装展示等。虚拟现实技术为探索微观形态等科学研究提供了形象直观的工具,如各种分子结构模型、大坝应力计算的结果、地震石油勘探数据处理等,均需要三维(甚至是多维)图形可视化的显示和交互浏览。

6.1.3　人机交互的发展趋势

从计算机的角度看,人机交互的本质是计算机认知,只有计算机的认知能力增强了,才能使人机交互变得更自然、更和谐,人机对话才有可能如同人与人之间的对话一样方便、高效。2020年,百度集团执行副总裁沈抖提出智能人机交互将有3个趋势:未来智能终端将会指数级增长;人和终端的交互将会多模态,语音、图像交互将会成为主流;信息和服务将会场景化。人工智能正在催生越来越多样化的智能终端。智能终端的变化带来交互方式的变革,语音、图像、视频、手势等多模态的交互将成为未来交互的主流方式。智能终端的爆发,以及智能人机交互的多模态化,带来的直接结果就是用户对于信息和服务需求的场景化。

迄今为止,人机交互的主要手段依然是键盘和鼠标,所依赖的人类感觉器官仍然是手和眼,人机交互需要人适应计算机。下一代人机交互正逐步向计算机适应人的方向发展,未来的人机交互可以充分利用人体丰富多彩的感知和动作器官,计算机不仅能听、看、说、写,还能理解和适应人的情绪变化,使人能以语言、文字、图像、手势、表情等自然的方式与计算机进行交互。人机交互的发展趋势如图6.5所示。

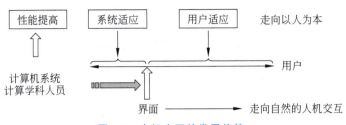

图 6.5 人机交互的发展趋势

思考题

1. 你认为人与计算机之间的交流能做到和人与人之间的交流一样流畅、自然吗？

2. 传感器是否能分辨出人的感觉是爱还是恨？从物理学角度来看，这两种感觉的物理表现是一样的。

3. 现在的输入设备一般只能接收单一的输入方式，如键盘只能接收击键输入，麦克风只能接收语音输入，鼠标只能接收单击输入，有没有一种输入设备能同时接收人的语音、声调、表情、手势等输入信息？

6.2 数据库管理系统

数据库的出现是计算机应用的一个里程碑，它使得计算机应用从以科学计算为主转向以数据处理为主。也正是在应用的驱动下，数据库技术现在已经成为计算机技术中发展最快、应用最广泛的领域之一。

6.2.1 数据库

在早期的数据处理程序中，同一个单位的不同部门各自独立地管理着自己的业务数据，以高校教师管理系统为例，人事处管理教师的档案信息，教务处管理教师的任课信息，财务处管理教师的工资信息，科研处管理教师的科研信息，如图 6.6 所示。显然，各部门会使用大量相同的数据，大量共享的数据存储在不同的文件中，这不仅是数据重复存储的问题，更严重的问题是修改不同步，因为无法保证所有重复存储的数据同时更新。例如，人事处、教务处、财务处和科研处都存储了教师的职称信息，某位教师由副教授评为教授，人事处修改了相应的档案信息，但教务处、财务处和科研处都没有及时同步更新该教师的职称信息，该教师的课时费、薪级工资等仍旧按照原来的职称进行核算。

图 6.6 数据独立存储，产生冗余和修改不同步

为了满足同一个单位不同部门共享数据的要求，解决数据重复存储和修改不一致等问题，可以将教师的数据信息组织到一起并存储到数据库中，对数据进行集中的存储和管理，

如图 6.7 所示,以这种方式组织数据的好处是显而易见的。

图 6.7　数据集中存储和管理,各部门共享数据

数据库(Data Base,DB)是能够被统一管理的相关数据集合,这些数据具有一定的结构,能够长期存储,具有较小的冗余度、较高的数据独立性和易扩展性,并可为多个用户共享。

> 如果将文字处理软件看作计算机化的打字机,把电子表格软件看作计算机化的账簿,那么可以把数据库看作计算机化的文件橱柜。过去人们用索引卡或文件夹等工具来管理信息,现在则可以将信息存储到数据库中,使用计算机进行管理,而且信息量越大,数据库发挥的作用也就越大。

6.2.2　数据库管理系统

数据库管理系统(Data Base Management System,DBMS)是为数据库的建立、使用和维护而配置的系统软件,是用户和数据库之间的一个接口,用户通过数据库管理系统定义和操纵数据库中的数据,并保证数据的安全性、完整性、并发操作以及故障发生后的系统恢复。目前,流行的数据库管理系统有 Oracle、DB2、Sybase、SQL Server 和 Access 等。

DBMS 位于操作系统之上,如图 6.8 所示,用户对数据库的操作过程是:①用户(通过应用程序)向 DBMS 提出操作请求并提交必要的参数,控制转入 DBMS;②DBMS 分析用户提交的命令和参数向操作系统发出相应的执行命令,控制转移到操作系统;③操作系统分析命令参数,确定数据库所在的存储位置,在数据库上实现具体的操作,将操作结果送入系统缓冲区,控制返回给 DBMS;④DBMS 将系统缓冲区中的数据取出送给应用程序,应用程序将数据以某种合适的方式呈现给用户。

图 6.8　DBMS 在计算机系统中的位置

作为对数据库进行统一管理和控制的系统软件,DBMS 应该支持用户对数据库的各种操作。DBMS 通常具有以下基本功能。

(1) 数据库定义功能。DBMS 能够对数据库的数据模型进行定义,能够对数据库的完整性、安全性和保密性进行定义。

(2) 数据操纵功能。DBMS 提供操作接口,使得用户能够方便地对数据进行增加、删除、修改、查询、统计和打印等各种操作。

(3) 数据库事务管理功能。DBMS 通过并发控制、存取控制、完整性控制、安全性控制、系统恢复等机制,实现事务管理功能,以保证数据库的完整性和有效性。

(4) 数据库维护功能。DBMS 能够对数据库进行各种维护,包括数据库的初始化、数据转储、数据库性能监测、数据库重组等。

(5) 其他功能。为了扩大数据库的应用，DBMS 还应提供与其他类型数据库之间的格式转换以及网络通信等功能。

6.2.3 结构化查询语言 SQL

数据库管理系统主要采用数据库语言作为数据库存取语言和标准接口，目前，关系数据库管理系统普遍采用结构化查询语言（Structured Query Language，SQL）作为数据库语言。SQL 是一种通用的国际标准数据库语言，用户可以使用 SQL 对来自各种不同厂商的数据库进行操作。SQL 可以通过在终端上直接输入 SQL 命令来对数据库进行操作，还可以嵌入某种程序设计语言中使用，例如，在 C、C++、Java 等程序设计语言中都可以嵌入 SQL 实现对数据库的操作。

SQL 属于 4GL，是非过程式程序设计语言，当用户提出某项操作请求时，只需指明"做什么"，而不必指明"如何做"，由 DBMS 来决定对指定数据使用何种存取手段以保证最快的操作速度，显然，这减轻了用户的负担，同时提高了数据的独立性和安全性。

SQL 不仅功能强大，而且语法接近英语口语，符合人类的思维习惯，因此比较容易学习和掌握，同时由于它是一种通用的标准语言，使用 SQL 编写的程序也具有良好的可移植性。

6.2.4 建立数据库

由于计算机不能直接处理现实世界中的具体事物，所以，需要将现实世界的事物转换为计算机世界的数据，也就是进行数据表示，转换过程如图 6.9 所示。首先，将现实世界的事物进行收集、分类和抽象，建立 E-R 模型；再将 E-R 模型映射为关系模型；最后通过 SQL 语言定义关系模型，执行 SQL 语句就在计算机中建立了数据库。

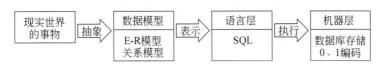

图 6.9　建立数据库的过程

1. 将现实世界的事物抽象为 E-R 模型

现实世界有形形色色的事物，一个人、一门课程、一份合同、一场球赛……，都是客观存在的事物，计算机科学用实体这个概念来表示客观存在的事物。一般来说，一种事物都会有各种各样的特征，表示了事物不同方面的性质，我们从业务处理的需要出发，从事物的特征中选取出有限个特征作为属性来刻画这个实体，这样就将现实世界中事物-特征抽象为实体-属性，同类实体的集合称为实体集。

现实世界中事物和事物之间总是有联系的，这些联系反映为不同实体之间的联系。实体之间的联系通常有以下 3 种。

（1）一对一联系。如果对于实体集 A 中的每一个实体，在实体集 B 中至多有一个实体与之联系，反之亦然，则称实体集 A 与实体集 B 具有一对一联系。例如，对于班级实体和班长实体，一个班级只能有一个班长，一个班长也只能在一个班级任职，则班级与班长之间具有一对一联系。

(2) **一对多联系**。如果对于实体集 A 中的每一个实体,在实体集 B 中有 $n(n \geqslant 0)$ 个实体与之联系;反之,对于实体集 B 中的每一个实体,在实体集 A 中至多有一个实体与之联系,则称实体集 A 与实体集 B 具有一对多联系。例如,对于学生实体和学院实体,一个学院有多个学生,每个学生只能属于一个学院,则学院和学生之间具有一对多联系。

(3) **多对多联系**。如果对于实体集 A 中的每一个实体,在实体集 B 中有 $n(n \geqslant 0)$ 个实体与之联系;反之,对于实体集 B 中的每一个实体,在实体集 A 中有 $m(m \geqslant 0)$ 个实体与之联系,则称实体集 A 与实体集 B 具有多对多联系。例如,对于学生实体和课程实体,一门课程可以有多个学生选,一个学生可以选多门课程,则学生和课程之间具有多对多联系。

通常用**实体-联系图**(Entity Relationship,**E-R 图**)来描述实体以及实体之间的联系。在 E-R 图中,用矩形表示实体,用椭圆形表示属性,用菱形表示联系并在边上标出联系的种类。需要强调的是,联系也是一种实体,也可以有属性。

例 6.1 为学生选课系统建立实体-联系图。

解 学生选课系统涉及的主要事物有学生和课程。可以用身高、姓名、性别、籍贯等特征来表示学生这种客观事物,在学生选课系统中,可以从学生的各种特征中选取学号、姓名、所在学院、所学专业、班级这几个属性来描述学生实体。可以用课程名、学时、学分、开课学期、课程内容、所用教材等特征来表示课程这种客观事物,在学生选课系统中,可以从课程的各种特征中选取课程号、课程名、学时、学分这几个属性来描述课程实体。学生实体和课程实体之间的联系为:一名学生可以选修若干门课程,一门课程可以有多名学生选修,学生选修了某门课程就应该有成绩,则学生选课系统所需处理数据的实体-联系图如图 6.10 所示。

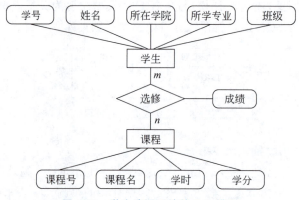

图 6.10 学生选课系统的 E-R 模型

2. 将 E-R 模型映射为关系模型

在数据库技术中,目前使用最广泛的数据模型是关系模型。关系模型的基本思想是把实体以及实体之间的联系都看作关系,以二维表的形式描述,称为**数据表**。表中的列对应实体的属性,每一列的数据总是取自同一个集合,这个集合称为**域**,每个实体对应表中的行,称为**记录**,可以唯一标识一个记录的属性称为**主键**。

例 6.2 将例 6.1 抽象出的 E-R 模型映射为关系模型。

解 图 6.10 所示 E-R 模型对应 3 个关系:

学生关系——学生信息表(<u>学号</u>,姓名,所在学院,所学专业,班级);

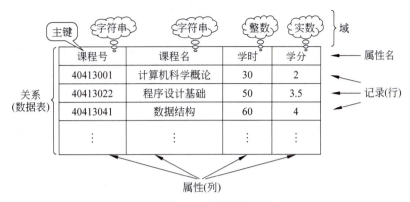

图 6.11 关系模型的基本概念

课程关系——课程信息表(<u>课程号</u>,课程名,学时,学分);

选课关系——学生成绩表(<u>学号</u>,<u>课程号</u>,成绩)。

其中有下画线的属性为主键。实际上,关系只是定义了数据表的结构,数据表中的记录是在实际应用中录入的,如表 6.1～表 6.3 所示。

表 6.1 学生信息表

学 号	姓 名	所在学院	所学专业	班 级
2404001	陆宇	计算机科学与工程	软件工程	240401
2404002	李明	计算机科学与工程	软件工程	240401
2404003	汤晓影	计算机科学与工程	软件工程	240401

表 6.2 课程信息表

课 程 号	课 程 名	学 时	学 分
40413001	计算机科学概论	30	2
40413022	程序设计基础	50	3.5
40413041	数据结构	60	4

表 6.3 学生成绩表

学 号	课 程 号	成 绩
2404001	40413001	86
2404002	40413022	92
2404001	40413022	85

埃德加·科德(Edgar Codd)是密歇根大学博士,IBM 公司研究员,被誉为"关系数据库之父",于 1981 年获图灵奖。1970 年,科德在论文"大型共享数据库的关系模型"

中首次提出了数据库的关系模型。关系模型简单明了,具有坚实的数学理论基础,因此一经推出就受到了学术界和产业界的高度重视和广泛响应,很快成为数据库市场的主流。

3. 用 SQL 语句定义数据库

SQL 使用 CREATE TABLE 语句定义数据表。例如,定义学生选课系统的学生信息表,其 SQL 语句为

```
CREATE TABLE student
            ( Sno CHAR(5),
              Sname CHAR(10),
              Sdept CHAR(15),
              Smajor CHAR(10),
              Sclass CHAR(8) )
```

这个 SQL 语句的语义是:创建一个数据表,表的名字是 student,属性 Sno 的域是 5 个字符,属性 Sname 的域是 10 个字符,属性 Sdept 的域是 15 个字符,属性 Smajor 的域是 10 个字符,属性 Sclass 的域是 8 个字符。

6.2.5 操作数据库

对数据库的操作主要是通过 SQL 向 DBMS 发出操作请求,通常对数据库可以进行以下操作。

1. 数据查询

数据查询是数据库系统中最重要的操作,SQL 使用 SELECT 语句进行数据查询。例如,从 student 数据表中查找 240401 班级的所有学生,其 SQL 语句为

```
SELECT Sno, Sname, Sdept, Smajor
FROM student
WHERE Sclass = "240401"
```

这个 SQL 语句的语义是:在数据表 student 中找出属性 Sclass 的值等于 240401 的那些记录,查询结果是满足条件的记录行组成的关系,即一个二维表。

2. 数据更新

数据更新主要包括对记录进行增加、删除和修改等操作。例如,在数据表 student 中删除陆宇同学的记录信息,其 SQL 语句为

```
DELETE
FROM student
WHERE Sname = "陆宇"
```

这个 SQL 语句的语义是:在数据表 student 中找出属性 Sname 的值等于"陆宇"的那条记录,并将这行记录删除。

3. 数据控制

数据控制主要实现用户对数据的存取权限进行控制,包括数据表的授权、完整性规则的描述和事务控制等。例如,把数据表 student 的查询权限授予用户 U2,其 SQL 语句为

```
GRANT SELECT
ON TABLE student
TO U2
```

这个 SQL 语句的语义是:授予用户 U2 对数据表 student 的查询权限,用户 U2 可以对数据表 student 进行查询,但不可以进行修改等其他操作。

6.2.6 数据保护机制

数据库集中存储了企业的数据,是企业重要的信息资源,保证数据的正确性和安全性是数据库应用中极其关键的课题。现代数据库系统主要从安全性、完整性、并发控制、故障恢复等方面保护数据库。事务是并发控制和故障恢复的基本单位,所谓**事务**是由用户定义的一个数据库操作序列,是一个不可分割的逻辑工作单元,这些操作或者全部执行成功,或者一个也不执行。

数据库的安全性主要通过控制数据库的访问权限,防止非法入侵和破坏。用户身份识别(例如设置口令和密码)是数据库最基本的安全保护措施,对有权进入数据库的用户,要进一步进行存取控制,事先规定允许用户访问数据的范围以及有权执行的操作,然后在用户发出数据库操作请求时进行合法权限的检查。对于安全性要求非常高的应用系统,也可以将数据进行加密后存储在数据库中。

数据库的完整性在于保证数据库里的数据语义是正确的。在对数据库进行操作时首先要进行完整性约束检验。例如,在数据库里要执行一个转账事务:

(1) 从一个账户减去一笔钱;

(2) 在另外一个账户里加上同样数目的钱。

转账事务隐含着一个约束条件,即转账前后两个账户的余额之和要保持不变。如果不进行完整性检验,可能出现对这两个账户的更新操作只做了其中之一,或转账的数目不同,显然,这就破坏了数据的完整性。其次,对数据库的并发操作可能会破坏数据库的完整性,一个典型的例子是飞机售票事务:

(1) A 售票点读出某航班的余票数 T,设 T 为 100;

(2) B 售票点读出同一航班的余票数 T,则 T 也为 100;

(3) A 售票点售出一张机票,修改余票数 T 为 99,把 T 写回数据库;

(4) B 售票点售出一张机票,修改余票数 T 为 99,把 T 写回数据库。

显然,写回数据库中的数据是错误的,明明卖出了两张机票,可是数据库中余票只减少了 1 张。通常采用并发控制来保证数据库的完整性,主要技术是封锁。所谓**封锁**就是事务 A 在对某个数据对象操作之前,先向系统发出操作请求,并对其进行加锁,于是事务 A 对该数据对象具有一定的控制权,其他事务不能更新此数据对象,直到事务 A 释放这个锁。

任何系统都免不了会发生故障,可能是硬件失效,可能是软件运行故障,也可能是外部故障(如断电)。运行的突然中断使数据库处在错误状态,而故障排除后通常没有办法让系

统精确地从断点继续执行下去,这就要求数据库管理系统有一套故障后的数据恢复机制。任何数据修复的方法都要基于数据备份,其核心是记录运行日志,记录每个事务的关键操作信息,如果发生故障时事务未执行完,恢复时就要把做了一半的事务取消,这称为滚回。例如银行转账事务,从一个账户减去了一笔钱,没来得及写入另一个账户就发生了故障,那么就需要从日志上把转出账户的余额找出来再写回数据库中,也就是将数据库的状态恢复到故障发生之前的状态。

思考题

1. 为什么不让操作系统来管理数据库?在操作系统和应用程序之间再设置一个数据库管理系统,是增加还是降低了设计的复杂性?

2. 在例 6.2 中,选课关系为什么不包括姓名、课程名等属性?为什么用学号和课程号作为主键?

3. 尽管没有系统地学习 SQL,你能看懂本章的 SQL 语句吗?

4. 对数据库的并发操作可能破坏数据库的完整性。对于飞机售票事务,你还能举出其他破坏数据库完整性的例子吗?

6.3 软件工程

自 1968 年"软件工程"一词首次被提出以来,软件工程已成为计算机软件的一个重要分支和研究方向。软件工程是从工程的角度研究大型软件系统的开发过程,其核心思想是把软件产品当作一个工程产品来处理,希望用工程化的原则和方法来克服软件危机。

6.3.1 软件危机

在计算机的发展过程中,计算机硬件的成本在持续下降,与此同时,开发计算机软件的成本却在不断攀升。虽然软件成本在上升,但是软件质量却没有得到相应的提高,软件的可靠性始终在困扰着计算机界。**软件危机**指在计算机软件的开发和维护过程中遇到的一系列严重问题,其典型表现如下。

(1) 软件开发成本和进度无法预测。实际开发成本超出预算、实际开发进度拖期的现象时常发生,而节约成本和追赶进度往往会影响软件产品的质量。

(2) 用户对已完成的软件系统不满意。如果软件需求在开发初期未能得到确切的表达,且软件开发过程中开发人员和用户之间未能及时交换意见,那么最终的软件产品可能会不符合用户的实际需要。

(3) 软件可靠性没有保证。软件开发的能见度较低,软件质量缺乏定量的评价标准,在软件开发过程中缺少软件质量保证技术,这会导致软件产品的可靠性无法保证,软件中也常常存在质量问题。

(4) 软件没有适当的文档资料。软件开发早期阶段,人们普遍形成了"软件开发就是编写程序并设法使它运行"的错误观点,软件开发组织和软件开发人员不重视软件文档,相应文档的缺失使得软件开发后的维护工作很难进行。

(5) 软件维护费用不断上升。软件维护通常意味着修改原来的设计,客观上增加了软件维护的复杂性,而软件规模的增长更是增加了软件维护的难度。

图 6.12 以思维导图的形式总结了软件危机的典型表现。

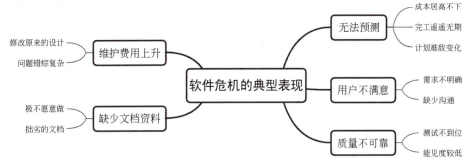

图 6.12　软件危机的典型表现

软件危机不仅是不能正常运行的软件才具有的,实际上,几乎所有软件都不同程度地存在这些问题。软件系统不是自然界的有形物体,软件作为人类智慧的产物有其自身的特点,开发软件的过程是将思想转化为计算机程序的过程,是人类所做的最具智力挑战的活动之一。软件开发的复杂性主要体现在开发环境的复杂性、用户需求的多样性、技术手段的综合性、软件的复杂性、程序的不可见性、软件正确性无法保证等。

6.3.2　软件工程的定义

1968 年,在北大西洋公约组织召开的学术会议上,软件工程首次作为一个概念被提出,此后,有关软件工程的思想、方法和工具不断被提出,软件工程逐步发展成为一门独立的学科。**软件工程**研究的是如何以系统性的、规范化的、可定量的工程化方法去开发和维护软件,把经过时间考验而证明正确的管理技术和当前能够得到的最好技术方法结合起来。概括而言,**软件工程包含三个基本要素:方法、工具和过程。**

1. 方法

软件工程的方法指的是完成软件开发各项任务的技术方法,回答"如何做"的问题。目前有两种流行的软件开发方法:结构化方法和面向对象方法。**结构化方法**的基本思想是"自顶而下,逐步求精",核心是模块化。即从问题的总体目标开始,抽象低层的细节,然后再一层一层地分解和细化,将复杂问题划分为一些功能相对独立的模块,各个模块可以独立设计,在模块与模块之间定义相应的调用接口。结构化方法的设计思想(自顶向下)如图 6.13 所示。

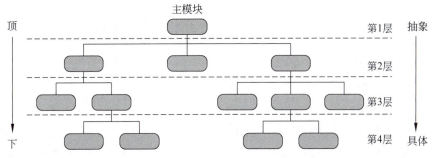

图 6.13　结构化方法自顶向下的设计思想

面向对象方法的基本思想是"自底向上",先将问题空间划分为一系列对象的集合,再将对象集合进行分类抽象,将那些具有相同属性和行为的对象抽象为一个类,采用继承来建立这些类之间的联系,同时对每个具体类的内部结构采用"自顶向下,逐步求精"的设计方法。面向对象方法的设计思想(自底向上)如图 6.14 所示。

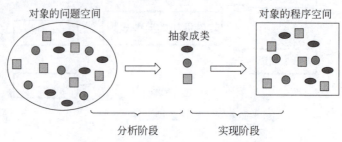

图 6.14　面向对象方法自底向上的设计思想

近年来,基于构件的开发方法较为流行。所谓**构件**就是可以进行内部管理的由一个或多个类组成的群体,每个构件包括一组属性、事件和方法。基于构件的开发方法借鉴了硬件设计的思想,软件开发人员可以利用现有的构件,再加上自己的业务逻辑,从而开发出应用软件,增强软件的重用能力。

2. 工具

软件工程的工具是为软件工程方法的运用提供自动或半自动的软件支撑环境。软件工程的研究重点之一就是提出可以在开发过程中使用的各种支持工具,例如,用于数据分析的实体-联系图,用于结构化方法的数据流图、模块结构图,用于面向对象方法的类图、UML 建模,以及能够对软件开发全过程提供支持的软件工程环境,例如 Rational 公司提供的 RUP(Rational 统一过程)和 Rose。

3. 过程

软件工程的过程是为了获得高质量的软件所需的一系列任务框架,它定义了运用方法的顺序、应该交付的文档资料、为保证软件质量和协调变化所需要采取的管理措施以及标志软件开发各个阶段任务完成的里程碑。管理者在软件开发过程中要能够对软件开发的质量、进度、成本等进行评估和管理,包括人员组织、计划跟踪与控制、成本估算、质量保证、配置管理等。

6.3.3　软件工程的基本原理

自 1968 年人们正式提出并使用了软件工程这个术语以来,研究软件工程的专家学者们陆续提出了 100 多条关于软件工程的准则(或信条)。著名的软件工程专家 B. W. Boehm 综合这些学者们的意见和软件开发的经验,于 1983 年提出了软件工程的 7 条基本原理,这 7 条基本原理是确保软件产品质量和开发效率的最小集合。

(1) 用分阶段的生存周期计划严格管理。

统计资料表明,在不成功的软件项目中,有一半左右是由于计划不周造成的,可见,第 1 条基本原理是吸取了前人的教训而提出的。这条基本原理意味着应该把软件开发与维护的整个过程划分成若干阶段,并相应地制订出切实可行的计划,然后严格按照计划对软件的开发和维护工作进行管理。

(2) 坚持进行阶段评审。

软件质量的保证工作不能等到编码阶段完成之后再进行,因为大部分错误是在编码之前造成的,而且错误发现得越晚,所付出的代价也就越高。因此,在软件开发的每个阶段都要进行严格的评审,以便尽早发现在软件开发过程中所犯的错误。

(3) 实行严格的产品控制。

在软件开发的过程中,由于外部环境的变化,改变产品需求是一种客观需要,显然不能硬性禁止客户提出改变需求的要求,只能依靠科学的产品控制技术来顺应这种要求,也就是说,当改变需求时,为了保持软件各个配置成分的一致性,必须实行严格的产品控制。

(4) 采用现代程序设计技术。

从提出软件工程的概念开始,人们一直把主要精力用于研究各种新的程序设计技术。20 世纪 60 年代末提出的结构化程序设计技术在当时成为一种先进的程序设计技术,以后又进一步发展出各种结构化分析、结构化设计技术。20 世纪 90 年代后,面向对象程序设计技术在许多领域中取代了传统的结构化程序设计技术。实践表明,采用先进的程序设计技术不仅可以提高软件开发和维护的效率,而且可以提高软件产品的质量。

(5) 结果应能被清楚地审查。

软件产品不同于一般的物理产品,是看不见摸不着的逻辑产品。软件开发人员(或开发小组)的工作进展情况可见性差,难以准确度量,从而使得软件产品的开发过程比一般产品的开发过程更难以评价和管理。为了提高软件开发过程的可见性,更好地进行管理,应该根据软件开发项目的总目标及完成期限,规定开发组织的责任和产品标准,从而使得所得到的结果能够被清楚地审查。

(6) 开发小组的人员应该少而精。

开发小组人员的素质和数量是影响软件产品质量和开发效率的重要因素,素质高的人员与素质低的人员相比,开发效率可能高几倍甚至几十倍,而且素质高的人员开发出的软件中的错误明显少于素质低的人员开发出的软件中的错误。此外,随着开发小组人员数量的增加,人员相互交流的通信开销也急剧增加。因此,组成少而精的开发小组是软件工程的一条基本原理。

(7) 承认不断改进软件工程实践的必要性。

遵循上述 6 条基本原理就能够按照现代软件工程的基本原理实现软件的工程化生产,但是,要让软件开发与维护的过程赶上时代前进的步伐,开发者不仅要积极主动地采纳新的软件技术,而且要注意不断总结经验。

6.3.4 软件过程

在完成软件开发任务时必须进行一系列的活动,并且使用适当的资源(人员、时间、计算机、软件工具等),在开发过程结束时将输入(软件需求)转化为输出(软件产品)。因此,ISO 9000 把过程定义为"把输入转化为输出的一组彼此相关的资源和活动"。为了获得高质量的软件产品,必须采用科学、合理的软件开发过程。

软件生命周期是软件工程中最基本的概念,指的是一个软件从提出开发要求开始,到开发完成投入使用,直至废弃为止的整个时期。**软件生命周期有两个要点:分阶段和文档。**

1. 分阶段

从时间进程的角度，整个软件生命周期被划分为若干阶段，每个阶段有明确的目标和任务，要确定完成任务的理论、方法和工具，要有检查和审核的手段，要规定每个阶段工作完成的标志，即所谓的里程碑。阶段的里程碑由一系列指定的软件工作产品构成，作为开发成果的软件工作产品表现为文档、程序和数据。软件生命周期一般包括软件定义、软件开发和软件维护等阶段。

软件定义阶段主要解决的问题是"做什么"，也就是要确定软件的处理对象、软件与外界的接口、软件的功能和性能、界面，并对资源分配、进度安排等做出合理的计划。可以将软件定义进一步划分为问题定义、软件项目计划、需求分析等阶段。

软件开发阶段主要解决的问题是"怎么做"，也就是把软件定义阶段得到的需求转变为符合成本和质量要求的系统实现方案，用某种程序设计语言将软件设计转变为程序，进行软件测试，发现软件中的错误并加以改正，最终得到可交付使用的软件产品。可以将软件开发进一步划分为软件设计、编码、软件测试等阶段。

软件维护的任务是在软件可交付使用的整个期间，为适应外界环境的变化以及扩充功能和改善质量，对软件进行修改。软件维护过程本质上是修改和压缩了的软件定义和软件开发过程。一个软件的使用时间可能有几年或几十年，在整个使用期间可能都需要进行软件维护。软件维护的代价是很大的，因此，如何提高软件维护的效率、降低维护的代价成为十分重要的问题。

需要强调的是，在实际从事软件开发工作时，软件规模、种类、开发环境、开发团队以及开发使用的技术方法等因素，都影响软件生命周期的阶段划分。承担的软件项目不同，应该完成的任务也有差异，没有一个适用于所有软件项目的任务集合。适用于大型复杂项目的任务集合，对于小型且较简单的项目而言，往往就过于复杂了。因此，一个科学、合理、有效的软件过程应该定义一组适合于所承担软件项目特点的任务集合。

2. 文档

伴随着软件产品从无到有的整个过程，在软件生命周期的每个阶段都要得出最终产品的一个（或几个）组成部分，这些组成部分通常以文档资料的形式存在。**文档**指以某种可读形式存在的技术资料和管理资料。文档应该是在软件开发过程中产生的，而且应该是最新的（即与程序代码完全一致）。软件开发组织和管理人员可以将文档作为里程碑，来管理和评价软件开发工程的进展状况；软件开发人员可以利用文档作为通信工具，在软件开发过程中准确地交流信息；软件维护人员可以利用文档资料理解被维护的软件。

> 汽车是汽车行业的产品，伴随着汽车的生产过程，会产生很多图纸、工艺规范、加工单、检验报告、使用手册等。文档的建立和使用是工程化方法的特征之一，只有手工艺的生产方式才不会用到文档，生产的一切过程都隐藏在手工艺人的头脑中。

在软件开发的整个过程中，为了从宏观上管理软件的开发和维护，必须对软件的开发过程从总体上进行描述，即对软件过程建模。软件开发模型能够清晰、直观地表达软件开发的全过程，明确规定要完成的主要活动和任务，成为软件项目开发工作的基础。为了指导软件的开发过程，在软件工程的实践中形成了不同的开发模型，以适应不同软件开发的需要。

早期人们使用瀑布模型，强调软件生命周期各阶段的固定顺序，上一阶段完成后才能进入下一阶段，整个开发过程就像流水下泻，故称为瀑布模型。由于在瀑布模型中不允许回溯，因此，每个阶段完成后都要进行严格的评审，以避免最终交付的产品不能满足用户的真正需要。

针对事先不能完整定义需求的软件项目开发，通常使用快速原型模型，通过快速构建一个可运行的原型（即试验性软件）系统，让用户试用原型系统并收集用户的反馈意见，获取用户的真实需求，从而减少由于需求不明给开发工作带来的风险。也可以将原型系统作为最终产品的一部分，经过用户评测后增加新的内容，软件以递增的方式进行开发，在渐进开发过程中不断演进，直至进化为最终的软件产品，这种开发过程称为增量模型。显然，使用增量模型的困难是要求软件具有开放结构。RUP 软件统一过程使用统一建模语言 UML 为主要工具，以渐增和迭代的方式进行软件生命周期的各种活动。

主流的开发模型强调软件过程不同阶段的划分，强调开发人员的明确分工，但是，也出现了一些较为另类的开发模式，如极限编程主张团队成员自由地交换想法，通过设计、实现、测试的轮转，渐进地开发软件，当软件规模不太大时，极限编程是一种可取的开发模型。

6.3.5　软件质量

软件产品与其他产品一样，都是有质量要求的，软件质量关系着软件使用程度与使用寿命。软件质量是使用者与开发者都比较关心的问题，但全面客观地评价一个软件产品的质量并不容易，因为软件产品不像普通产品，可以通过直观的观察或简单的测量得出其质量是优还是劣的结论。软件质量是软件本身与明确叙述的功能和性能需求、文档中明确描述的开发标准以及任何专业开发的软件产品都应该具有的隐含特征相一致的程度。

虽然软件质量是难以定量度量的软件属性，但是，人们仍然能够提出许多重要的软件质量特性（其中大多数还处于定性度量阶段）。软件质量可以用 6 个特性来评价：功能性、可靠性、可用性、有效性、可维护性和可移植性。

（1）功能性。系统满足需求规格说明和用户目标的程度，换言之，在预定的环境下能正确完成预期功能的程度。例如，能否得到正确的结果，是否完成规定的功能，是否具备和其他指定系统的交互能力，能否避免对程序及数据的非授权访问等。

（2）可靠性。在规定的一段时间内和规定的条件下，软件维持其性能水平的能力。例如，能否避免由软件故障引起系统失效，是否能在软件错误的情况下维持指定的性能，能否在故障发生后重新建立其性能水平并恢复受影响的数据等。

（3）可用性。系统在完成预定功能时令人满意的程度。例如，理解和使用该系统的容易程度，用户界面的易用程度等。

（4）有效性。为了完成预定的功能，系统需要多少计算机资源。例如，系统的响应和处理时间，软件执行其功能时的数据吞吐量，软件执行时消耗的计算机资源等。

（5）可维护性。修改或改进正在运行的系统需要多少工作量。例如诊断和改正在运行现场发现的错误所需工作量的大小等。

（6）可移植性。把程序从一种计算环境（硬件配置或软件环境）转移到另一种计算环境下，需要多少工作量。例如系统是否容易安装，系统是否容易升级等。

随着计算机被深入应用于社会的各方面，软件系统本身的可靠性也逐渐成为人们非常关注的问题。由于软件是一种极端复杂的事物，到目前为止，计算机科学家还没有研究出有效的质量保证手段，还没有足够的可靠性保证理论和可靠的实用软件开发技术，对软件开发理论、技术和工具的研究是未来信息技术发展中的重要问题。

6.3.6 软件测试

软件测试(software testing)是在规定的条件下对程序进行操作，以发现程序错误，衡量软件质量，并对其是否能满足设计要求进行评估的过程。换言之，软件测试是一种实际输出与预期输出之间的审核或者比较的过程。

软件测试的重要性不言而喻，它对软件可靠性有着重大的影响。大量统计资料表明，软件测试的工作量往往占软件开发总工作量的40％以上，在极端情况，测试那些关系到人们生命安全的软件所花费的成本，可能相当于软件工程其他开发阶段总成本的3～5倍。目前，软件测试仍然是保证软件质量的关键步骤，它是对软件规格说明、设计和编码的最终复审。通常在编写出每个模块之后，就需要进行必要的测试(称为单元测试)，通常模块的编写者和测试者是同一个人。此外，还应该对软件系统进行各种综合测试(称为集成测试)，通常由专门的测试人员承担这项任务。软件测试常用的两种测试方法是黑盒测试和白盒测试。

黑盒测试是将软件测试环境模拟为不可见的黑盒，通过数据输入观察数据输出，检查软件内部功能是否正常。如果数据输出与预期数据一致，则说明该软件通过本次测试，否则说明程序内部出现问题。白盒测试又称结构测试，通过对软件中的逻辑路径进行覆盖测试，检查程序的状态，观察数据输出与预期数据是否一致。实际检测中，常常将白盒测试和黑盒测试结合使用，首先使用黑盒测试，若程序输出数据与预期数据相同，则证明程序通过本次测试；否则反复使用白盒测试，针对程序内部结构进行分析，设计测试用例，直至检测出问题所在，并及时加以修改。

软件测试的根本目标是尽可能多地发现并排除软件中潜藏的错误，最终把一个高质量的软件系统交付给用户。著名软件工程专家 G. Myers 给出了关于测试的一些规则，这些规则可以看作测试的目标：①测试是为了发现程序中的错误而执行程序的过程；②好的测试方案是极有可能发现迄今为止尚未发现的错误的测试方案；③成功的测试是发现了迄今为止尚未发现的错误的测试。

经过业界多年努力和来自其他工程技术的启发，人们确立了软件工程学的一些基本原则，提出了很多实用的方法和工具，制定了软件开发应该遵从的标准规范，但至今未能彻底解决软件开发所面临的种种问题。软件工程尚未构成坚实的基础理论体系，大部分的软件特性仍然无法用定量的方法测量，软件产品的质量仍然无法保证。尽管如此，软件开发人员仍然要自觉地运用软件工程目前已经取得的成果，用工程化的方法来指导和管理软件的开发过程，减少软件错误，保证软件质量。

思考题

1. 和其他行业(如建筑行业)相比，软件行业工程化的难度在哪里？
2. 软件开发人员通常都不愿意写文档，如果开发环境能够提供自动生成文档的工具不是省掉很多麻烦吗？哪些文档无法自动生成？
3. 软件测试人员和软件开发人员应该是同一组人员吗？为什么？

阅读材料——软件、硬件和人件

信息时代每天都在诞生大量的词汇,大多数是旧有词汇的新解,而"人件"这个词是罕有的必须重新创造的词。1976 年,Peter G. Newmann 在《系统中的人件》(*Peopleware in System*)中第一个正式使用了"人件"这个词,但是直到 1987 年,Tom DeMarco 和 Tim Lister 合著的《人件》(*Peopleware*)一书的出版,才使人件正式成为软件工程领域中的一个专业名词。

人件,是第三次计算机革命的真正起源。第一次革命源于硬件危机,在一段时间内,人们一直认为自己遇到的所有计算机问题都源自硬件方面,因此,只要有了运行更快、功能更强大的计算机,有了更多的内存和更好的外部设备,就能建立更好的系统,也就能解决所有的问题。渐渐地,人们有了更好的计算机,处理器的运行速度越来越快,内存越来越大,外部设备也越来越便宜而且好用,可是,计算机问题依然存在,我们仍然在使用运行不稳定的系统,仍然无法及时、有效地在预算范围内完成任务。于是,人们将遇到的问题归咎于软件方面,而第二次计算机革命也随之被称为软件危机,人们开始认为,只要有了优秀的编程工具、高级的编程语言、丰富的构件库和辅助工具,就能解决所有问题,及时、有效地在预算范围内开发出运行良好的软件系统。现在,第三代编程语言变得越来越精密,并出现了第四代编程语言,编译器变得越来越快、越来越智能,计算机辅助软件工程工具随处可见,面向对象技术也变得更成熟,但是,计算机问题依然存在,软件开发依然在经常改动计划、追加预算。现在,人们不得不重新考虑:问题究竟出现在什么地方?人件就是问题的症结所在。既然软件是由人创造的,也是由人来使用的,那么只有更好地了解如何工作、如何解决工作中的问题、如何协调工作中的关系,才有可能设计、开发出更好的软件。

人件的范围包罗万象,在软件开发过程中,凡是与人有关的任何事物都可以归于人件:质量和生产率、合作、团队动力、个性和程序设计、方案管理和组织、界面设计和人机交互、认知心理学、思维过程等。

 习题 6

一、选择题

1. 作为人机交互的参与者,以下说法正确的是(　　)。
   A. 人是交互的启动者,计算机是交互的响应者
   B. 计算机是交互的启动者,人是交互的响应者
   C. 计算机不能作为交互的启动者
   D. 人和计算机都可以作为交互的启动者和响应者
2. 人机交互的发展趋势是(　　)。
   A. 人适应计算机　　　　　　　　B. 计算机适应人
   C. 人和计算机相互适应　　　　　D. 人和计算机相对独立,不用适应
3. 目前,人机交互界面以(　　)感知为主。
   A. 听觉　　　　　B. 视觉　　　　　C. 触觉　　　　　D. 动觉

4. (　　)是统一管理的相关数据集合,这些数据以一定的结构存放在磁盘等存储介质中。

  A. 数据库系统   B. 数据库

  C. 数据库管理系统   D. 文件

5. 数据库管理系统与文件系统的主要区别是(　　)。

  A. 数据独立化   B. 数据整体化

  C. 数据结构化   D. 数据文件化

6. (　　)是并发控制和故障恢复的基本单位。

  A. 操作   B. 语句   C. 指令   D. 事务

7. 关系模型的基本思想是把(　　)看成关系,以二维表的形式描述。

  A. 实体   B. 属性

  C. 实体之间的联系   D. 实体以及实体之间的联系

8. SQL 属于(　　)。

  A. 2GL   B. 3GL   C. 4GL   D. 5GL

9. 假设一个图书馆有多本图书,一个学生可以借阅多本图书,而一本图书只能借给一个学生,那么,图书和学生之间的联系属于(　　)。

  A. 一对一   B. 一对多   C. 多对多   D. 不能确定

10. 对于软件危机,以下正确的是(　　)。

  A. 所有软件都存在不同程度的软件危机

  B. 只有不能正常运行的软件存在软件危机

  C. 在交付使用的所有软件中都可能隐藏着某些尚未发现的错误

  D. 软件中存在致命错误才是软件危机

11. 软件工程的目标是(　　)。

  A. 生产满足用户需要的产品

  B. 以合适的成本生产满足用户需要的产品

  C. 以合适的成本生产满足用户需要的、可用性好的产品

  D. 生产正确的、可用性好的产品

12. 简单地说,软件质量指(　　)。

  A. 软件满足需求说明的程度   B. 软件性能指标的好坏

  C. 用户对软件的满意程度   D. 软件可用性的程度

13. 软件生命周期是从(　　)开始。

  A. 用户需求   B. 软件项目计划   C. 软件定义   D. 软件设计

14. 使用文档的人员可以是(　　)。

  A. 软件开发人员   B. 软件维护人员

  C. 软件管理人员   D. 以上都是

二、简答题

1. 什么是交互?什么是人机交互?

2. 人机交互有哪几种基本形式?

3. 用户界面分为哪几种?各有什么特点?

4. 什么是数据库？请说明数据库的特点。

5. 数据库是存储在磁盘中的数据集合，用户如何操作数据库中的数据？

6. 什么是数据库的完整性？如何保证数据库的完整性？

7. 什么是软件危机？软件危机有哪些具体表现？

8. 简述软件工程的核心思想。

9. 简述软件生命周期的要点。

三、讨论题

1. 应用程序的使用界面直接影响着应用程序的使用效果。好的用户界面是如何设计出来的？应该遵循哪些基本原则？

2. 微软公司将文字处理软件 Word、电子表格软件 Excel、数据库管理软件 Access 和其他应用程序绑定在一个软件包中，这个软件包中的所有应用程序具有统一的风格界面，这样做有什么好处？

3. 在科幻电影中，常常可以看到人们和计算机交谈，宇宙飞船的船长可能会说："计算机，离我们最近的能治疗××病的空间站是哪一个？这有一个人病倒了。"计算机可能会回答："42号空间站，那里有专业医生。"科幻电影和现实的距离有多远呢？我们能不能与计算机流畅而无障碍地交流呢？

4. 数据库中存储的大多是个人信息，而这些被存储信息的人却对它几乎没有任何控制权。具有讽刺意味的是，将我们从日常生活中解放出来的数据库技术，同时也是剥夺了我们个人隐私的工具。请你结合自己的亲身经历剖析数据库技术的利和弊。

5. 建立数据库的过程就是数据表示的过程，请分析图 4.4 和图 6.9，说明分层方法在数据表示中的运用。

6. 布鲁斯在《人月神话》中描述了软件开发这个职业的乐趣和苦恼，请阅读相关资料，写出你自己的感受。

7. 软件工程包含三个要素：方法、工具和过程，从某种角度说，学习软件工程就是学习各种软件工具，因为软件工具蕴涵了方法和过程。你同意这个观点吗？

8. "牛仔"实际上是倔强和桀骜不驯的代名词，这样的人在各个领域中都普遍存在，谈谈你对"牛仔程序员"的看法。

第7章　计算机网络与信息安全

计算机网络是计算机技术与通信技术相结合的产物。随着计算机网络的快速发展，人们的学习、工作以及生活模式发生了很大变化，同时也产生了木马、病毒、信息篡改等信息安全问题。本章主要讨论以下问题。

(1) 如何表示要传送的信息？如何将信息从一个通信的结点传送到另一个结点？
(2) 计算机网络有哪些基本组成部分？网络拓扑结构是什么？
(3) 从系统思维的观点，如何用分层的方法构建计算机网络？
(4) 常见的网络安全问题有哪些？如何对信息进行加密？
(5) 计算机系统如何对用户的身份进行确认和鉴别？
(6) 如何将安全问题阻挡在网络之外？如何检测网络系统是否被入侵？

【情景问题】网络带来的变化

以因特网为代表的计算机网络是近30年来发展最迅速、使用最广泛的计算机技术，对当今社会政治、经济和文化产生了深远的影响，日益改变着人们的生活方式、工作方式和思维方式。电子邮件取代了普通信函，日记变成了博客，纸质书变成了电子书，网络新闻对传统的报刊发行量造成了很大的冲击……

自古以来，距离引发了多少惆怅："我住长江头，君住长江尾，日日思君不见君，共饮长江水""衣带渐宽终不悔，为伊消得人憔悴"……想象一下20世纪80年代的约会（如图7.1所示），就能体会我们如今通信之便捷。而今天，人们可以以网络视频的方式进行远程通信，现代人很难再有"一日不见，如隔三秋"的惆怅。

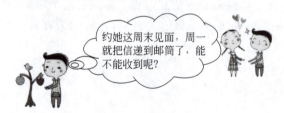

图7.1　20世纪80年代的约会

网络对青少年的吸引力更大，过去的孩子玩耍的方式多是玩沙包、踢毽子、跳房子、跳皮筋，而现在的孩子将大把的时间用于网络游戏、刷短视频、线上聊天。

然而互联网是潘多拉的盒子，打开后未必都是好事。

7.1　计算机通信

随着社会的不断进步、经济的迅猛发展以及计算机的广泛应用，人们对信息传递和处理的要求越来越强烈。**计算机通信**是计算机与通信的结合，是将若干台具有独立功能的计算机通过通信设备及传输媒体互连起来,在通信软件的支持下,实现计算机间的信息传输与交换。

7.1.1 计算机通信系统模型

人与人之间近距离的直接交流,要么是通过面对面的说话,要么是用肢体语言(如手势、表情等)表示。如果两个人之间隔着一定距离,可以把要表达的内容转换为文字、声音、图像等形式,再通过某种装置从一个地方传送到另一个地方,于是,人们的通信方式从烽火台、信号灯、信鸽开始,逐渐发展到现代通信。

在古代,人类基于最原始的通信需求,利用自然界的基本规律和人的基础感官可达性建立了古代通信系统,最经典的就是"烽火传讯"。烽火是人类最早的有记载的用于远距离通信的手段之一,用于发送烽火的设备就是烽火台。

19 世纪 40 年代,电磁技术开始应用于通信领域。1844 年,电报的发明使人类首次具有了远程快速传递信息的能力,1876 年,电话的发明使人类的通信扩展到语音模式。人们开始使用电话、电报、传真,到大规模地建设各种电信网络(如公众交换电话网 PSTN),远程通信技术得到了长足的发展。

> 中国的电信网是从电话网开始的。1880 年,由丹麦人在上海创办了中国第一个电话局,开创了中国通信历史的重要一页。

计算机的发明在人类科学发展史上是一个重要的里程碑,电子技术开始应用于通信领域,开启了现代通信的篇章,通信机制从模拟通信进化到数字通信,通信成本的降低以及通信性能的提高加速了通信技术的发展和应用。现在,移动通信使得远程通信变得方便、快捷,互联网可以将信息瞬间传遍全世界。技术变革更新了远程通信的原始定义,现在,远程通信意味着多种模式的远距离通信。

现代通信的高速发展有目共睹。通信与每个人关系最密切的应该就是各种通信终端,例如固定电话、手机,当然也包括计算机。很多人都已经换了不只一部手机,短信祝福取代了刚刚养成习惯的电话问候,又被微信祝福所取代。手机还可以发送电子邮件、查找资料、阅读电子书、视频聊天等。

在计算机通信系统中,通信的源头称为信源,通信的目的地称为信宿,信息以电子、电磁、光等不同形式的信号在信道上传输,计算机通信系统模型如图 7.2 所示。例如,有封邮件存放在计算机 A 中,现在要发送到计算机 B,在计算机中所有信息都是二进制形式,而信息是以电磁信号的形式在信道中进行传输,因此,为了完成信息的传送,必须有发送设备和接收设备,发送设备将信息由数字形式变成电磁信号,接收设备将电磁信号还原为自然界的各种信息。

图 7.2 计算机通信系统模型

任何情况下,直接连接两台通信设备是不现实的。就像要飞到欧洲的某个城市,中途要转好几次飞机一样,信号在传输过程中要经过许多中间交换设备才能从源地发送到目的地,如图 7.3 所示,计算机 A 要发送数据到计算机 B 中,中间可能要经过结点 A、结点 B 和结点 C。

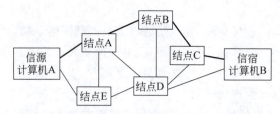

图 7.3 信号在传输过程中要经过许多中间结点

计算机通信系统由多个互联的结点组成,通信各结点之间传送的信号必须要有一些基本的规则。就像使用不同语言的人之间需要一种通用语言才能交流一样,网络结点之间的通信也需要一种通信双方都能理解的通用语言,遵守一些事先约定好的规则,这种通用语言和规则就是**通信协议**。现代通信虽然发展时间不长,但是通信协议非常多,例如国际标准化组织的 OSI,国际电信联合会的 X 系列、V 系列以及 I 系列建议书,美国电气电子工程师学会的 IEEE 802 LAN 协议标准,以及美国电子工业协会的 RS 系列标准等都是著名的国际标准。

> 通信中的大量协议是在科学的基础上人为定义的,通信协议符合科学规律,但却是人为规定的,所以就出现了在同一个技术规范下,不同的标准化组织可能会定义不同协议的情况。

7.1.2 信息的编码

计算机通信是用电磁信号传递信息,那么通信的第一个要解决的问题就是,如何把文字、声音、图像等变成电磁信号,即信息的编码。通信中的每一种编码都必须有非常严格、规范的定义。信息必须转换为信号才能在通信系统里传输。不同的通信系统会使用不同形式的信号,可以将信号分成两大类:模拟信号和数字信号。

模拟信号是一种连续变化的波,模拟信号的基本特征是频率和振幅。图 7.4 所示的模拟信号,频率和振幅都没有变化,不能用来传递信息,但是经过调制后,可以搭载信息,所以称为载波信号。**数字信号**是一系列的脉冲,脉冲的状态只有两种,例如高电平和低电平。因为不存在中间状态,脉冲在不断地跃变,如图 7.5 所示,因此数字信号是离散的。可以把脉冲的两种状态和二进制数字 0 和 1 相对应。

图 7.4 模拟信号　　　　　　图 7.5 数字信号

不论是模拟信号还是数字信号,在传送过一段距离后都会有信号的衰减和畸变,强度会衰减,波形会走样。因此,需要某种装置将失真的信号还原。在传送模拟信号时,每隔一定的距离就要通过放大器来增强信号的强度,但与此同时,由噪声引起的信号失真也随之放大。传输距离增大时,多级放大器的串联会导致失真的叠加,从而使得信号的失真越来越大。在传送数字信号时,每隔一定的距离就要通过中继器等中间设备来增强信号的强度,并且修复信号的波形,这样,重新产生的信号完全消除了前一段传输过程中信号的衰减和畸变,如图7.6所示。所以,远距离通信通常采用数字信号。

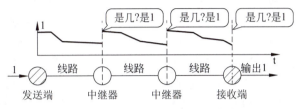

图7.6 数字信号在线路上的传输

在实际的通信过程中,往往需要在数字信号和模拟信号之间进行多次转换,例如,两台相隔很远的计算机,中间借助公用电话网相连接,电话网络是为传送语音设计的,只能传送模拟信号,所以,在发送端要把数字信号先转换为模拟信号(即调制),接收端再把模拟信号还原为数字信号(即解调),如图7.7所示,完成调制和解调的设备叫作调制解调器,也称为 Modem。

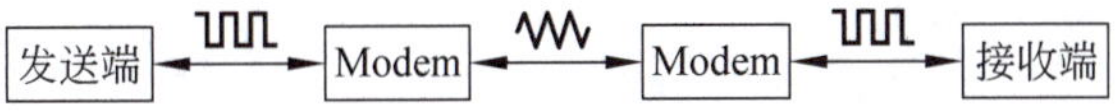

图7.7 通信过程中信号的转换

> 中国人是乐观而富有创意的,很多动物都被赋予了 IT 的意义:猫——调制解调器;狗——正版软件监护;鼠——鼠标;驴——P2P 下载;电驴——P2P 高速下载。

调制是把信息"装载"到如图7.4所示载波上的过程。有3种基本调制方法:调幅、调频和调相。调幅是改变载波信号的振幅,假设现在要传送数字信息,调幅是用振幅的变化来表示0和1,例如,用振幅大的波表示1,用振幅小的波表示0,平时收听的 AM 广播就是用调幅的方法生成音频信号。调频是改变载波信号的频率,用频率的变化来表示0和1,例如,用高频载波表示1,用低频载波表示0,平时收听的 FM 广播就是用调频的方法来生成音频信号。调相是通过改变载波信号的相位变化来表示0和1,例如,如果载波一个周期的相位与前一个周期相比,相位发生了改变表示1,没有发生改变表示0。图7.8描述了对数字信息 011010 用调幅、调频和调相的方法进行调制后,得到的模拟信号对应的波形。

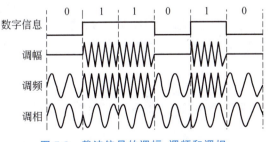

图7.8 载波信号的调幅、调频和调相

> 并不是只有通信才要进行调制和解调。例如,声音本身是模拟数据,在形成 MP3 文件时要把模拟数据转换成数字数据才能保存起来,在播放一个 MP3 文件时,是将数字数据转换成模拟的声音数据,我们才听到美妙的歌声。

两个通信设备之间必须由物理传输介质连接才能传送信号,**信道**就是传送信号的通路,也就是传输介质。信道本身可以是模拟的,也可以是数字的,用以传输模拟信号的信道称为模拟信道,用以传送数字信号的信道称为数字信道。不同的通信信道有不同的带宽和数据传输速率,**带宽**指的是通信信道能够通过信号的频率范围,其单位是 Hz,**速率**指的是每秒传输的比特数,其单位是 bps。显然,带宽和速率成正比。

在计算机网络中,传输介质分为有线介质和无线介质两大类,常用的有线介质包括双绞线、同轴电缆和光纤。

(1) 双绞线。双绞线由两根包有绝缘材料的铜线相互缠绕而成,两根绝缘导线按一定密度互相绞在一起,可降低信号的干扰程度。

(2) 同轴电缆。同轴电缆由一根空心的外圆柱体及其所包围的单根导线组成,柱体和导线之间用绝缘材料填充。同轴电缆的频率特性和屏蔽性能比双绞线好,能进行较高速率的传输。

(3) 光纤。光纤是光导纤维电缆的简称,由一束光导纤维(一种传输光束的纤细而柔韧的介质)组成。光纤具有通信容量较大、传输距离较远、电磁绝缘性能较好、衰减较小等特点,是数据传输中最有效的一种传输介质。

> 我国著名的八横八纵通信干线,是前邮电部于 1988 年开始的全国性通信干线光纤工程,项目总长达 3 万多千米。
>
> 八横是:北京—兰州;青岛—银川;上海—西安;连云港—新疆伊宁;上海—重庆;杭州—成都;广州—南宁—昆明;广州—广西北海—昆明。
>
> 八纵是:哈尔滨—沈阳—大连—上海—广州;齐齐哈尔—北京—郑州—广州—海口—三亚;北京—上海;北京—广州;呼和浩特—广西北海;呼和浩特—昆明;西宁—拉萨;成都—南宁。

常用的无线介质包括微波、卫星等。

(1) 微波。微波通信使用高频率的无线电波以直线形式通过大气传播。由于微波不能沿着地球的曲率进行弯曲传播,因此仅能传播较短的距离,对于在城市的建筑物之间和大型的校园中传输数据,微波是一种理想的介质。

(2) 卫星。卫星通信使用距离地球 36 000km、绕轨道飞行的卫星作为微波转播站。卫星通信能发送大量数据,但是它容易受天气的影响。

7.1.3 数据交换

数据交换指信号在通信网络中的整个传输过程。数据交换的方式可以分为两大类:线路交换和存储转发交换。

线路交换是在通信双方建立一条专用的通信线路。最典型的线路交换是电话系统,拨号就是提出线路要求,对方拿起话筒,通信信道就建立起来了,随后双方所有的语音数据都在这条线路上传输,在通话过程中,线路是独占的,直到某一方放下话筒,表示通信结束,可以释放线路占用的通信资源。

就通信网络的公共资源利用率而言,线路交换方式的使用效率比较低,以电话为例,即使通信双方都不说话,可线路依然被占用,所以,如果话筒没放好,电信局继续收费是合理的。但是,一旦建立起通信线路,通信双方就能够以固定的传输率来传送数据,除了在线路上和中间交换设备上必须消耗的时间外,不会再有其他的延迟,因此,数据传输率比较高。

在计算机通信系统中用作中间交换设备的是计算机,计算机具有数据存储和处理能力,可以根据发送的目的地和信道的当前状况,做出下一步的转发决策。最典型的存储转发交换是邮政系统,发信者将信件按一定的格式封装好,通过邮局的转发,最终投递给收信者。

常用的存储转发交换方式是分组交换,即把要传输的数据分割成比较小的一个个分组独立传送。按照分组在通信网络上传输的管理方式,可以把分组交换分为虚电路交换和数据报交换两种不同的交换方式,它们的主要区别在于传输数据的所有分组是否沿着同一条线路传输。**虚电路交换**首先建立一条连接源地和目的地的线路,每个数据分组都沿着这条线路传输,在中间交换设备不再进行路径选择。虚电路交换类似于线路交换,但虚电路只是一条逻辑连接线路,并不独占物理信道,多个虚电路可以共享网络中的信道,数据分组在中间交换设备上仍需存储,等待在信道上传输。**数据报交换**是一种无连接方式,各个数据分组可以沿着不同的传输路径到达目的地,为此,每个分组都要附加控制信息,标识分组的源地址、分组所属标识等,以方便中间交换设备转发分组,以及在目的地把所有分组重新装配为原来发送的数据。

分组交换最大限度地利用了通信网络资源,提高了公共通信网的利用率。

7.1.4 寻址

有了基本的数据传送方式和传送通道,接下来就是寻址,即如何从出发地顺利地到达目的地?

寻址首先要寻找方向,以避免南辕北辙。所谓通信方向是指两个网络结点设备之间的数据流向,通常有 3 种通信方向,如图 7.9 所示。

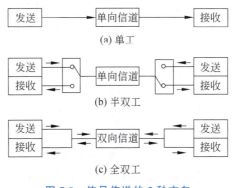

图 7.9　信号传送的 3 种方向

(1) **单工**。信道上数据流向是单方向的,数据只能向一个方向流动。通信时,一方只能发送,另一方只能接收。传统的电视系统就是典型的单工方式,电视台发送信号,电视机接收信号,通信方向不可逆转。

(2) **半双工**。在同一时刻,通信双方只能有单一方向的数据流向,一方要么处于发送状态,要么处于接收状态,不能同时又发送又接收。可以将半双工看成可切换方向的单工通信,从某一时刻看是单工的,从总体上看是双工的。步话机是典型的半双工方式,一方说话时另一方只能接收,双方可以轮流说话。

(3) **全双工**。在同一时刻,通信双方有两个方向相反的数据流向,任何一方都可以一边发送数据一边接收数据,允许数据在两个方向上同时传输,在能力上相当于两个单工通信方式的结合。电话是典型的全双工方式,通话双方可以同时说话,两边都听得到对方说话。

显然,全双工方式是最有效、最快速的双向通信方式,但要求通信信道有足够的带宽。全双工通信在计算机通信系统中被广泛使用。

要想寻址,必须要有地址,在任何一个通信网络上,每个结点都需要有规范的、可查询的地址标识。任何接入通信网络的终端 A,如果需要从通信网络的另一个终端 B 获取信息,必须知道 B 所在的位置,这个位置就是地址。

> 在各种通信手段中,应用了各种各样的通信地址。例如,要给某个人邮寄礼物,要知道对方的邮政编码和详细地址;要给某个人打电话,要知道对方的电话号码;要给某个人发邮件,要知道对方的邮箱地址;要浏览某个网站,要知道这个网站的 WWW 地址。

为保证信息传输的正常进行,网络中的每一个主机都有一个物理地址,也称为硬件地址或 **MAC 地址**(Media Access Control Address,介质访问地址)。MAC 地址是一个全局地址,而且要保证世界范围内唯一。主机的 MAC 地址实际上是其联网所用的网卡上的地址,通常每一块网卡都带有一个全球唯一的 6 字节(48 个二进制位)地址。为保证唯一性,网卡的生产厂商要向 IEEE 的注册管理委员会购买地址的前 3 字节,作为生产厂商的唯一标识,后 3 字节由生产厂商自行分配,并在生产网卡时固化在 ROM 中。

IP 地址是某台主机(包括路由器和交换机)在 Internet 上的唯一标识,IP 地址的分配和管理由全球唯一的 IP 网地址管理机构——互联网名称和数字地址分配机构(ICANN)负责。IP 地址是一个 32 位的二进制数字,用二进制直接表示 IP 地址非常烦琐和令人费解,于是,人们采用 4 段数字,每一段数字就是 8 位二进制数字,并且用十进制表示,就是 0~255。一个 IP 地址可以表示为 211.99.34.33。

通过 IP 地址可以访问互联网上的任何主机,但记住这些数字串很令人头疼,于是互联网采用 IP 地址翻译将 IP 地址翻译成域名,这个 IP 地址翻译就是 DNS(域名解析体系)服务器。域名类似于写信时写在信封上的地址,如省名、城市名、区名和门牌号等,有一定的层次性。DNS 将 IP 地址自左向右分成 3~4 段,分别用字符表示主机名、网络名、机构名和最高域名,其中,最高域名是第一级域名,一般是代表国家和地区的名称,如 cn 表示中国、uk 表示英国、us 表示美国。机构名称是第二级域名,通常是代表组织或城市名称,如 com 表示商业组织、edu 表示教育机构、gov 表示政府部门、org 表示社会团体等。

有了地址标识,还要有找到地址的方法。数据从一个通信结点到达另一个通信结点的路径选择过程称为**路由**,完成路由选择的设备称为路由器。数据到达路由器后,路由器从数据的分组结构中取出源地址和目的地址,与路由器中存储的路由表进行对照,定位出口并将数据传送到该出口。通常在路由表中,一个目的地址可能有多个出口,如图 7.10 所示,路由器会根据某个规则(注意,规则很多并且很复杂)实现转发机制,并实现负载均衡。

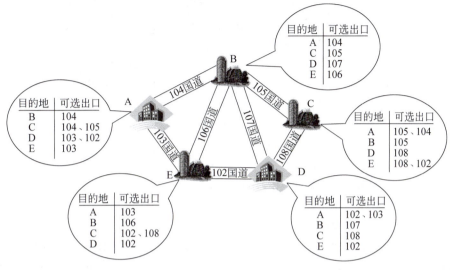

图 7.10　路由选择的关键——路由表

思考题

1. 为什么有那么多通信协议?如何保证这些协议是兼容的?
2. 美国和中国之间隔着浩瀚的太平洋,是通过什么信道进行数据传输的?
3. 在数据报交换方式中,所有分组一定能按发送顺序到达目的地吗?为什么?
4. 既然两台主机之间有了 MAC 地址,为什么还要设置 IP 地址?为什么上网浏览信息,还要用域名地址?为什么会有这么多地址?

7.2　计算机网络

21 世纪是一个以网络为核心的信息时代,计算机网络提供的应用服务从电子邮件到网络会议、从即时通信到网络博客、从网络游戏到网络主播、从网上购物到电子商务等,已经渗透到社会生活的各方面,发挥着越来越重要的作用。

7.2.1　计算机网络的拓扑结构

<u>计算机网络</u>是把分布在不同地理位置的、具有自主功能的多个计算机系统通过各种通信介质和通信设备连接起来,实现信息交换、资源共享或协同工作的计算机集合。这个定义包含了以下三重含义。

(1) 一个计算机网络包含了多台具有自主功能的计算机。所谓具有<u>自主功能</u>,指的是这些计算机若离开了网络也能独立运行。

(2) 这些计算机之间是相互连接的,连接所使用的通信介质可以是有线的,也可以是无线的。除了通信介质,连接还需要各种通信设备。

（3）连接计算机的目的是进行信息交换、资源共享或协同工作,可以使分散在不同地理位置的计算机之间相互通信,可以共享网络上的各种软硬件资源,可以借助网络中的多台计算机协作完成大型的信息处理任务。

从是否需要连接电缆的角度,可以将计算机网络分为无线网和有线网。根据覆盖范围的大小,可以将计算机网络分为局域网、城域网、广域网,另外,当多个国家的计算机网络互联到一起时,就形成了更大的计算机网络——互联网。

> 人类社会发展过程中几个关键的网络：水网——西亚的两河流域、古印度的两河流域、中国的黄河流域,孕育了光辉、灿烂的古代文明；路网——古代的驿路、驿站,当代的公路、铁路和航路,使人与人之间的沟通越来越容易；通信网——电话网、互联网等通信网的发展使人类进入新的历史阶段。

计算机网络的拓扑结构指网络中的计算机、网络设备与通信线路之间的几何位置关系。常见的计算机网络拓扑结构可以分为总线型、环型、星型和网状型,实际使用的拓扑结构多是这 4 种结构及其衍生或组合。

总线型网络拓扑结构如图 7.11(a)所示,所有网络设备都连接到一条公共传输线(称为总线)上。总线型结构的主要优点是结构简单、联网方便、易于扩充、成本低,缺点是实时性较差。

环型网络拓扑结构如图 7.11(b)所示,所有网络设备构成一个闭合环,数据沿着一个方向绕环逐点传送。环型结构的主要优点是结构简单、路径选择方便,缺点是可靠性较差、网络管理较复杂。

星型网络拓扑结构如图 7.11(c)所示,所有网络设备之间的通信都通过中心设备,通常用交换机作为中心设备。星型结构的主要优点是结构简单、联网方便、易于控制和管理,缺点是中心结点负担较重、可靠性较差。目前星型结构广泛应用在局域网中。

网状型网络拓扑结构如图 7.11(d)所示,每个网络设备至少有两条线路和其他网络设备相连。网状型结构的可靠性高,即使一条线路出现故障网络仍能正常工作,但网络控制和管理较复杂,一般用于广域网。

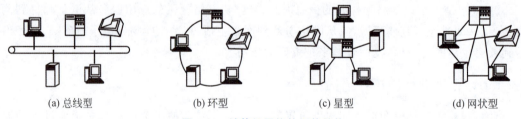

(a) 总线型　　　　(b) 环型　　　　(c) 星型　　　　(d) 网状型

图 7.11　计算机网络的拓扑结构

7.2.2　计算机网络的基本组成

计算机网络由两部分组成：网络硬件系统和网络软件系统,如图 7.12 所示。网络硬件系统是计算机网络的物质基础,包括主机系统、传输介质、网络接口设备、网络互联设备等硬件。网络软件系统包括网络操作系统、网络通信及协议、网络管理软件以及网络工具软件,各种网络服务软件和应用软件也属于网络软件系统。

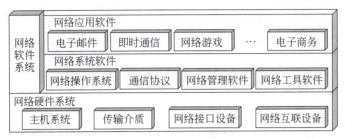

图 7.12　计算机网络的基本构成

主机即各种计算机，是构成网络的主体，根据其功能和作用又可分为服务器和工作站。服务器是可以提供网络服务的计算机，常用的网络服务包括文件服务、打印服务、通信服务、电子邮件服务、WWW 服务等。根据配置的高低，服务器可以分为低端服务器和高端服务器，低端服务器通常是 PC 服务器，高端服务器通常是具有高速处理能力和较大存储容量的高性能计算机。工作站是用户使用的一般计算机，工作站不为其他计算机提供服务，但相互之间可以进行通信和信息交换。

传输介质是将网络设备连接起来的通信线路，包括双绞线、同轴电缆、光纤等有线介质和卫星、微波等无线介质，不同传输介质的信号传播方式和速率不同。

网络接口指网络设备的各种接口，常用的网络接口是以太网接口。常见的以太网接口类型有 RJ-45 接口、RJ-11 接口、SC 光纤接口、FDDI 接口、AUI 接口、BNC 接口、Console 接口等。网卡是连接计算机与网线之间的硬件设备。网卡负责并行数据与串行数据的转换，控制网线上传输的数据流量，同时将计算机的内部信号放大，以便信号可以在网络上传输。

网络连接设备是把网络中的通信线路连接起来的各种设备的总称，这些设备包括中继器、集线器、交换机和路由器等。集线器的主要功能是作为网络的集中连接点，因此被形象地称为 Hub（Hub 在英语里是港湾的意思）。集线器是一个多端口的信号放大设备，当一个端口接收到信号时，集线器将该信号进行放大再转发到其他所有处于工作状态的端口。交换机与集线器类似，也被作为一种网络集中连接设备，但是交换机能够根据信号的目的地址将信号转发到指定端口，而且多个端口可以并发通信，能够进行软件设置实现较为复杂的网络管理功能。随着交换机价格不断下降，集线器已经逐渐被交换机所取代。将不同的网络进行连接构成更大的计算机网络，就需要使用路由器作为网络互联设备。一个网络中的信息要传送到另一个网络，必须借助路由器的转发。路由器是处理路由的专用设备，实际上也是一个计算机，路由器运行一个专用程序，决定收到的信息向哪个路由器转发，这也是路由器这个术语的由来。

与软件和硬件的关系一样，如果没有网络软件，网络硬件的存在就毫无价值。网络软件是实现网络功能不可缺少的部分，主要包括网络操作系统、各种网络协议、网络管理软件和网络应用软件等。

网络操作系统是网络用户和计算机网络之间的操作接口，也就是说，用户通过网络操作系统使用计算机网络资源。网络操作系统除了具有单机操作系统的功能外，还应该支持网络通信、网络资源共享以及其他网络服务功能。目前常用的网络操作系统有 Windows、

UNIX、Linux 和 Netware 等。

网络协议是计算机网络中各部分之间传输信息所必须遵守的一组规则和约定,如 TCP/IP、IEEE 802 等。

网络管理软件负责监视和控制网络的运行情况,对网络资源进行管理和分配,包括性能管理、配置管理、故障管理、计费管理、安全管理、运行状态监视与统计,如设备和线路是否正常、网络流量及拥塞程度等。

网络应用软件是为各种网络应用而开发的软件,可以提供专门的服务,例如支持访问共享资源的软件,包括访问万维网、远程登录服务、访问网络文件等;支持远程通信的软件,包括电子邮件、即时通信、网络会议等;支持网上事务处理的软件,包括电子商务、电子政务、电子银行、远程教育、远程医疗等。

7.2.3 网络体系结构

计算机网络是一个十分庞大而复杂的系统,从系统思维的角度,将一个复杂系统分解为若干容易处理的子系统,然后分而治之,这是计算机学科的典型方法。

网络体系结构是层次化的系统结构,其实质是将大量的、各种类型的协议合理地组织起来,并按功能进行逻辑分层,相邻层之间提供接口,每一层都通过接口直接使用其低层提供的服务,完成自身的功能,然后向其高层提供"增值"服务。在网络体系结构中,每一层都对上层屏蔽实现协议和服务的具体细节,这样,网络的体系结构就能做到与具体的物理实现无关,哪怕连接到网络中的主机或终端的型号和性能各不相同,只要它们共同遵守相同的协议就可以实现相互通信,从而构成开放的网络系统。

著名计算机科学家坦南鲍姆(A.S.Tanenbaum)举了一个生动的例子,可以帮助我们很好地理解网络体系结构以及对等层的虚拟通信、协议、相邻层间的接口和提供的服务这些抽象的概念:一位肯尼亚的哲学家和一位印度尼西亚的哲学家进行通话,他们位于最高层,例如第三层。由于他们使用不同语言不能直接通话,因而,他们各自请了一个翻译,将他们各自的语言翻译成两个翻译都懂的第三国语言,因此,翻译在哲学家的下一层,也就是第二层,他们向第三层提供语言翻译服务。两个翻译使用共同的语言进行交流,但是,他们一个在非洲,一个在亚洲,还是不能直接对话。于是,两个翻译各需要一个工程技术人员,按事先约定的方式将交谈的内容转换成电信号通过物理传输介质传送至对方。因此,工程技术人员就在最下一层,即第一层,他们都知道如何按约定的方式将语言转换成电信号,为上一层的翻译人员提供传输服务,如图 7.13 所示。

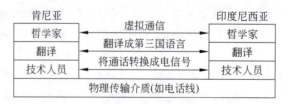

图 7.13 网络体系结构的分层模型

在这个例子中有三个不同的层次,从下至上不妨称为传输层、语言层和认识层。在认识层上对话的两个实体即两个哲学家,只意识到他们之间在进行通话,这种通话能够进行的前提是他们对所交谈的内容有共同的兴趣和认识,抽象地说就是遵循共同的认识层协议。但是,他们之间的交谈并不是直接进行的,所以称为虚拟通信。这种虚拟通信是通过语言层的翻译提供的语言翻译服务以及翻译之间的交谈来实现的,抽象地说,就是上一层的虚拟通信是通过下一层接口提供的服务以及下一层的通信来实现的。语言层的两个翻译都必须将通话翻译成共同懂得的第三国语言,这个第三国语言就可以看作语言层的协议,抽象地说,就是对等层的通信必须遵循协议。翻译之间的通信也是虚拟的,是通过传输层的工程技术人员提供的服务以及传输层的通信来实现的。传输层的工程技术人员之间也需要遵循他们之间的协议将语言转换为电信号,真正的通信是由电信号在物理媒体上进行的。

开放系统互联参考模型 OSI 由国际标准化组织制定,是一个标准化的、开放的计算机网络层次结构模型。OSI 模型由 7 层组成,自下而上依次为物理层、数据链路层、网络层、传输层、会话层、表示层和应用层,如图 7.14 所示。各层的主要功能如下。

(1) **应用层**:提供与用户应用有关的功能,如网络浏览、电子邮件等。

(2) **表示层**:为应用层提供服务,向应用层解释来自会话层的数据,解决格式和数据表示的差异,如数据格式转换、代码转换等。

(3) **会话层**:进行高层通信控制,在逻辑上负责数据交换的建立、保持和终止,为不同计算机上的用户建立会话关系并负责纠正错误,如出错控制、会话控制等。

(4) **传输层**:从会话层接收数据,为会话层的请求创建网络连接,把报文(一次网络传输的任务)分成较小的单元进行传输,并确保到达对方的各单元信息准确无误。

(5) **网络层**:将报文进行分组,并确定每一分组从源端到目的端的路由选择和流量控制。

(6) **数据链路层**:建立、维持和释放数据链路,它将网络层的分组组成若干数据帧并负责将数据帧无差错地进行传递。

(7) **物理层**:为数据链路层实体之间的物理连接提供、维护和释放物理线路所需的机械、电气及功能特性。

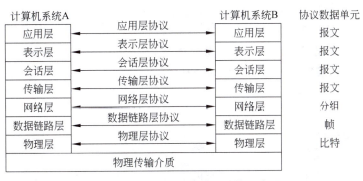

图 7.14 OSI 模型网络体系结构示意图

7.2.4 TCP/IP 协议

TCP/IP 协议起源于美国 ARPANET,因两个主要协议 TCP 和 IP 而得名,实际上,我们常说的 TCP/IP 协议是众多独立协议的集合。TCP/IP 是因特网赖以存在的基础,连入因特网的计算机必须遵循 TCP/IP 才能进行通信。有意思的是,尽管 TCP/IP 不是国际标准化组织（ISO）的标准，但它是网络上既成事实的工业标准，所以，国际标准化组织在制定 OSI 体系结构时也参照了 TCP/IP 协议体系及其分层思想。

TCP/IP 协议体系同样按照分层的概念描述网络的功能，自下而上依次为物理层、网络层、传输层和应用层，每一层都有若干协议支持该层的功能。图 7.15 给出了 TCP/IP 的协议集。各层的主要功能如下。

应用层	HTTP、SMTP、FTP、Telnet…
传输层	TCP、UDP
网络层	IP
物理层	LAN、MAN、WAN

图 7.15　TCP/IP 协议集

（1）**应用层**。对应 OSI 模型的应用层，为用户提供各种网络应用程序及应用层协议，如 HTTP 实现 Web 文档的请求和传送；STMP 实现电子邮件的传输；FTP 实现文件传输等。

（2）**传输层**。对应 OSI 模型的表示层、会话层和传输层，提供应用层之间的通信，使两个网络结点之间可以进行会话。主要包括 TCP 和 UDP，TCP 协议提供可靠的面向连接的传输服务，UDP 协议提供简单高效的无连接服务。

（3）**网络层**。对应 OSI 模型的网络层，解决两个不同的计算机之间的通信问题。网络层是 TCP/IP 分层模型的关键部分，IP 是 TCP/IP 协议的核心，定义了 IP 数据包的格式以及若干路由协议。

（4）**物理层**。对应 OSI 模型的数据链路层和物理层，负责接收数据并把数据发送到指定网络上，可以支持各种采用不同拓扑结构、不同传输介质的底层物理网络。

采用 TCP/IP 的通信过程是：计算机 A 中的应用程序将本机的信息代码按照一定的标准格式进行转换，并将其传送到传输层；传输层通过 TCP 将应用程序的信息分解打包，并将这些包发送到网络层；网络层将收到的数据装配成 IP 包，然后通过 IP、IP 地址和 IP 路由将 IP 包传送给与之通信的计算机 B；计算机 B 收到 IP 包后根据 IP 将 IP 包中的数据传送给传输层；传输层根据 TCP 取出数据，送给计算机 B 的应用程序。这样，通过 TCP/IP 就实现了双方的通信。

思考题

1. 你所在学校的校园网采用哪种网络拓扑结构？
2. OSI 参考模型为什么将网络体系结构分为 7 层？分层越多越好吗？
3. TCP/IP 不是国际标准化组织制定的标准，但它是网络上既成事实的工业标准，这说明了什么？

7.3　信息安全

随着计算机技术的不断发展和计算机网络的广泛应用，信息安全问题已经从一个单纯的技术问题上升到关乎社会经济乃至国家安全的战略问题，上升到关乎人们的工作和生活的重大问题。

7.3.1　常见的信息安全问题

网络安全指网络系统的硬件、软件及其系统中的数据受到保护，不因偶然的或者恶意的原因而遭到破坏、更改、泄漏，系统连续可靠正常地运行，网络服务不中断。国际标准化组织

(ISO)对于 信息安全 给出的定义是：为数据处理系统建立和采取的技术及管理保护,保护计算机硬件、软件、数据不因偶然及恶意的原因而遭到破坏、更改和泄露。信息不一定存在于网络空间中,因此,信息安全的外延非常大,一切可能造成信息泄露、信息被篡改、信息不可用的场景,都包含在信息安全的范围之内。信息安全主要包括以下5方面的内容：信息的保密性、真实性、完整性、未授权复制和所寄生系统的安全性。

随着计算机网络特别是因特网的不断普及,网络安全问题越来越严重。黑客阵营悄然崛起,网上传播的病毒时刻都在威胁着用户数据和计算机系统,系统的安全漏洞已经被越来越多的专业人士知道。常见的网络安全问题有以下几类。

（1）病毒。计算机病毒是一种人为蓄意制造的、以破坏为目的的程序,它寄生于其他应用程序或系统的可执行部分,通过部分修改或移动程序,将自我复制加入其中,或占据宿主程序的部分而隐藏起来,在一定条件下发作,破坏计算机系统。之所以将其称为病毒,是因为它具有生物病毒的某些特征——破坏性、传染性、寄生性和潜伏性。病毒与计算机相伴而生,因特网更是病毒滋生和传播的温床。从早期的小球病毒到引起全球恐慌的梅丽莎和CIH,病毒一直是计算机系统最直接的安全威胁。

（2）木马。木马是在执行某种功能的同时进行秘密破坏的一种程序。木马程序经常在共享网络上传递,当一个不知情的人下载和运行木马程序时,可能会删除文件、改变数据、将一些重要的文件发送出去、在当前主机上设置一些后门或产生其他破坏作用。木马可以完成非授权用户无法完成的功能,也可以破坏大量数据。

> 计算机领域的"木马"这个名词来源于古希腊神话。希腊攻打特洛伊城,由于特洛伊军队骁勇善战,希腊人一直无法打败他们。经过一场激烈的战斗后,希腊人假装撤退,并留下一只大木马。特洛伊人将木马当成战利品抬入城内。到了夜晚,当特洛伊人庆祝胜利时,躲在木马中的希腊勇士趁大家不注意打开城门,大批的希腊军队蜂拥而入,打败了特洛伊军队。

（3）黑客。在20世纪70年代末,斯坦福大学和麻省理工学院的分时系统吸引了一个由计算机狂热者组织的非正式的社会团体,这些人自称为黑客(hacker),他们喜欢研究计算机系统的细节并针对系统漏洞编写程序。黑客在极大程度上聪明、偏执、狂热,但不会破坏计算机系统,事实上,许多早期的黑客实际上都是微型计算机体系结构的设计者。骇客(cracker)指怀着不良企图,闯入甚至远程破坏计算机系统的人。骇客利用获得的非法访问权拒绝合法用户的服务请求,窃取或破坏重要数据,甚至进行网络敲诈。有些人可能既是黑客也是骇客,这种人的存在模糊了对这两类群体的划分,在多数人看来,黑客就是骇客。因此,一般情况下, 黑客 指通过网络非法进入他人系统,截获或篡改计算机数据,危害信息安全的计算机入侵者或入侵行为。随着计算机网络在政府、军事、金融、医疗、交通、电力等各个领域发挥的作用越来越大,黑客的各种破坏活动也随之猖獗。

（4）系统的漏洞和后门。操作系统和网络软件不可能完全没有缺陷和漏洞,TCP/IP中也可能有被攻击者利用的漏洞,这些缺陷和漏洞恰恰是黑客进行攻击的首选目标。另外,软件的后门通常是软件公司编程人员为了自便而设置的,一般不为人所知,而一旦后门被打开,造成的后果将不堪设想。

(5) 内部威胁和无意破坏。 事实上,大多数威胁来自企业内部人员的蓄意攻击,大部分计算机罪犯是那些能够进入计算机系统的职员。此外,一些无意失误,如丢失密码、疏忽大意和非法操作等都可能对网络造成极大的破坏。据统计,此类问题在网络安全问题中的比例高达 70%。

7.3.2 信息加密

所谓**信息加密**就是使用数学方法来重新组织、变换数据,使得除了合法的接收者之外,其他任何人都不能恢复被加密的信息,从而达到信息隐藏的作用。换言之,即使加密信息被窃取,非法用户得到的是一堆杂乱无章的数据,而合法用户通过解密处理,可以恢复被加密信息。任何一个加密系统都是由明文、密文、密钥和加密算法组成的,加密前的信息称为**明文**,加密后的信息称为**密文**。**加密**是将明文变成密文的过程,**解密**是将密文变成明文的过程,加密和解密所采取的变换方法称为**加密算法**。为了有效地控制加密和解密过程的实现,在处理过程中要有通信双方掌握的专门信息的参与,这种专门的信息称为**密钥**。

> 信息的保密性可以根据信息的重要程度及保密要求分为不同的密级,例如,国家根据秘密泄露对国家经济、安全利益等产生的影响(或后果)不同,将国家秘密分为秘密、机密和绝密三个等级。

按照收发双方密钥是否相同,可以将加密算法分为对称加密(也称为单钥密码体制)和非对称加密(也称为双钥密码体制)。

1. 对称加密

在对称加密中,信息的加密和解密使用同一密钥,如图 7.16 所示。对称加密的优点是安全性高、加密速度快,缺点是密钥的传输和管理,尤其在网络上很难做到在绝对秘密的安全信道上传输密钥,而且在网络上无法解决消息确认和自动检测密钥泄露问题。

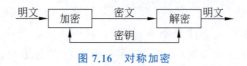

图 7.16 对称加密

一种简单的对称加密算法是恺撒加密,因朱迪斯·恺撒在其政府的秘密通信中使用而得名。恺撒加密的基本思想是给定一个字母表和一个密钥 key,将明文中的每个字母在字母表中向后移动 key 个位置得到密文。例如,假设字母表为英文字母表,key 等于 3,则明文 computer systems 会被加密为 frpsxwhu vbvwhpv。恺撒密码的解密是逆向的加密,也就是将密文中的每个字母在字母表中向前移动 key 个位置即可得到明文。例如,用同一个密钥 key 将密文 frpsxwhu vbvwhpv 解密为 computer systems。

比较常用的对称加密算法有美国的 DES 及其各种变形和欧洲的 IDEA。DES 是一种分组加密,将明文分为 64 位的分组,使用 64 位的密钥,对每一个分组反复使用替代和换位技术实现加密过程。

1972年和1974年,美国国家标准局(NBS)先后两次向公众发出了征求加密算法的公告,1977年1月,美国政府采纳了IBM公司设计的数据加密方案DES作为非机密数据的正式数据加密标准,后来又被国际标准化组织采纳为国际标准,是世界上最早的实用密码算法标准。

2. 非对称加密

在非对称加密中,信息的加密和解密使用不同密钥,参与加密过程的密钥公开,称为公钥,参与解密过程的密钥为用户专用,称为私钥,两个密钥必须配对使用,如图7.17所示。

图7.17 非对称加密

比较常用的非对称加密算法有RSA算法、背包算法等。RSA算法的工作原理如下:首先取两个质数,如 $p=11,q=13$,计算 $n=p×q=143$;其次计算 $z=(p-1)×(q-1)=120$;再选取一个与 z 互质的数 e,如 $e=7$;计算 d,满足 $(e×d) \bmod z=1$,如 $d=103$。则 (n,e) 和 (n,d) 分别为公钥和私钥。

设X要将信息 $s=85$ 传送给Y,X已经知道Y的公钥是 $(143,7)$,于是X计算加密后的信息值 $c=s^e \bmod n=85^7 \bmod 143=123$,然后将 c 传送给Y,Y用只有自己知道的私钥 $(143,103)$ 计算 $s=c^d \bmod n=123^{103} \bmod 143=85$,得到明文。

Y向公众提供了公钥,密文 c 又是通过公用信道传送的,其安全性何在?回答是:只要 n 足够大,例如512比特, p 和 q 的位数差不多,任何人只知道公钥是无法计算出私钥的,RSA算法基于一个十分简单的数论事实:将两个很大的质数相乘十分容易,但是将这个乘积分解因子却极端困难,因此可以将乘积公开作为加密密钥。

非对称加密(RSA)算法是由R. Rivest、A. Shamir和L. Adleman于1978年提出的,RSA就来自于这三位发明者姓的第一个字母。1982年,他们创办了以RSA命名的公司和实验室,该公司和实验室曾经在双钥密码体制的研究和商业应用推广等方面占有举足轻重的地位。

7.3.3 数字认证

数字认证既可用于对用户的身份进行确认和鉴别,也可用于对信息的真实可靠性进行确认和鉴别,以防止冒充、抵赖、伪造、篡改等问题。数字认证技术涉及身份认证、数字签名、数字时间戳、数字证书和认证中心等,下面介绍身份认证和数字签名。

1. 身份认证

身份认证是一种使合法用户能够证明自己身份的方法,是计算机系统安全保密防范最基本的措施。主要的身份认证技术有以下三种。

(1) 口令验证。口令验证是常用的一种身份认证手段,使用口令验证的最大问题就是口令泄露。口令泄露可以有多种途径,例如,登录时被他人看见,攻击者从存放口令的文件中读取,口令可能被攻击者猜测出等。

> 美国贝尔实验室研究发现,用户一般都会选择自己居住的城市名或街道名、门牌或房间号码、汽车号码、电话号码、出生年月日等作为口令,这些口令被猜测出来的可能性超过 85%。

(2) 身份标识。身份标识是用户携带用来进行身份认证的物理设备,例如,存储用户身份的磁卡存储着关于用户身份的一些数据,用户通过读卡设备向联网的认证服务器证明自己的身份。

(3) 生物特征标识。人类的某些生物特征具有很高的个体性和防伪造性,如指纹、视网膜、耳廓等,世界上几乎没有任何两个人是一样的,因而这种验证方法的可靠性和准确度极高。

2. 数字签名

签名主要起到认证、核准和生效的作用,例如日常生活中从银行取款等事务的签字等,传统上都采用手写签名。手写签名有两个作用:一是自己的签名难以否认,从而确定已签署这一事实;二是因为签名不易伪造,从而确定了事务是真实的这一事实。随着信息技术的发展,人们可以通过计算机网络进行快速、远距离的事务活动,数字签名应运而生。数字签名与日常生活中的手写签名效果一样,它不但能使信息接收者确认信息是否来自合法方,而且可以为仲裁者提供信息发送者对信息签名的证据。数字签名主要通过加密算法和证实协议实现。例如,利用 RSA 算法进行数字签名的过程如下:

假设 Y 要向 X 发送能够证明 Y 身份的信息 m,必须让 X 确信该信息是真实的,是由 Y 本人发出的。为此,Y 用自己的私钥 (n,d) 计算 $s=m^d \bmod n$,建立了一个数字签名,通过公用信道发送给 X,X 使用 Y 的公钥 (n,e) 对收到的 s 进行解密 $s^e \bmod n = m$,这样 X 经过验证,知道信息 s 确实代表了 Y 的身份,只有他本人才能发出这一信息,因为只有他自己知道私钥 (n,d),其他任何人即使知道 Y 的公钥 (n,e),也无法猜测或计算出 Y 的私钥来冒充他的签名。

7.3.4 网络检测与防范

任何一台计算机都是有漏洞的,用户在使用计算机的过程中也会由于各种原因产生漏洞,防范网络漏洞的常用方法有设置防火墙、安装杀毒软件、进行入侵检测等。

防火墙是一种用来加强网络之间访问控制的特殊网络互联设备,它对网络之间传输的数据包和链接方式按照一定的安全策略进行检查,以此决定网络之间的通信是否被允许。防火墙能有效地控制内部网络与外部网络之间的访问及数据传送,从而达到保护内部网络的信息不受外部非授权用户的访问和过滤不良信息的目的,防火墙对内部网络的保护作用如图 7.18 所示。防火墙作为内部网络和外部网络之间的一道安全屏障,应该具有以下特性:①所有在内部网络和外部网络之间传输的数据必须经过防火墙;②只有被授权的合法数据即防火墙系统中安全策略允许的数据可以通过防火墙;③理论上说,防火墙本身应该不受各种攻击的影响。

图 7.18　防火墙对内网的保护作用

> 防火墙这个术语源于生活中的一项安全措施。古时候，人们常在寓所之间砌起一道砖墙，一旦发生火灾，这道砖墙能够阻止火势蔓延到别的寓所。

防火墙的工作原理是，如果外网的用户要访问内网的 WWW 服务器，首先由分组过滤路由器来判断外网用户的 IP 地址是不是内网所禁止使用的。如果是禁止进入结点的 IP 地址，则分组过滤路由器将会丢弃该 IP 包；如果不是禁止进入结点的 IP 地址，则这个 IP 包不是直接被送到内网的 WWW 服务器，而是被送到应用网关，由应用网关来判断发出这个 IP 包的用户是不是合法用户。如果该用户是合法用户，该 IP 包才能被送到内网的 WWW 服务器去处理；如果该用户不是合法用户，则该 IP 包将会被应用网关丢弃。这样，就可以通过设置不同的存取控制策略来实现不同的网络安全策略。

入侵检测指主动从计算机网络系统中的若干关键点收集信息并分析这些信息，确定网络中是否有违反安全策略的行为和受到攻击的迹象，并有针对性地进行防范。入侵检测的结果可以帮助人们发现网络系统中存在的脆弱性，便于安全策略的修正。可见，入侵检测是对入侵行为的发觉，它的作用是发现那些已经穿过防火墙进入内网或是计算机内部的黑客，而不是阻止黑客的攻击。完成入侵检测的软硬件系统就是入侵检测系统，它被设置在防火墙的后面，作为外网与内网之间的第二道屏障，如图 7.19 所示。

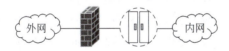

图 7.19　入侵检测的位置

入侵检测技术主要基于误用检测和异常检测。误用检测也称特征检测，是按照预先模式搜寻与已知特征相悖的事件，因此，误操作引起的事件很容易被发现。异常检测是将正常用户的行为特征轮廓与实际用户进行比较，并标识出正常和异常的偏离，因此，异常事件很容易被发现。此外，还有免疫系统法、遗传算法、基于代理检测和数据挖掘等方法。

思考题

1. 你认为黑客都是掌握较高计算机技术的高手吗？为什么？

2. 对称加密的安全性取决于密钥是否被泄露，是否能以猜测的方式猜出对称加密的密钥？

3. 数字签名是由用户操作计算机来完成的，如果一个非法用户操作计算机完成数字签名，这个合法用户该如何澄清真相呢？

4. 既然防火墙能够保护内部网络，为什么内部网络还会病毒泛滥，还会频繁地遭受黑客的攻击？

阅读材料——我国因特网的起源和发展

  1989年,中国科学院、清华大学、北京大学经过竞争,获得世界银行贷款,分别建设中科院、清华、北大网。1990年4月,中关村地区教育与科研示范网NCFC启动,1992年,该网建成,实现了中国科学院与北京大学、清华大学三个单位的网络互联。1994年4月,NCFC通过美国SPRINT公司以64Kbps连入国际因特网,NCFC是连入因特网的第71个国家级网。从此,我国开始了大规模的信息化建设和因特网级的对外开放。到目前为止,中国接入因特网的四大主干网分别是面向教育和科研单位的CERNET、面向商业用户和一般个人用户的CHINANET、面向科研机构的CSTNET和面向国家公用经济信息用户的CHINAGBN。

  1994年10月,以清华大学为首的100个大学联合,启动了组建中国教育和科研计算机网CERNET,1995年12月完成建设任务。CERNET建成包括全国主干网、地区网和校园网在内的三级层次结构的网络,全国网络中心位于清华大学,分别在北京、上海、南京、广州、西安、成都、武汉和沈阳8个城市设立地区网络中心。CERNET是为教育、科研和国际学术交流服务的非营利性网络。

  1995年11月,邮电部(信息产业部)委托美国亚信有限公司和中讯亚信公司承建中国公用计算机互联网CHINANET,1996年6月在全国正式开通。CHINANET是基于Internet网络技术的中国公用Internet网,是中国具有经营权的Internet国际信息出口的互联单位。CHINANET是面向社会公开开放的、服务于社会公众的大规模的网络基础设施和信息资源集合,它的基本建设就是要保证内通外联,即保证大范围的国内用户之间的高质量互通,进而保证国内用户与国际因特网的高质量的互通。

  1995年,在NCFC和中科院网CASNET的基础上,建成了中国科技网CSTNET。CSTNET拥有科学数据库、科技成果、科技管理、技术资料和文献情报等科技信息资源,向国内外用户提供科技信息服务。

  中国金桥网(即国家公用经济信息网)CHINAGBN以光纤、卫星、微波、无线移动等多种信息传播方式,和传统的数据网、电话网和电视网相结合并连入因特网。

  自1993年起,按照纵向业务系统的需要,我国启动了一系列的"金字工程",如信息产业部的金桥工程、金融系统的金卡工程、公安系统的金盾工程、海关系统的金关工程、税务系统的金税工程、卫生系统的金卫工程等,这些金字工程都以计算机网络作为信息基础设施。

  1996年,专家们提出了全球信息基础设施总体构思方案,通信网络进入网络融合发展的历程。随后,以思科公司为代表的设备制造商推出了UC(Uniform Communication,统一通信)的概念,越来越多的厂商宣布支持UC并提供UC的解决方案。

  在融合和统一的主旋律下,出现了3C(计算机、通信和消费电子)融合、三网(广电网、通信网和互联网)融合、ICT(信息技术和通信技术)融合、FMC(固网和移动网)融合、TMT(通信、媒体和新技术)融合……凡此种种,不一而足。

  未来通信是一个大融合时代,未来的通信网络一定会朝着技术融合、业务融合的方向发展,并最终融入人类社会生产生活的每一个角落。然而,未来通信究竟是怎样的?"道可道,非常道",规律总是有的,是可以描述的,但需要我们用心去体会、去描述、去创造。

习题 7

一、选择题

1. 在传送模拟信号时,每隔一定的距离就要通过(　　)来增强信号的强度。
   A. 放大器　　　　B. 中继器　　　　C. 路由器　　　　D. 继电器
2. 调制是把信息装载到载波上的过程,基本的调制方法有(　　)。
   A. 调频　　　　　B. 调幅　　　　　C. 调相　　　　　D. 以上都是
3. IP 地址是一个 32 位的二进制数,通常采用点分(　　)表示。
   A. 二进制数　　　B. 八进制数　　　C. 十进制数　　　D. 十六进制数
4. 通信网络上数据交换的规则称为(　　)。
   A. 协议　　　　　B. 通道　　　　　C. 配置　　　　　D. 传输
5. 计算机网络最突出的优点是(　　)。
   A. 运算精度高　　B. 内存容量大　　C. 运算速度快　　D. 共享资源
6. 在 OSI 参考模型中,处于数据链路层与传输层之间的是(　　)。
   A. 物理层　　　　B. 网络层　　　　C. 会话层　　　　D. 表示层
7. 按照 TCP/IP 协议,接入因特网的每一台计算机都有一个唯一的地址标识,这个地址标识是(　　)。
   A. 主机地址　　　B. 网络地址　　　C. IP 地址　　　　D. 端口地址
8. 黑客行为指(　　)。
   A. 非法闯入计算机系统　　　　　　B. 测试计算机系统的极限
   C. 非法复制软件　　　　　　　　　D. 制造计算机病毒
9. 关于计算机病毒,正确的说法是(　　)。
   A. 计算机病毒可以烧毁计算机的电子器件
   B. 计算机病毒是一种传染力极强的生物细菌
   C. 计算机病毒是一种人为制作的具有破坏性的程序
   D. 计算机病毒一旦产生便无法清除
10. 防止内部网络受到外部网络攻击的主要防御措施是(　　)。
    A. 防火墙　　　　B. 杀毒软件　　　C. 数据加密　　　D. 数据备份

二、简答题

1. 什么是模拟信号?什么是数字信号?
2. 常用的传输介质都有哪些?
3. 什么是路由?简单说明路由的基本过程。
4. 为什么网络体系结构要采用分层模型?
5. 简单说明 TCP/IP 的协议集。
6. 网络互联设备的作用是什么?都有哪些网络互联设备?
7. 举例说明信息加密的过程。
8. 举例说明常见的网络安全问题有哪些?
9. 什么是防火墙?它的主要功能是什么?

三、讨论题

1. 21世纪是数字的时代,各种东西都脱不开"数字"的概念:电视——数字电视已经全面普及;手机——当然是数字的,中国的移动运营商早就告别了模拟网;相机——也都是数码的;空调——都是数控的。你认为数字化的原因是什么?

2. 在20世纪90年代初,手持一部笨拙的"大哥大"是身份、财富、地位、阅历的象征,而现在,从老人到小学生,手机已经成为联络的必备工具,现代通信的高速发展有目共睹。你认为现代通信高速发展的原因是什么?

3. 你每周花费多少时间徜徉在互联网上?都做些什么?那些时间值得付出吗?网络改变了你的社会活动了吗?谈谈你对网络的看法。

4. 照片有多大的所有权?假定一个人把他的照片放到了一个网站上,有人把照片下载并进行了修改,然后再传播到网上,使得照片所有者的名誉受损。那么,这张照片的所有者如何维护他的名誉?

5. 你认为是什么原因促使某些人开发计算机病毒和其他带有破坏性的程序?调查几种病毒的产生过程来证实你的猜测。

6. 《瑞星2006安全报告》将"熊猫烧香"蠕虫病毒列为十大计算机病毒之首,主犯李俊被判刑4年,李俊获减刑出狱后,杭州一家公司想以百万年薪聘请他。你如何看待这个事情?

第 8 章　新技术专题

人工智能、大数据、云计算和物联网是目前计算机技术最前沿的四大领域，人工智能是用计算机实现、扩展和延伸人类智能，大数据和云计算是信息化普及应用的主要技术手段，物联网是最具广泛性的基础应用和切入点。本章主要讨论以下问题。

(1) 什么是人工智能？人工智能的主要研究领域有哪些？
(2) 机器学习、深度学习是近年来的研究热点，如何让计算机具有学习能力？
(3) 什么是大数据？如何对大数据进行处理？
(4) 什么是云计算？云计算如何提供服务？
(5) 什么是物联网？实现物联网的关键技术有哪些？

【情景问题】人与计算机的能力对比

如何判定计算机具有智能？能够对大整数进行快速计算？能够实现复杂的方程求解？能够在词典中进行快速查找？能够在几秒钟内记忆数千个电话号码？能够长期记忆大量数据？如果一个人可以做到这些事情，这个人通常被认为具有"智能"，但这些事情对于计算机来说是微不足道的。

有些事情计算机能比人做得更好，例如，求 100 个 5 位数的和，虽然人用纸和笔也可以得出计算结果，但是要花费很长时间，还可能出错，而计算机却只用不到 1 秒钟就能给出准确的答案。有些事情计算机还远远达不到人类的水平，例如，人可以识别各种各样的桌子，即使是缺少一只桌腿的破桌子；人脑能够对那些残缺的、失真的、变形的事物进行快速识别，而计算机就很难做到这一点；小孩子都可以轻松地将图 8.1 中的字母按照 A 和 B 分类，但是这对计算机来说却不容易做到。

图 8.1　计算机很难识别不同字体和形状的字母

下棋、打牌等是非常能够体现人类智能的竞技性活动，但是，现在计算机能够像人类一样下围棋、打桥牌、玩麻将，甚至手机上都有此类游戏，而且如果一般的游戏者和计算机对弈，获胜的一方常常是计算机。这是否表示计算机也像人类一样具有智能？人工智能与人类智能有什么关系？如何判定机器是否具有智能？

8.1　人工智能

众所周知，计算机是迄今为止最有效的信息处理工具，以至于人们称它为"电脑"。既然计算机和人脑一样都可以进行信息处理，那么是否能让计算机同人脑一样也具有智能呢？

事实上，智能化是继机械化、自动化之后，人类生产和生活中的又一个技术特征，信息化社会的进一步发展必须要有智能技术的支持。

8.1.1 什么是人工智能

要界定计算机是否具有智能，必然要涉及智能的概念，《现代汉语词典》对智能的定义是：智慧和能力。这个定义太笼统了，进一步考察与智能相关的词语有智慧、智力、思维等，智慧是辨析判断、发明创造的能力；智力是人认识、理解客观事物并运用知识、经验等解决问题的能力，包括记忆、观察、想象、思考、判断等；思维是在表象、概念的基础上进行分析、综合、判断、推理等认识活动的过程。从以上定义可以看出，智能是一个难以准确定义的概念，其根本原因在于人类智能的奥秘还没有完全被揭开，没有人确切地知道人脑如何存储和处理知识，如何将事物之间的联系合成信息。

> 智能包括学习能力、理解能力、思维能力、判断能力、推理能力、感知能力、直觉能力、洞察能力、适应能力、下意识的能力等。即使对于哲学家、心理学家和医生来说，智能也是很难被定义和理解的。例如，卓越的数学家也许没有政治远见，优秀的教师也许缺少交际能力。智能令人难以捉摸的特点，正是人类区别于其他物种的主要标志。

从字面上解释，人工智能就是人造智能，是指用计算机模拟或实现的智能。由于智能本身是一个难以准确定义的概念，所以，关于人工智能的严格定义，学术界还没有统一的认识。一般认为，**人工智能**是研究如何使计算机具有智能或如何利用计算机实现智能的理论、方法和技术。

对于如何判定计算机是否具有智能，学术界有两种观点：弱人工智能，强调人类和计算机在结果（即输出）上是等价的，但实现结果的方式可以不同；强人工智能，要求人类和计算机使用相同的内部过程来生成结果，也就是计算机能够以人类的思维方式（如理解、推理、判断、感知等）来处理信息。

弱人工智能的最著名实验就是图灵测试（参见 2.3.2 节），另一个著名实验是西尔勒的**中文屋子**。1980 年，美国哲学家约翰·西尔勒（J. R. Searle）发表了论文《心、脑和程序》，文中他以自己为主角设计了一个假想实验：假设西尔勒被关在一个屋子里，屋子里有序地堆放着足够的汉字字符，而他对中文一窍不通。这时屋外的人递进一串汉语字符，同时还附了一本用英文写的处理汉字的规则（英语是西尔勒的母语），这些规则将递进来的字符和屋子里的字符之间的处理作了形式化的规定，西尔勒按照规则对这些字符进行处理后，将一串新的字符送出屋外。事实上，他根本不知道送进来的字符串就是屋外人提出的"问题"，也不知道送出去的就是"问题的答案"。又假设西尔勒很擅长按照规则熟练地处理汉字符号，而编写规则的人又很擅长编写规则，那么，西尔勒的答案将会与一个地道的中国人做出的答案没有什么不同，但是，能够断言西尔勒真的懂中文吗？真的理解屋外人递进来的汉语字符串的含义吗？西尔勒借用语言学的术语非常形象地揭示了中文屋子的深刻寓意：形式化的计算机仅有语法，没有语义，因此，他认为机器永远也不可能代替人脑，而只是从功能的角度来判定机器是否具有思维，也就是从行为角度对机器思维进行定义。

与西尔勒的观点截然相反的是以赫伯特·A. 西蒙（Herbert. A. Simon）和纽厄尔

(A.Newell)为代表的符号主义。符号主义认为：认知是一种符号处理过程，人类思维过程也可以用某种符号来描述。但是这种方法至少有三个关键问题很难解决。

(1) 许多人不知道怎样表达自己如何做事，人类的智能包含了下意识、瞬间的洞察力，以及其他一些人类很难理解或不能理解的智力活动。

(2) 人脑的结构与计算机的部件之间存在巨大的差别，人脑可以将复杂的工作分为许多细小、简单的部分，并同时完成这些简单的部分，这种并行处理的能力，即使是最强大的超级计算机也不能完全具备。

(3) 机器做事情的最佳方法与人类做这些事情时所用的方法往往不同，例如，在怀特兄弟发明飞机之前，所有的发明家都没有能够制造出飞行器，因为他们只是试图模拟鸟类，而没有发挥机器本身的特性。

由于人们对心理学和生物学的认识还很不成熟，对人脑的结构还没有真正了解，更无法建立起人脑思维完整的数学模型，此外，知识的复杂性和不完整性、推理的时空爆炸性等困难限制了符号智能的发展，因此，到目前为止，思维就是符号计算的思想没有实质性的突破。

> 西蒙(Herbert A.Simon,1916—2001年)出生于美国密尔沃基，1936年获得芝加哥大学的学士学位，之后从事了几年编辑和行政工作，1943年获得芝加哥大学政治学博士学位。西蒙是一个博学多才的人，他的博士学位是政治学，却获得了诺贝尔经济学奖，在计算机科学、心理学和哲学等领域也有突出的贡献。1988年，ACM为西蒙和纽厄尔在人类问题求解方面所做的贡献授予图灵奖。

8.1.2 人工智能的研究领域

人工智能研究在很多领域都取得了巨大的成绩，构建了许多具有智能的计算机环境和应用系统，例如实用的专家系统、可代替人做某些工作的机器人、能够战胜世界级围棋大师的计算机、实用的机器翻译系统等。下面介绍当前几个主要的研究和应用领域。

1. 机器博弈

下棋、打牌、竞技、战争等竞争性智能活动称为**博弈**。机器博弈是人工智能最早的研究领域之一，而且一直经久不衰。博弈为人工智能提供了一个很好的实验领域，机器博弈是对机器智能水平的测试和检验，人工智能中的许多概念和方法都是从博弈中提取出来的。

> 1913年，数学家策梅洛(E.Zermelo)在第五届国际数学会议上发表的论文《关于集合论在象棋博弈理论中的应用》中，第一次把数学和象棋联系起来，从此，现代数学出现了一个新的理论——博弈论。1950年，香农发表了论文《国际象棋与机器》，第一次详细地阐述了用计算机编制下棋程序的可能性。

人工智能大多以下棋为例来研究博弈规律，并研制出一些很著名的博弈程序。例如，1997年5月，IBM公司研制的"深蓝"与当时蝉联12年世界冠军的国际象棋大师卡斯帕罗夫对弈，以3.5∶2.5的战绩获胜；2016年3月，由Google旗下DeepMind公司开发的阿尔法围棋(AlphaGo)与围棋世界冠军李世石对弈,以4∶1的比分获胜;2017年5月,AlphaGo与世界排名第一的围棋世界冠军柯洁对弈,以3∶0的比分获胜。

实现机器博弈的关键是对博弈树的搜索。考虑在国际象棋游戏中某一步的所有可能走步,然后考虑对手可能做出的所有反应,这种描述博弈过程的树结构称为博弈树。博弈树对应一个棋局,树的根结点表示棋局的开始,树的分支表示棋的走步,树的叶结点表示棋局的结束。一个完整的博弈树包括每一步所有可能的走步,国际象棋有大约10^{120}个结点,围棋有大约10^{768}个结点。由于这样的树太大,即使具备现代的计算能力,在合理的时间内也只能分析博弈树的部分结点。

2. 专家系统

专家系统是应用于某一专门领域的智能计算机系统,运用知识和推理来解决只有专家才能解决的复杂问题。换言之,任何解决问题的能力达到同领域人类专家水平的计算机系统都可以称为专家系统。

专家系统的第一个里程碑是费根鲍姆(E. A. Feigenbaum)等人于1968年研制成功的世界上第一个专家系统DENDRAL,此后,各种不同功能、不同类型的专家系统相继建立起来。这一时期专家系统的特点是:求解专门问题的能力较强,但结构和功能尚不完整,缺少解释功能。20世纪70年代中期,专家系统进入了技术成熟期,出现了一批成功的专家系统,其中代表性的是绍特里夫(E. H. Shortliffe)等人研制的用于诊断和治疗感染性疾病的医疗专家系统MYCIN,不但具有很高的性能,而且具有解释和知识获取功能,解决了一系列人工智能应用技术问题,包括知识获取、知识表示、搜索策略、人机接口等。20世纪80年代以来,专家系统的研制和开发明显趋于商品化,直接服务于生产企业,产生了可观的经济效益。例如,美国DEC公司与卡内基-梅隆大学合作开发的计算机配置专家系统XCON,用于VAX计算机系统制订硬件配置方案,为公司节省了几千万美元的开支。

3. 数据挖掘

随着数据库技术的迅速发展以及数据库管理系统的广泛应用,人们积累的数据越来越多。激增的数据背后隐藏着许多重要的信息,由于缺乏挖掘数据背后隐藏知识的手段,出现了"数据爆炸但知识贫乏"的现象,人们希望能够对这些数据进行更深层次的分析,从中发现更有价值的信息。

数据挖掘是指从大量的、不完全的、有噪声的、模糊的、随机的数据中,提取隐含的、未知的、非平凡的、有潜在应用价值的信息或模式的处理过程。一般来说,数据挖掘是一个利用各种分析方法和分析工具在大规模海量数据中建立模型和发现数据间关系的过程,这些模型和关系可以用于做出决策和预测。支持大规模数据分析的方法和过程,选择或建立一种适合数据挖掘应用的数据环境等,都是数据挖掘研究的重要课题。

啤酒和尿布的故事

零售业巨头沃尔玛连锁店从大量销售数据中通过数据挖掘发现了婴儿尿布和啤酒之间有着内在的联系。在美国,一些年轻的父亲下班后经常要到超市买婴儿尿布,在购买尿布的年轻父亲们中,有30%~40%的人同时要买一些啤酒。超市随后调整了货架的摆放,把尿布和啤酒这两种本来毫不相干的商品摆放在靠近的货架上,明显增加了超市的销售额。

随着人们对数据挖掘认识的逐渐深入,数据挖掘技术的应用越来越广泛,尤其是具有特定的应用问题和应用背景的领域最能够体现数据挖掘的作用。目前,数据挖掘在金融、保险、通信等行业的成功案例较多,在零售业、医疗保健、运输业、行政司法等领域都具有广阔的应用前景。

4. 自然语言理解

自然语言理解是人工智能早期的、活跃的研究领域之一,由于它的难度很大,至今仍未能达到很高的水平。自然语言理解采用人工智能的理论和技术将自然语言机理用计算机程序表达出来,构造能够理解自然语言的系统。自然语言理解包括语音理解(即对口语的理解)和文字理解(即对书面语的理解),文字理解需要用到语言学中的词汇、句法和语义等知识,而语音理解除了需要上述知识外,还需要音韵学以及口语中的二义性知识,因此,语音理解的难度更大。

自然语言理解有两个难点:①语句是自然语言理解的最小单位,然而,一个语句通常不是孤立存在的,往往要与该语句所在的环境(如上下文、场合、时间等)联系在一起才构成它的语义;②"什么是理解"几乎和"什么是智能"一样,至今还没有一个完全明确的定义,因而从不同的角度有不同的解释。

> 在早期的一个实验中,计算机科学家让计算机系统先将英语翻译为俄语,再将翻译结果翻译为英语,结果,"精神是伟大的,而肉体是脆弱的"变成了"啤酒味道不错,但是肉却坏了"。这个实验说明了没有理解的翻译是不现实的,要准确翻译一个句子,翻译者必须知道句子的含义是什么。

自然语言理解是一个复杂的课题,对于人工智能的研究来讲,为了使智能系统更有效地获取人类知识,就必须有相当高的人机对话功能,必须具有较强的自然语言识别和处理能力。理解人类的自然语言,以实现人和计算机之间自然语言的直接通信,可以推动计算机更广泛地应用。因此,自然语言理解是当今人工智能最热门的研究领域之一。

5. 模式识别

识别是人和生物的基本智能信息处理能力之一。事实上,我们几乎无时无刻不在对周围世界进行着识别,婴儿可以识别人类的面孔,尤其是母亲的面孔;即使是在一个嘈杂的房间里,母亲也可以分辨出自己孩子的声音,这些都是模式识别。模式是提供识别用的标本,模式识别就是识别出给定事物和哪一个模式相同或相似,这里的事物一般指文字、图形、图像、声音及传感器信息等实体对象,并不包括感念、思想、意识等抽象或虚拟对象,对后者的识别属于心理、认知和哲学等学科的研究范畴。

通常来说,被识别对象都具有一些属性、状态或特征,例如,图形有面积、颜色、边的个数和长度等特征,声音有音调的高度、频率的强度等特征,而对象之间的差异也就表现在这些特征的差异上。另一方面,从结构上看,有些被识别对象可以看作由若干基本成分按一定的规则组合而成,例如,汉字是由若干基本笔画组成的,几何图形是由若干基本图元(如点、线、矩形、圆和椭圆等)组成的。因此,可以根据对象的结构或特征来进行识别。

计算机是代替人类进行模式识别的理想工具,为计算机配置各种感觉器官,使其可以直接接收外界的文字、声音、图像等信息,就可以通过提取关键特征进行模式识别。目前,模式识别的研究主要集中在以下两方面。

(1) 图形和图像识别,主要研究各种图形和图像的识别,如文字、符号、照片、工程图纸或其他视觉信息中的物体和形状等。由于大量无关数据的存在、物体的某一部分被其他物体所遮挡、模糊的边缘、光源和阴影的变化、物体移动时图像的变化等众多复杂因素的干扰,图形图像识别程序需要强大的记忆和处理能力。

(2) 语音识别,主要研究各种语音信号的分类识别,将语音信号转变为相应的文本或命令。近20年来,语音识别技术取得显著进步,例如,科大讯飞的实时语音转换产品可以将短音频(≤60s)精准识别成文字,除中文普通话和英文外,支持51个语种、24种方言和1种民族语言,并且做到实时转换。

6. 机器人

机器人技术是适应生产自动化、原子能利用、宇宙和海洋开发等领域的需要,在电子学、人工智能、控制理论、系统工程、机械工程、仿生学以及心理学等各学科发展基础上形成的一种综合性技术,其研究水平已经成为人工智能技术水平甚至人类科学技术综合水平的代表和体现。美国机器人研究院给机器人下的定义是:机器人是一种可再编程的、多功能的操作装置。机器人和其他类型的计算机最重要的硬件区别是复杂的输入和输出设备,机器人并不是把输出传送到屏幕或打印机,而是发送命令给关节、手臂或其他可移动部件。现代机器人大多装有传感器,这些传感器允许机器人根据外界的反馈信息纠正或修改它们的行为。理论上,智能机器人至少应该具备以下4种机能:①感知机能,获取外部环境信息以便进行自我行动的感知机能;②运动机能,施加于外部环境的相当于人的手、脚的运动机能;③思维机能,求解问题的认识、推理、判断等思维机能;④通信机能,理解指示命令、输出内部状态、与人流畅地交换信息的通信机能。

> 机器人这一术语最初出现在1923年捷克剧作家卡雷尔·卡佩克所写的一个剧本中,捷克语中的"机器人"(rabota)一词是强迫劳力的意思。卡佩克笔下的机器人是能看、能听、有触觉、会移动并且可以根据常识做出判断的智能机器,但是这些充满智能的机器人最终背叛了它们的人类创造者。

由于智能机器人直接面向应用,社会效益强,所以发展非常迅速。近年来有关智能机器人的报道频频出现在各种媒体上,如工业机器人、太空机器人、水下机器人、足球机器人、象棋机器人等。

8.1.3 机器学习

学习是人类具有的一种重要的智能行为,机器能否像人类一样具有学习能力呢?机器学习(Machine Learning)是人工智能发展的核心之一,机器学习研究的是计算机如何模拟或实现人类的学习行为,以获取新的知识或技能,重新组织已有的知识结构使之不断改善自身的性能。机器学习分为有监督学习、无监督学习和强化学习。

1. 有监督学习

有监督学习在生活中的应用十分广泛,一个典型的例子就是医生看病。例如一个有多年从医经历的糖尿病医生积累了一些糖尿病患者的记录,每一份记录具有血糖、血压和血蛋白等特征值。现在有一位新的患者,医生可以根据该患者的血糖、血压和血蛋白等检查结果,判断这位患者是否患了糖尿病。

有监督学习通常包括训练阶段和预测阶段。在训练阶段,已知的样本数据带有标签,也就是说,每一个样本的特征值都有一个对应的标签,算法根据已知样本数据(称为训练集)来构建或训练某种模型的相关参数,使得模型的训练结果与训练集的标签尽量一致;在预测阶段,将数据送入训练好的模型得到相应的结果标签,从而实现对未知数据进行预测。如果模型的结果是离散的,则将学习任务称为分类,如果模型的结果是连续的,则将学习任务称为回归(见图8.2)。有监督学习的算法主要有支持向量机、神经网络、线性回归、朴素贝叶斯、决策树等。目前,有监督学习的发展相对比较成熟,尤其是分类算法在商业应用中创造了巨大的价值。

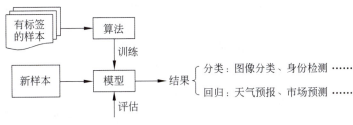

图 8.2　有监督学习的基本思想

2. 无监督学习

真实世界的学习任务常常存在这样的问题:缺少足够的先验知识,对已知样本数据难以进行人工标注或进行人工类别标注的成本太高,因此,已知的样本数据没有标签。**无监督学习**是对没有标签的样本数据进行训练,解决分类预测等各种问题(见图8.3)。根据学习目标的不同,常见的无监督学习问题有聚类和降维。聚类是把相似的东西聚在一起,形成类别;降维是将多维的数据在低维空间中表示,同时保证信息丢失尽可能少。

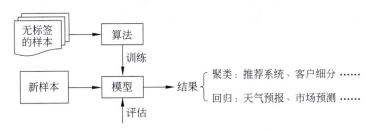

图 8.3　无监督学习的基本思想

聚类是无监督学习中最常见的问题,聚类的目标在于把相似的东西聚在一起,通常聚在一起的样本具有某种相似性,因此,很多聚类算法的工作方式是基于计算相似度。典型的聚类算法有 k-均值聚类算法、均值漂移聚类等。无监督学习在社交网络和商品推荐中有着广泛的应用,例如,电商平台预先对所有商品进行聚类,把具有相似性质的商品聚在一起,当客户浏览了某商品 A 后,系统会给用户推荐很多与 A 类似的商品,从而吸引客户购买商品,增加平台收入。

3. 强化学习

有监督学习和无监督学习都是通过事先给定的样本数据进行学习,区别在于样本是否带有标签。强化学习不需要样本数据,而是让模型在一定的环境中进行交互式学习,外界环境对学习结果进行反馈、奖励或惩罚,使得算法在学习过程中能不断优化模型,以获得更多更好的奖励。强化学习的基本思想来自生命的进化规律,是在实践中学习。例如小孩子学习走路,如果摔倒了,那么大脑反射弧会给一个负面的奖励值,说明走路的姿势不好;如果从摔倒状态中爬起来,正常走了一步没有摔倒,那么大脑反射弧会给一个正面的奖励值,说明这是一个好的走路姿势。

强化学习把学习看作试探评价过程,由智能体(agent)、环境(environment)、状态(state)、动作(action)、奖励(reward)组成。强化学习过程采用智能体和环境通过状态、动作、奖励进行交互的方式,如图 8.4 所示。智能体执行了某个动作后,环境会转换到一个新的状态,对于这个新的状态,环境会给出奖励信号(正奖励或者负奖励)。智能体根据新的状态和环境反馈的奖励值,按照一定的策略执行新的动作。

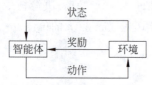

图 8.4　强化学习的基本原理

强化学习是从生物进化、自适应控制等理论发展而来的,智能体通过强化学习,可以知道自己在什么状态下应该采取什么样的动作使得自身获得最大奖励。由于智能体与环境的交互方式与人类与环境的交互方式类似,可以认为强化学习是一套通用的学习框架,能够用来解决通用人工智能的问题。目前,强化学习主要应用在电子游戏、机器人设计、无人驾驶、机械臂控制等领域。

8.1.4　深度学习

AlphaGo 的出现将机器学习的研究推上了一个新台阶。AlphaGo 本质上就是一个深度学习的神经网络,通过一次又一次学习、更新算法,最终在人机大战中打败围棋大师李世石。百度的机器人"小度"多次参加最强大脑的"人机大战"并取得胜利,也是深度学习的结果。

自从 AlphaGo 战胜了人类世界的围棋冠军,越来越多的人开始关注人工智能,数据、算法、算力、场景是人工智能取得突破性进展的四个关键要素。人工智能致力于让计算机像人类一样"思考",因此,机器学习是人工智能的一个重要研究领域。深度学习是在机器学习的基础上发展起来的,随着数据规模的增加,深度学习的性能也不断提高,同时计算机硬件技术的发展为深度学习提供了算力基础。人工智能、机器学习和深度学习之间的关系如图 8.5 所示。

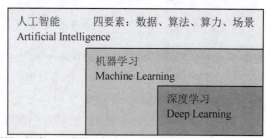

图 8.5　人工智能、机器学习和深度学习之间的关系

深度学习利用多层神经网络从大量数据中进行学习。人工神经网络(Artificial Neural Network,ANN)是一个以有向图为拓扑结构的动态系统,由许多人工神经元按一定规则连

接构成。1985年，Rumelhart等提出了误差反向传播算法（BP算法），是迄今为止影响较大的一种网络学习方法。1988年，Rumelhart等提出了基于BP算法的分层前馈神经网络（Feedforward Neural Network），成功地解决了多层神经网络中隐含层神经元连接权值的学习问题。"前馈"指在整个网络中，信号从输入层向输出层单向传播，当然，在训练前馈神经网络的过程中，有时会用到反向传播进行参数调整，但不影响整个网络的有向和前馈性质。图8.6所示是三层前馈神经网络的拓扑结构图。

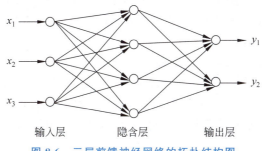

图8.6　三层前馈神经网络的拓扑结构图

深度学习的主要思想就是模拟人的神经元，其主要过程是：首先构建一个神经网络并随机初始化所有连接的权重，然后将大量数据送入神经网络中，每个神经元接收到信息，处理完后传递给与之相邻的所有神经元，如果某个动作符合预期的结果，则增强相应权重，如果不符合，则会降低权重，在成千上万次的学习之后，神经网络有可能超过人类的表现。**卷积神经网络**（Convolutional Neural Network，CNN）是一类包含卷积计算且具有深度结构的前馈神经网络，是深度学习的代表算法之一，可以进行有监督学习和无监督学习。随着深度学习理论的提出和计算设备的改进，卷积神经网络得到了快速发展，并被广泛应用在计算机视觉、自然语言处理等领域。

思考题

1. Word等应用软件可以记住用户的操作并允许用户撤销操作，这是否意味着这样的应用软件具有智能？
2. 你玩过手机里的五子棋游戏吗？你赢得多还是机器赢得多？原因是什么？
3. 你能理解AlphaGo的基本原理吗？请简要解释AlphaGo涉及的深度学习技术。

8.2　大数据

随着计算机科学技术的不断发展和广泛应用，很多领域都产生了爆发式增长的数据，尤其在社交媒体时代，全世界的网民都成为数据的生产者，引发了人类历史上最庞大的数据爆炸。大数据之大，不仅在于其大容量，更在于其大价值。大数据正在成为巨大的经济资产，带来全新的创业方向、商业模式和投资机会。

8.2.1　什么是大数据

大数据是一个比较抽象的概念。一般来说，大数据指无法在有限时间内用常规软件工具对其进行获取、存储、管理和处理的数据集合。大数据具有以下4个特点。

(1) 规模大(Volume)。大数据的最大特点就是数据规模大。据统计,世界上90%以上的数据是最近几年产生的,随着越来越多的人依赖互联网,大数据的规模也是一个不断变化的指标,从TB、PB增大到NB甚至DB级。

$$1Byte=8bit, 1KB=2^{10}Byte=1024Byte, 1MB=2^{20}Byte=1024KB,$$
$$1GB=2^{30}Byte=1024MB, 1TB=2^{40}Byte=1024GB, 1PB=2^{50}Byte=1024TB,$$
$$1EB=2^{60}Byte=1024PB, 1ZB=2^{70}Byte=1024EB, 1YB=2^{80}Byte=1024ZB,$$
$$1BB=2^{90}Byte=1024YB, 1NB=2^{100}Byte=1024BB, 1DB=2^{110}Byte=1024NB。$$

(2) 多样性(Variety)。大数据的来源,除了人们在互联网上发布的信息,还包括网络日志、社交媒体、网络搜索、手机通话等,无数的传感器随时测量和传递着有关位置、运动、温度、湿度等数值的变化,也产生了海量的数据信息。大数据的来源不仅广泛,而且数据类型也呈现多样化特征,包括结构化数据(如数据库)、半结构化数据(如语义标签),以及文本、图片、视频等非结构化数据。

(3) 高速性(Velocity)。与报纸、书信等传统数据载体的生产传播方式不同,大数据主要通过互联网和云计算等方式实现,其生成和传播的速度是非常快的。另外,大数据处理要求更严格的响应速度,例如,上亿条数据的分析必须在几秒内完成。大数据的高速性也带来数据存储的问题,长时间存储大量数据既不现实又太昂贵,人们通常采取周期性数据遗弃的方式以节省空间。

(4) 价值性(Value)。大数据不仅拥有本身的信息价值,更重要的是拥有商业价值,大数据产业链几乎都是围绕大数据价值来打造的。但是,大数据的单位数据价值并不高,大数据分析需要在海量数据中发现有价值的数据,或者将低价值的微小数据集聚合成有价值的大数据。如何通过机器学习算法在海量数据中快速完成数据的价值提纯,是当前大数据的研究热点之一。

8.2.2 大数据的处理流程

大数据的处理流程主要分为数据抽取与集成、数据分析、数据解释三个步骤,首先采用合适的工具对广泛异构的数据源进行抽取和集成,按照一定的标准统一存储结果,然后运用数据分析技术对存储的数据进行分析,最后采用恰当的方式将结果呈现给用户。图8.7给出了大数据的处理流程。

1. 数据抽取与集成

大数据的一个重要特点就是多样性,这就意味着数据来源极为广泛,数据类型极为繁杂。处理大数据的第一步就是对从异构数据源获得的数据进行抽取与整合,同时对数据进行清洗以保证数据质量,并且还要注意模式与数据的关系,从中提取出关系和实体,经过关联和聚合之后,采用统一定义的结构来存储这些数据。

2. 数据分析

大数据的价值产生于分析过程,获得隐藏的模式、未知的相关性、未来的发展趋势、有意义的见解等,因此,数据分析是整个大数据处理流程的核心。常用的大数据分析方法有数据挖掘、机器学习、统计分析、预测分析等,云计算是大数据处理的有力工具。

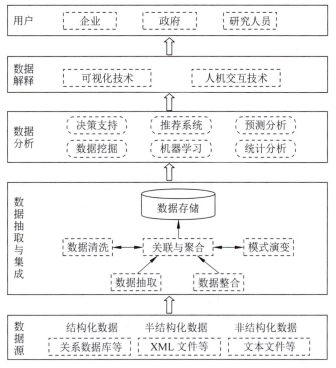

图 8.7 大数据的处理流程

3. 数据解释

如果数据分析的结果正确,但是没有采用适当的解释或表示方法,就可能让用户难以理解。由于分析结果之间的关系极为复杂,以文本形式或者直接在终端上显示的传统解释方法基本不可行。当前一般使用可视化技术、人机交互技术来进行数据解释。以可视化的方式向用户展示分析结果,用户更容易理解和接受,还可以根据采用交互式的数据分析过程来引导用户,使用户得到分析结果的同时,更好地理解分析结果的由来。

8.2.3 大数据的关键技术

根据大数据的处理过程,可将大数据关键技术分为大数据采集、大数据预处理、大数据存储及管理、大数据处理、大数据分析及挖掘、大数据展现与应用等。

1. 大数据采集

数据采集是大数据产业的基石。大数据采集技术指通过 RFID 数据、传感器数据、社交网络交互数据及移动互联网数据等方式获得各种类型的结构化、半结构化及非结构化的海量数据。因为数据源多种多样,数据规模大,产生速度快,所以大数据采集技术也面临着许多技术挑战,必须保证数据采集的可靠性和高效性,还要避免重复数据。

2. 大数据预处理

数据的质量对数据的价值大小有直接影响,低质量数据将导致低质量的分析和挖掘结果。广义的数据质量涉及许多因素,如数据的准确性、完整性、一致性、时效性、可信性与可解释性等。大数据预处理技术主要指完成对已接收数据的辨析、抽取、清洗、填补、平滑、合并、规格化及检查一致性等操作。获取的数据可能具有多种结构和类型,数据抽取的主要目的是将这些复杂的数据转化为单一的或者便于处理的结构,以达到快速分析处理的目的。

3. 大数据存储及管理

大数据存储及管理的主要目的是用存储器把采集到的数据存储起来,建立相应的数据库,并进行管理和调用。分布式存储与访问是大数据存储的关键技术。大数据存储及管理技术重点研究复杂结构化、半结构化和非结构化大数据管理与处理技术,解决大数据的可存储、可表示、可处理、可靠性及有效传输等关键问题。

4. 大数据处理

大数据的应用类型很多,主要的处理模式可以分为流处理模式和批处理模式两种。批处理是先存储后处理,而流处理则是直接处理。目前主要的数据处理计算模型包括 MapReduce 计算模型、DAG 计算模型、BSP 计算模型等。

5. 大数据分析及挖掘

大数据分析及挖掘技术主要包括改进已有数据挖掘和机器学习技术;开发数据网络挖掘、特异群组挖掘、图挖掘等新型数据挖掘技术;突破基于对象的数据连接、相似性连接等大数据融合技术;突破用户兴趣分析、网络行为分析、情感语义分析等面向领域的大数据挖掘技术。利用数据挖掘进行数据分析的常用方法主要有分类、回归分析、聚类、关联规则等,它们分别从不同的角度对数据进行挖掘。

6. 大数据展现与应用

数据可视化无论对于普通用户或是数据分析专家,都是最基本的功能。数据图像化可以让数据"自己说话",让用户直观地感受到结果。大数据检索、大数据可视化、大数据应用、大数据安全等,都和大数据展现与应用技术相关。在大数据时代,数据可视化工具必须具有实时性,操作简单,能够丰富地展现,具备多种数据集成支持方式。

思考题

1. 大数据的规模一般会达到多少量级?请举例说明。
2. 大数据的分析结果为什么要采取可视化技术进行解释?

8.3 云计算

在 2006 年 8 月的搜索引擎会议上,云计算概念首次被提出,互联网技术和信息技术服务出现了新的模式,云计算被视为计算机网络领域的一次革命。云计算也正在成为信息技术产业发展的战略重点,社会的工作方式和商业模式也在随之发生巨大的改变。

8.3.1 什么是云计算

云计算(Cloud Computing)指的是通过网络"云"将巨大的数据计算处理程序分解成无数个小程序,然后通过多部服务器组成的系统对这些小程序进行处理和分析,得到结果并返回给用户。早期的云计算就是分布式计算,解决任务分发以及合并计算结果,因而又称为网格计算。现阶段的云计算已经不仅是一种分布式计算,而是分布式计算、效用计算、负载均衡、并行计算、网络存储、热备份和虚拟化等计算机技术混合演进的结果。

从广义上说,云计算是与信息技术、软件、互联网相关的一种服务,云计算把许多计算资源集合起来,通过软件实现自动化管理,这种计算资源共享池称为"云"。云服务是在云计算的技术架构支撑下对外提供的一种按需分配、可计量的信息技术服务模式。换言之,计算能力作为一种商品,可以在互联网上流通,就像水、电、煤气一样,可以方便取用,并且价格较为低廉。

> 云服务带来的一个重大变革是从以设备为中心转向以信息为中心。前端硬件设备的更新换代比较快,无论当时多么新颖或多么昂贵,例如多年前使用的软盘、老式翻盖的旧手机。但是信息往往是人们要长期保存的资产,例如通讯录、照片、各种文件等。将需要长期保存的数据放在"云"上,可以方便快捷地进行访问和共享。

近些年来,云计算的应用越来越广,深入的行业越来越多,随着线上教育、线上医疗、远程办公等更多的业务体验与普及,云计算成为数字化的刚需。归纳起来,云计算具有如下特点。

(1) **超大规模**。云计算对整个市场的用户提供云服务,用户使用的计算资源均来自"云",因此只有这个"云"足够大,才能承担云计算服务,同时云服务的规模可快速伸缩,以自动适应业务负载的动态变化。

(2) **资源池化**。资源以共享的方式统一管理,利用虚拟化技术,将资源分享给不同用户,资源的放置、管理与分配策略是对用户透明的。

(3) **按需服务**。"云"是一个巨大的资源池,以服务的形式提供应用程序、数据存储、基础设施等资源,云计算中心根据用户的需要动态分配资源,并根据资源的使用情况对服务进行计费。

(4) **泛在接入**。用户可以利用各种终端设备(如 PC、笔记本电脑、智能手机等)随时随地通过互联网访问云计算服务。

8.3.2 云计算的服务类型

云计算借助先进的商业模式,让终端用户可以得到强大计算能力的服务。云计算提供的服务类型分为三类,即基础设施即服务(IaaS)、平台即服务(PaaS)和软件即服务(SaaS),如图 8.8 所示。

图 8.8 云计算的服务类型

1. 基础设施即服务(Infrastructure as a Service,IaaS)

IaaS 指将信息基础设施作为一种服务,通过网络对外提供。在这种服务模型中,用户不用自己构建数据中心,而是通过租用的方式来使用基础设施服务,包括服务器、存储和网络等。在使用模式上，IaaS 与传统的主机托管有相似之处，但是在服务的灵活性、扩展性和成本等方面，IaaS 具有很强的优势。全球 IaaS 供应商主要有亚马逊云、微软云、阿里云、谷歌云、IBM 云、腾讯云、华为云等，其中，亚马逊云是全球公有云 IaaS 市场的领先者，阿里云是中国公有云 IaaS 市场的领先者。

2. 平台即服务（Platform as a Service，PaaS）

PaaS 提供软件部署平台，抽象掉了硬件和操作系统的具体细节，开发者只需要关注自己的业务逻辑，不需要关注底层，为开发、测试和管理软件应用程序提供按需开发环境。PaaS 通常用于以下场景。

（1）开发框架。PaaS 提供了一种框架，包含可扩展性、高可用性和多租户功能等在内的云功能，减少了开发人员的代码编写工作量。开发人员可以基于该框架进行构建，从而开发或自定义基于云的应用程序。

（2）商业智能。借助 PaaS 服务提供的工具，企业或组织可以分析和挖掘数据，从而辅助预测结果、产品设计和投资回报等业务决策。

3. 软件即服务（Software as a Service，SaaS）

SaaS 通过互联网提供按需付费应用程序，云计算提供商托管和管理软件应用程序，并允许用户连接到应用程序并通过互联网访问应用程序。最早的 SaaS 服务当属在线电子邮箱，极大地降低了个人与企业使用电子邮件的门槛，改变了人与人、企业与企业之间的沟通方式。SaaS 发展至今，其服务与产品的种类已经非常丰富，面向个人用户的服务包括在线文档编辑、表格制作、日程表管理、联系人管理等，面向企业用户的服务包括在线存储管理、网上会议、项目管理、CRM（客户关系管理）、ERP（企业资源管理）、HRM（人力资源管理）、在线广告管理，以及针对特定行业和领域的应用服务等。

8.3.3 云计算的关键技术

云计算的一个核心理念就是通过不断提高"云"的处理能力，减少用户终端的处理负担，最终使终端简化成一个单纯的输入输出设备，并按需获取云服务。云计算是分布式处理、并行计算和网格计算等的概念发展和商业实现，云计算的关键技术主要包括以下 7 方面。

1. 虚拟化技术

虚拟化技术是一种资源映射和管理逻辑化的软件技术，是简化计算资源管理和优化资源所利用的技术解决方案。虚拟化是实现云计算构建资源池的一种主要方式，一般包括服务器虚拟化、桌面虚拟化和容器虚拟化等。虚拟化技术实现了软件跟硬件分离，用户不需要考虑后台的具体硬件实现，只需要在虚拟层环境上运行自己的系统和软件。

2. 数据存储技术

云计算需要同时满足大量用户的需求，并行地为大量用户提供服务。因此，云计算的数据存储技术必须具有分布式、高吞吐率和高传输率等特点。目前数据存储技术主要有 GFS（Google File System，非开源）以及 HDFS（Hadoop Distributed File System，开源），目前这两种技术已经成为事实标准。

3. 数据管理技术

云计算是对分布的、海量的数据进行存储、读取、处理和分析，如何提高数据的更新速率以及进一步提高随机存取速率是数据管理技术必须解决的问题。云计算的数据管理技术最著名的是谷歌的 BigTable 数据管理技术,同时 Hadoop 开发团队也开发了类似 BigTable 的开源数据管理模块。

4. 编程模型

为了使用户能够利用云计算编程模型编写应用程序来实现特定目的,云计算的编程模型必须简单,并且保证后台复杂的并行执行和任务调度向用户和编程人员透明。当前各厂商提出的云计算的编程工具均基于 MapReduce 的编程模型。

5. 虚拟资源的管理与调度

云计算通过整合物理资源形成资源池,并通过资源管理层(管理中间件)实现对资源池中虚拟资源的调度。云计算的资源管理需要负责资源管理、任务管理、用户管理和安全管理等工作,实现结点故障的屏蔽、资源状况监视、用户任务调度、用户身份管理等多重功能。

6. 云计算的业务接口

为了方便用户业务迁移到云计算环境,以及用户业务在云与云之间的迁移,云计算应对用户提供统一的业务接口。在云计算时代,SOA 架构和以 Web Service 为特征的业务模式仍是业务发展的主要路线。

7. 信息安全技术

云计算模式带来一系列的安全问题,包括保护用户隐私、备份用户数据、防护基础设施等,都需要更强的技术手段乃至法律手段去解决。云安全是从传统互联网遗留下来的问题,只是在云计算的平台上,安全问题变得更加突出。有数据表明,信息安全已经成为阻碍云计算发展的最主要原因之一。

思考题

1. SaaS 是一种软件产品吗?SaaS 和传统的软件产品有什么不同?
2. 用户信息存储在"云"上,一定是安全的吗?

8.4 物联网

物联网(Internet of Things,IoT)即"物物相连的互联网",是新一代信息技术的重要组成部分。物联网是基于互联网、传统电信网等信息承载体,将所有物体形成的互联互通的网络。物联网的应用领域涉及方方面面,随着智能家居、智能交通以及智能医疗的发展,物联网必然给人类的生活带来更大的快捷和便利。

8.4.1 什么是物联网

物联网指通过信息传感器、射频识别技术、全球定位系统、红外感应器、激光扫描器等各种装置与技术,实时采集需要监控、连接、互动的物体或过程,采集其声、光、热、电、力学、化学、生物、位置等各种信息,通过各类网络接入,实现物与物、人与物的泛在连接,实现对物体和过程的智能化感知、识别和管理。

对于物联网的概念,可以从以下两方面来理解:①从技术方面,物联网是物体通过智能感应装置,经过传输网络到达指定的信息处理中心,最终实现物与物、人与物之间的自动化信息交互与处理的智能网络;②从应用方面,物联网把所有能够被独立寻址的物体都连接到一个网络中,以更加精细和动态的方式管理生产和生活。

从通信对象和过程来看,物联网的核心是物与物、人与物之间的信息交互。物联网的基本特征可概括为:①整体感知,可以利用射频识别、二维码、智能传感器等感知设备获取物体的各类信息;②可靠传输,通过对互联网、无线网络的融合,将物体的信息实时、准确地传送,实现信息交流;③智能处理,使用各种智能技术,对感知和传送到的数据、信息进行分析处理,实现智能化监测与控制。

8.4.2 物联网的体系架构

物联网的体系结构主要由三个层次组成:感知层、网络层和应用层,如图 8.9 所示。感知层的作用相当于人的眼耳鼻喉和皮肤等神经末梢,其主要功能是识别物体,采集信息。网络层相当于人的神经中枢和大脑,负责传递和处理感知层获取的信息。应用层是物联网和用户(包括人、组织和其他系统)的接口,实现物联网的智能应用。

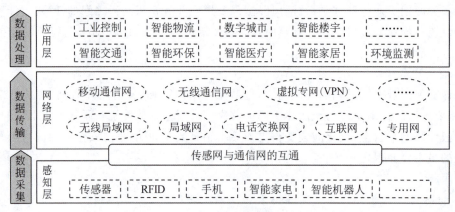

图 8.9 物联网的体系架构

感知层是物联网识别物体、采集信息的来源,主要分为两类设备:自动感知设备和人工生成信息设备。自动感知设备能够自动感知外部物理信息,包括温度传感器、湿度传感器、二维码标签、RFID 标签和读写器、摄像头、GPS 等。人工生成信息设备包括智能手机、个人数字助理(PDA)、计算机等。随着感知技术的快速发展,信息的获取方式更多是通过传感器和智能识别终端对现实世界进行感知、测量和监控,从而自动准确地生成来自现实世界的信息。

网络层又称为传输层,由各种私有网络、互联网、有线和无线通信网、网络管理系统和云计算平台等组成,将感知层采集的各类信息通过网络传输到应用层。网络层包括接入层、汇聚层和核心交换层,接入层网络技术分为无线接入和有线接入,无线接入有无线局域网、移动通信、M2M 通信;有线接入有现场总线、电力线接入、电视电缆和电话线。汇聚层进行数据分组汇聚、转发和交换,进行本地路由、过滤、流量均衡等。汇聚层技术也分为无线和有线,无线包括无线局域网、无线城域网、移动通信、M2M 通信和专用无线通信等,有线包括局域网、现场总线等。核心交换层为物联网提供高速、安全和具有服务质量保障能力的数据传输。

应用层通过中间件技术、海量数据存储、数据挖掘技术、智能数据处理,在云计算平台的支持下,为不同行业提供物联网服务,开展对应的数据管理和应用系统的建设,例如绿色农业、工业监控、远程医疗、智能家居、智能交通以及环境监测等都是基于不同的业务需求而建立的应用服务。

8.4.3 物联网的关键技术

物联网是在互联网基础上的延伸和扩展,将物与物、人与物通过新的方式联在一起,进行信息交换和通信,实现信息化、智能化和远程控制的网络。物联网的关键技术主要包括RFID技术、传感器技术、无线网络技术、人工智能技术、云计算技术等。

1. RFID技术

RFID(Radio Frequency Identification)是一种简单的无线系统,由一个阅读器和很多应答器(也称为标签)组成。标签由耦合元件及芯片组成,每个标签具有唯一的电子编码,附着在物体上标识目标对象,通过天线将射频信息传递给阅读器,阅读器就是读取信息的设备。RFID技术是物联网"让物说话"的关键技术。物联网中的RFID标签存储标准化的、可互操作的信息,并通过无线数据通信网络自动采集到中心信息系统中,实现物品的识别,从而赋予物联网一个特性——可跟踪性。

2. 传感器技术

传感器技术是从自然源中获取信息并对其进行处理、转换和识别的多学科现代科学与工程技术,涉及传感器的规划、设计、开发、制造和测试等。传感器技术是物联网应用推进的主要领域,在其中起到关键推动作用的是无线传感器网络(Wireless Sensor Network,WSN)。无线传感器网络通过将无线网络结点附加采集各种物理量的传感器,成为具有感知能力和通信能力的智能结点。构建一个典型的无线传感器网络要考虑网络选择、拓扑结构、功耗以及兼容性等重要因素。

3. 无线网络技术

在物联网中,物和物、人和物之间无障碍地通信,必然离不开能够传输海量数据的高速无线网络。无线网络不仅包括允许用户建立远距离无线连接的全球语音和数据网络,还包括短距离蓝牙技术、红外线技术和ZigBee技术。

4. 人工智能技术

物联网是人工智能应用的一个重要载体。物联网感知设备每天都在采集产生大量的数据,如何利用并且分析这些数据就成为了物联网应用的一个难题,物联网设备只有借助人工智能技术才能真正发挥作用。例如,语音音箱和手机语音助手就是建立在自然语言语音识别和处理技术之上的物联网终端设备,各种摄像头也依赖计算机视觉技术发挥实时监控的功能。

5. 云计算技术

物联网的发展离不开云计算技术的支持。物联网终端的计算和存储能力有限,云计算平台可以作为物联网的大脑,实现海量数据的存储和计算,赋予这些数据智能,才能最终转换成对终端用户有用的信息。

思考题

1. 为什么物联网中的每一个物品或系统都要有确定的地址?
2. 在你的日常生活中,有哪些地方用到了RFID技术?

阅读材料——人机共生

2020年,由腾讯Robotics X实验室创造、国内首个能完成走梅花桩复杂挑战的四足机器人Jamoca横空出世,惊艳了世人的目光。在2021年百度AI开发者大会上,百度创始人兼CEO李彦宏在开场演讲中讲到,人机共生时代,AI将成为改变世界的强有力的工具,推动行业发展、变革或重构。毫无疑问,人工智能的研究进展充满着造福人类的潜力,人们很容易变得热衷于、迷恋于这些潜在的好处。但是,未来同样隐藏着潜在的危险,隐藏着某些破坏性的后果。未来社会是不是真的会被智能机器所控制?哪些职业和工作将会被机器人所取代?

在如今的现实世界中,人类和机器人之间的联系也愈发密切:家中的扫地机器人灵活游走各房间,闪避各种障碍物,完美完成清扫任务;AlphaGo通过不断自我学习进化,成为第一个战胜人类围棋世界冠军的机器棋手;人类通过脑机接口,用意念书写26个英文字母,准确率接近99%……这些现象都证明了一个事实:人机共生的时代已悄然而至。在未来,机器人是会成为人类的好帮手,为人类谋取福利?还是会凌驾于人类之上,甚至统治整个地球?

美国加利福尼亚大学的研究人员试图把人类的进化过程表示成为数字,生物技术的最终目标是建造一个像自然界生命体一样的生物体。许多人工智能研究人员相信他们最终会获得成功,著名计算机科学家丹尼尔·希利斯这样认为:"我们人类不是进化的最终产品,人类之后还跟随一些东西,我想象它们是一些奇妙的东西。但是我们可能不会理解这种事物,如同任何毛毛虫都不理解自己能变成蝴蝶一样。"那么,人造智能机器和生物有机体的界限到底是什么呢?

在人工智能、机器人、基因学、生物技术和微技术方面的成就或许有一天会使这些技术之间的界限全部消失。计算机和机器人毋庸置疑将会继续承担起更多原本应由人类来完成的工作,机器人可以一天24小时、一年365天地工作,并且没有假期、罢工、病假和休息时间,甚至可以生长并且利用人类生物学中的基因技术进行繁殖。如果机器人能够变得足够智能以至于自己可以制造智能机器,那么所有的事情就是可能的了。

当生物和机器之间的界限变得越来越模糊,甚至出现比人类更聪明的智能生物时,人类和人类制造的机器之间的关系会是怎样的呢? 不论是好是坏,我们都要与智能机器共存,因此,下一个真正的技术进步将会是人类和智能机器的共生。社会的竞争本质使这种趋势几乎难以避免,哪一个公司或政府在知道竞争对手正在继续从事此类研究时,还会主动缩减在人工智能、计算技术和生化技术上的研究呢?

科学家们认为,人机共生是未来人类使用人工智能的最好方式。人机各有所长,互为补充,大量重复的工作都可以交给机器人去完成,而人类只要去完成更具价值的工作就可以。当智能机器越来越自主、越来越聪明时,人类还能干什么?在人机共生时代,谁是不会被机器替代的人呢?

习题8

一、选择题

1. 研究、设计和建造智能机器或智能系统来模拟人类的智能活动,以扩展和延伸人类智能的科学是(　　)。

  A. 人工智能 B. 遗传算法 C. 机器学习 D. 模式识别

2. 模拟人类的听觉、视觉等感觉功能,对声音、图像、景物、文字等进行识别的研究领域是( )。

    A. 专家系统　　　　B. 遗传算法　　　　C. 神经网络　　　　D. 模式识别

3. 实现机器博弈的关键是( )。

    A. 制定博弈策略　　　　　　　　B. 存储博弈树

    C. 存储一个格局　　　　　　　　D. 对博弈树的搜索

4. 有三种类型的机器学习,分别是有监督学习、无监督学习和( )学习。

    A. 重复　　　　　B. 强化　　　　　C. 自主　　　　　D. 优化

5. 有监督学习的主要类型是( )。

    A. 分类和回归　　B. 聚类和回归　　C. 分类和降维　　D. 聚类和降维

6. 以下不属于大数据典型特征的是( )。

    A. 数据包含噪声及缺失值　　　　B. 数据量大

    C. 数据类型多　　　　　　　　　D. 产生速率高

7. 以下不属于云计算典型服务的是( )。

    A. 平台即服务　　B. 物联网即服务　C. 基础设施即服务　D. 软件即服务

8. 物联网的体系结构分为感知层、网络层和( )。

    A. 应用层　　　　B. 推广层　　　　C. 传输层　　　　D. 运营层

二、简答题

1. 人工智能有哪些研究领域?你最感兴趣的研究或应用领域是什么?
2. 有监督学习任务有分类和回归两种,请说明分类和回归有什么相同点和不同点。
3. 大数据的基本特征是什么?谈谈你对大数据的理解。
4. 云计算可以提供的服务有哪些?你使用过哪些云服务?
5. 简述 RFID 技术在物联网中的作用。

三、讨论题

1. 专家系统不像人那样容易衰老、疲劳、遗忘,而且不易受环境、情绪等影响,作为一种计算系统,专家系统继承了计算机快速、准确、不知疲倦的特点,可以始终如一地以专家级的高水平状态解决问题,从这种意义上讲,专家系统可以超过人类专家。那么,当技术上专家系统可以代替人类专家的时候,人类专家的存在还有意义吗?
2. 上网查找"谷歌大脑"的相关信息,分析它是强人工智能还是弱人工智能?
3. 舍恩伯格在《大数据时代》中总结了大数据时代的思维特点,你赞同他的观点吗?请谈谈你的理解。
4. 云计算、物联网、大数据和人工智能之间有怎样的关联关系?
5. 大数据对人类的生活和工作带来便利的同时,也带来了各种负面影响,谈谈你的理解。

第三部分　工　程　篇

工程教育在我国高等教育中占有重要地位,高素质工程科技人才是支撑产业转型升级、实施国家重大发展战略的重要保障。2016年6月2日,我国正式成为工程教育华盛顿协议第18个成员国,标志着我国的工程教育真正融入了世界工程教育,人才培养质量开始与其他成员国达到实质等效。

工程教育认证标准对工程类专业的毕业生提出了工程与社会、环境和可持续发展、职业规划和项目管理等非技术方面的毕业要求。工程实践要求学生能够理解工程项目的实施,不仅要考虑技术可行性,还要考虑是否符合社会、健康、安全、法律及文化等外部制约因素的影响,必须建立环境和可持续发展的意识,能够理解并遵守职业道德和规范,在多学科环境下、在设计开发解决方案的过程中运用工程管理与经济决策方法等。本书第三部分知识单元及拓扑结构如下图所示。

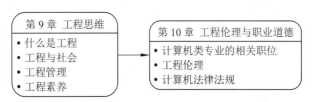

第9章介绍了工程的基本概念,说明科学、技术和工程之间的关系;讨论了在工程项目的规划、决策、设计、建造和运行过程中,应该考虑工程与文化价值、工程与公众认知、工程与环境和可持续发展之间的关系;阐述了工程理念、工程设计、工程进度、工程成本等工程管理的关键问题;最后说明了个人与团队、沟通与表达、工程创新和终身学习等工程素养。

第10章介绍了计算机类专业的相关职位;讨论了道德、伦理与法律之间的关系,工程伦理的基本问题,以及处理工程伦理问题的基本原则;介绍了社会主义职业道德,以及软件工程师应该遵守的道德规范;讨论了由计算机和互联网的广泛应用带来的新的法律问题;介绍了与计算机相关的法律法规。

第9章 工程思维

现代社会的物质面貌是由工程活动塑造的,工程特别是科技含量高的工程作为科技成果转化为现实生产力的关键环节和重要平台,对于推动经济发展与社会进步发挥着日益关键的作用。高等工程教育的任务是培养工科专业的学生成为未来的工程师,同时,新工科的目标之一是培养具有创新能力的工程人才,因此,工程思维的培养是新工科人才培养最为重要的因素之一。本章主要讨论以下问题。

(1) 什么是工程?什么是信息化工程?科学、技术和工程之间有怎样的关系?
(2) 工程如何体现与社会的关系、与自然的关系,以及人文价值?
(3) 如何理解和看待工程的理念、设计、进度和成本?
(4) 从发展的角度,工程人才应该具有哪些基本素养?

【情景问题】闻名世界的港珠澳大桥

港珠澳大桥(Hong Kong-Zhuhai-Macao Bridge)是中国境内一座连接香港、珠海和澳门的桥隧工程,位于广东省珠江口伶仃洋海域内,如图9.1所示,东起香港国际机场附近的香港口岸人工岛,向西横跨南海伶仃洋水域接珠海和澳门人工岛,止于珠海洪湾立交。桥隧全长55km,其中主桥29.6km、香港口岸至珠澳口岸41.6km。桥面为双向六车道高速公路,设计速度100km/h,工程项目总投资额1269亿元。港珠澳大桥于2009年12月15日动工建设,2017年7月7日实现主体工程全线贯通,2018年2月6日完成主体工程验收,2018年10月24日开通运营。

图9.1 港珠澳大桥全景图

港珠澳大桥主桥为三座大跨度钢结构斜拉桥,每座主桥均有独特的艺术构思。其中青州航道桥塔顶结型撑吸收"中国结"文化元素,使桥塔显得纤巧灵动、精致优雅。江海直达船航道桥主塔塔冠造型取自"白海豚"元素,与海豚保护区的海洋文化相结合。九洲航道桥主塔造型取自"风帆",寓意"扬帆起航",与江海直达船航道塔身形成序列化造型效果,桥塔整体造型优美、亲和力强,具有强烈的地标韵味。东西人工岛汲取"蚝贝"元素,寓意珠海横琴岛盛产蚝贝。香港口岸的整体设计创新且美观,符合能源效益。旅检大楼采用波浪形的顶篷设计,为支撑顶篷,大楼的支柱呈树状,下方为圆锥形,上方呈枝杈状展开。最靠近珠海市的收费站设计成弧形,前面是一个钢柱,后面有几根钢索拉住,就像一个巨大的锚。大桥水上和水下部分的高差近100米,既有横向曲线又有纵向高低,整体宛如一条丝带纤细轻盈,把多个结点串起来,寓意"珠联璧合"。前山河特大桥采用波形钢腹板预应力组合箱梁方案,采用符合绿色生态特质的天蓝色涂装方案,造型轻巧美观,与当地自然生态景观浑然一体;桥体矫健轻盈,似长虹卧波,天蓝色波形腹板与前山河水道遥相辉映,如同水天一色,在风起云涌之间形成一道绚丽的风景线。

　　港珠澳大桥将香港、珠海和澳门紧密联系在一起,从而带动澳港、粤港澳大湾区的快速发展,因其超大的建筑规模、空前的施工难度和顶尖的建造技术而闻名世界,项目总设计师是孟凡超,总工程师是苏权科,岛隧工程项目总经理、总工程师是林鸣。港珠澳大桥的设计师与工程技术人员生动地阐释了中国蓬勃发展所必需的工匠精神、大国制造精神,正是这种勇于探索、迎难而上、敢于创新、甘于付出的精神,谱写了中国建桥史上的壮丽篇章。

9.1　什么是工程

　　在中文里,"工程"早已成为一个大众词汇。我们不仅听说过三峡工程、南水北调工程,也听说过希望工程、菜篮子工程、形象工程等,不一而足。广义的工程指人类的一切活动,包括社会生活的各个领域。狭义的工程指与生产和建设密切相关、运用自然科学理论和现代技术原理才能得以实现的活动,是以物质形态产品为表现形式的自然工程。本章主要介绍狭义的工程。

9.1.1　工程的概念

　　工程是利用已知规律,创造出全新的装置或者系统,解决人们生产生活中遇到的各种问题。工程之美,小到两根木条组成的筷子,解决了各种形状的食材夹取问题;大到举世闻名的都江堰,使成都变成沃野千里的天府之国。工程活动一直是人类文明史的重要内容,从工业时代开始,众多工程的发展使人类的生活质量有了巨大的飞跃。

　　英文单词 Engineering 来源于古拉丁语 ingenium,意思是"发明""改进"。在我国古代,工程主要指大型修筑工事活动,特别是城墙、运河、房屋、桥梁、庙宇等土木水利工程的建造。现代汉语词典对工程的定义是:"工程是指土木建筑和其他生产、制造部门用比较大而复杂的设备来进行的工作,如土木工程、机械工程、化学工程、采矿工程、水利工程、航空工程。"

　　工程是人类为了某种特定目的和需要,综合运用科学理论、技术手段和实践经验,有效地配置和集成知识资源、自然资源和社会资源,有计划、有组织、规模化地创造、构建和运行社会存在物的实践活动。从哲学的角度看,工程就是造物,工程活动的核心标志是构建一个新的存在物,这个新的存在物应该是在一定边界条件下优化构成的集成体。因此,工程活动通过一系列决策、规划、设计、建造、运行、管理等实施过程来完成,工程不仅体现人与自然的关系,而且体现工程与社会的关系。工程的基本结构如图 9.2 所示。

　　根据工程活动中各种要素的投入比例,可以将工程活动划分为劳动密集型工程、资本密

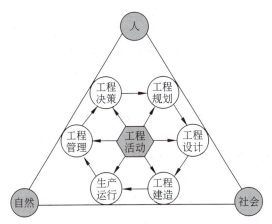

图 9.2 工程的基本结构

集型工程和知识密集型工程。工程具有如下特征。

（1）工程是有原理的。工程不是技术和装备的简单堆砌和拼凑，工程在集成过程中有其自身的理论、原则和规律。

（2）工程是有目标的。工程项目都有特定的使用对象、明确的目标要求、科学的设计步骤和实施阶段，以及合理的资金投入。工程的**成本**、**质量**、**效率**是其生命所在。

（3）工程是通过建造实现的。工程项目要通过具体的设计、建造和运行等实施过程，按照合理的工序、工艺和工期来完成。

（4）工程是在一定边界条件下的集成和优化。一个工程往往有多种技术、多个方案、多种途径可被选择，因此应利用最小的投入获得最大的回报，取得良好的经济效益、环境效益和社会效益，最终实现综合平衡和整体优化。

> 设计算法属于一种工程行为，需要在资源有限的情况下，在互斥的目标之间进行权衡。一个好算法是反复努力和重新修正的结果，即使足够幸运地得到了一个看似完美的算法，也应该尝试着改进它。那么，什么时候应该停止这种改进呢？设计者的时间显然也是一种资源，在实际应用中，常常是项目进度表迫使人们停止改进算法。

9.1.2 科学、技术与工程

科学是研究自然界和社会的构成、本质及其运行规律的具有系统性、规律性的知识体系。科学的目的与价值在于探求真理，探索自然界或现实世界的事实与规律。因此，科学的特点是研究与探索、分类与归纳、发现与开拓，是对客观存在的诸多事物的构成、本质与运行规律的揭示和描述。科学是以**发现**为核心的人类活动，科学发现的结果是科学概念、科学理论、科学规律，发现新的自然现象和自然规律，提出新的理论来说明这些现象和规律，并用实验来验证其真理性。

技术是解决问题的方法及原理，是利用现有事物形成新事物，或是改变现有事物功能、性能的方法。技术应具备明确的使用范围和认知的形式和载体，如原材料、产成品、工艺、工具、设备、设施、标准、规范、指标、计量方法等。技术是以**发明**为核心的人类活动，技术发明的结果是技术专利或技术方法,技术在很大程度上有其经济属性和产业特征。

工程是以一种(或几种)专业知识以及相关配套的专业技术所构成的集成性知识体系,创造一个新的实体的过程。工程具有很强的集成知识属性,同时具有更强的产业经济属性。工程的开发或建设往往需要比技术开发投入更多的资金,有明确的特定经济目标或社会服务目标。工程是以**建造**为核心的人类活动,工程活动的结果是直接的物质财富,工程是为了实现某种预定的经济目标或社会目标,满足人类物质文化需求的人类活动。

科学活动的最终价值是"求真",技术活动的最终价值是"求用",现代工程是大规模的造物活动,其价值追求是多元化的,追求的是科学价值、经济价值、社会价值、军事价值、生态价值等。科学家面向学术世界,工程师面向商业世界;科学家发现已有的世界,工程师创造还没有的世界;科学家的成果主要表现为科学论文,工程师的成果主要表现为客户满意的产品。所有的工程师都可以称为技术人员,但并非所有的技术人员都可以被称为工程师。例如,化验员、安全员等都是技术人员,但由于没有进行工程意义上的组织、规划和设计,因而都不是工程师。

科学、技术和工程之间的关系是密切联系、不可分割的,没有不运用科学和技术的工程,也没有不依托于工程的科学和技术。工程是将知识集成地转换为现实生产力的关键环节,绝大多数科技成果通过各种各样的工程获得应用、集成乃至再开发,使科学技术由潜在生产力转变成现实生产力。现代科学技术的发展呈现出工程化的特征,单一的研究方法和手段已不能满足科学研究和技术发明的需要,特别是在生命科学领域。

9.1.3 信息化工程

信息化工程由美国著名的管理与信息技术专家詹姆斯·马丁(James Martin)在20世纪80年代初提出,由我国著名信息化专家高复先教授于1986年率先引入国内并结合实际进行研究和推广。**信息化工程**指信息化建设中的信息网络系统、信息资源系统、信息应用系统的新建、升级和改造工程,信息网络系统指以信息技术为主要手段建立的信息处理、传输、交换和分发的计算机网络系统,信息资源系统指以信息技术为主要手段建立的信息资源采集、存储、处理的资源系统,信息应用系统指以信息技术为主要手段建立的各类业务管理的应用系统。

> 信息技术(Information Technology)是信息的获取、理解、分析、加工、处理、传递等有关技术的总称。信息技术还可以细分为计算机技术、通信技术、微电子技术、传感技术等。计算机技术(Computer Technology)是以计算机作为工具,对信息进行处理和运用的方法和手段,包括计算机硬件技术、计算机软件技术和计算机应用技术。

从广义上理解,信息化工程既包括建立国家信息基础设施,也包括建设各经济领域、各企业单位的信息系统,换言之,信息化建设中实施的所有工程都属于信息化工程,包括各种以计算机和现代通信技术为支撑的各类信息化建设的基础工程和应用工程。随着信息化在世界范围内的迅速普及,信息技术的普及与应用已成为现代化建设和提高综合国力的需要。在"以信息化带动工业化"成为我国的一项基本国策之后,伴随着以企业信息化、政府信息化和社会信息化为代表的信息化建设的快速兴起,我国掀起了以推动信息化应用为目标的信息化大潮。

信息化工程采用信息化工程方法论作为理论指导,是多技术、多学科的综合,以现代数据库系统为基础,目标是建立计算机化的企事业管理系统,如电子政务工程、社会劳动保障信息化工程、企业 ERP 工程和社区信息化工程等。与相对规范的建筑工程相比,信息化工程建设还存在着很大的不足,与信息化工程建设相关的法规体制尚不健全,工程管理相对落后。信息化工程作为知识密集型工程,与传统的建筑工程相比有很多特殊性,主要表现在以下 6 方面。

(1) 信息化工程的开发活动属于非重复性活动,具有独特性。

从本质上讲,信息化工程的开发过程是将思想转化为可以运行的计算机程序的过程,是人类所做的最具智力挑战的活动之一。软件是计算机系统中的逻辑部件而不是物理部件,因而信息化工程的开发活动属于非重复性活动。

(2) 涉及众多产品及整合技术,具有复杂性。

信息化工程具有技术含量高的特点,而且生产信息技术产品的商家众多,竞争激烈,产品型号复杂,价格五花八门,建设单位对市场不熟悉,在挑选工程承包单位和进行商务谈判时心中无底,比较被动。

(3) 结果难以预测,具风险性、不确定性。

由于信息化工程的不确定因素较多、软件的可见性较差、影响工程进度的因素较多,当项目进入具体实施阶段时,无法对工程的进度与质量进行实时控制和监理,对最终建设的结果不能准确把握。

(4) 任务边界模糊,质量标准难以定义。

在信息系统的开发中,客户常常在项目开始时只有一些初步的功能要求,没有明确的想法,也提不出确切的需求,因此,信息系统项目的任务范围很大程度上取决于开发团队所做的系统规划和需求分析。

(5) 随着项目的进展,客户随意变更需求。

尽管已经做好了系统规划、可行性研究,签订了较明确的技术合同,然而随着系统分析、系统设计和系统实施的进展,客户的需求不断地被激发,程序、界面以及相关文档需要不断修改,导致项目进度、费用等不断变更。

(6) 信息系统的开发渗透了人的因素,人力资源的作用更为突出。

信息化工程(特别是软件开发)受人力资源影响最大,开发团队的成员结构、责任心、能力和稳定性对信息化工程的质量以及是否成功有决定性的影响,必须在人才激励和团队管理问题上给予足够的重视。

思考题

1. 如何理解"工程是在一定边界条件下的集成和优化"?请举例说明。
2. 科学家、工程师和技术员,这 3 个称谓之间有什么关系?

9.2 工程与社会

任何工程都具有社会性。工程从规划、设计、建造到使用,不但要解决各种复杂的技术难题,还需要协调好各方面的利益冲突,解决各种社会问题,考虑人文价值、社会效益和文化意义等。现代工程师的基本素质不仅体现在会不会做（取决于工程原理、工程技术的应用），而且体现在该不该做（取决于道德品质和价值取向）、可不可做（取决于社会、环境、文化等外部约束）和值不值得做（取决于经济效益和社会效益）。

9.2.1 工程文化与人文价值

文化是人类创造的物质成果和精神成果的总和，涉及从生产领域、经济基础到上层建筑、意识形态等社会生活的各个领域，包括物质文化、精神文化和制度文化3个层面。文化包括不能固化的精神、思想、价值观、道德约束等，也包括看得见、摸得着的有形物质，例如饮食、服饰、建筑、生产工具等。以建筑工程为例，从古代的宫殿、庙宇、运河、长城，到现代的水利大坝、高速铁路、摩天大厦等，都是人类创造的有形文化的成果，体现了人类创造物质文化的智慧。

工程与文化共存共生，并对工程活动起到标志、促进或抑制等作用。在工程设计及工程活动的过程中，不仅要表现出设计者对美的理解或追求，展现设计师的文化风格，而且要注意工程与周围环境及文化的相互协调。以建筑为例，不仅要求建筑工程的设计合理、造型美观、使用价值高，同时，还要充分考虑与周边建筑风格与人文环境的关系。例如，位于北京朝阳公园南门的中央公园广场如图9.3所示，引入了"城市山水"的设计理念，将传统文化韵味与舒适现代感巧妙结合，浑然天成，深刻阐述了中国式绿色建筑群，具有天人合一的生态理念，入选中国当代十大建筑。

图9.3 北京中央公园广场设计效果图

任何工程活动都渗透、融汇、贯穿和彰显人类文明成就或人本主义价值精神追求，因此，工程产品体现了一定时期人类精神文化生活的需求。我国著名建筑学家吴良镛认为，建筑必须从文化的角度去考虑，因为建筑正是从文化的土壤中培养出来的。例如，庙宇、教堂、金字塔等体现了某些人的信仰和文化需求；中国的故宫、颐和园、天坛，以及意大利的比萨斜塔，法国的凯旋门，美国的白宫等，都融入了当时的人文精神、对美的追求等因素，体现了社会对文化与建筑的和谐追求。北京的鸟巢、水立方及国家大剧院，都是充满创意并与文化紧密结合在一起的。具有代表性的国家工程，如青藏铁路、三峡工程、港珠澳大桥、南水北调、西电东送等，往往集中了国家和人民的意志，体现了民族凝聚力、人民战斗力的精神价值。

9.2.2 工程产品与公众认知

现代社会的每一天都依赖工程师的工作,工程师改变了世界,在很多方面提高了生活质量。公众的期望是很高的,总是希望工程师设计的设备和系统毫无瑕疵。**公众认知**指用户了解设备、产品或系统并掌握其功能,直至把产品的使用方式转变成为习惯。一个优秀的工程师不仅要关心工程产品的功能,还要关心工程产品是如何被使用的。几乎每个工程产品都需要用户在操作之前学习其功能和使用方法,精心设计的设备应该附有简短的学习曲线和一套一致的操作规则,因为用户在使用一个新产品时,会根据以前使用类似产品所积累的习惯来考虑其是否易于使用。

工程师应该意识到公众认知在工程产品中的重要性,设计的产品或系统应尽量做到操作简单,易于记忆,并与其他类似产品的操作规则保持一致,包括将控件放在类似设备上可能出现的位置,或者是逻辑上的位置,或者人们期望的位置。例如,希望将灯的开关放置在房间正对门轴一侧的墙边,这个位置似乎是合乎逻辑的,符合一个人进入房间的方式。如果将开关放在其他位置,就违背了人们已经形成的行为习惯,可能会让人难以找到。再如,音频设备音量控制,人们潜意识希望通过旋转按钮、滑动移动滑块或箭头来提高音量,这个规则没有硬性逻辑,但与人们积累的习惯相吻合,即顺时针旋转对应前进,向右或向上移动滑块对应音量的增加。如果一个产品通过向左移动滑块来增加设备的音量,看起来就很奇怪。

对于计算机软件系统来说,一个易于使用的应用软件应该有一个友好的用户界面。应用软件与用户之间的信息交流是通过用户界面进行的,如图9.4所示。就像电灯没有开关,电视机没有遥控器或控制面板,应用软件如果没有用户界面,用户就无法方便地使用。用户界面作为应用软件的窗口,其可用性、适应性和自然性直接影响着应用软件的使用效果和计算机系统的工作效率。

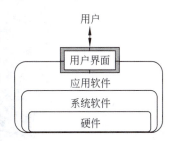

图9.4 用户界面在计算机系统中的位置

一个好的用户界面应该是一个对用户透明的界面,应该把应用软件的计算细节对用户隐藏起来,加强有利于相互理解的信息提示。一个好的用户界面应该是一个易于使用、符合行业标准的界面,用户首次接触这个界面就觉得亲切自然、一目了然,不需要多少培训就可以轻松地上手使用。每一个开发人员在设计过程中都应当遵循某些最基本的标准,例如现在大多数软件使用的图形用户界面,"文件"下拉菜单通常位于屏幕左上角的位置,因为用户期望在那里能够找到"文件"菜单,包括打开、保存和另存为等功能。

当公众对工程师设计的设备或系统怀有误解时,工程师有责任对其进行正确的引导和解释。例如,当移动公司想在当地建筑物上放置一个信号塔遭到居民反对时,工程师应该能够利用专业和智慧进行正确的解释:根据我国法律规定,移动通信基站建设必须符合《电磁辐射防护规定》《环境电磁波卫生标准》等要求,电场强度小于 12V/m,或功率密度小于 $40\mu W/cm^2$,这个标准甚至比计算机对人体的辐射还低,因此不会对住户的健康造成影响。

9.2.3 环境和可持续发展

现代工程需要追求多元价值观,这些价值之间可能是协调的,也可能是冲突的,协调价值冲突是当代工程决策的关键。如南水北调工程,涉及了提水、扬水与隧道等技术问题,也涉及了移民与地区之间经济利益协调等社会问题。对于多元价值追求,通常不可能面面俱到,只有在比较和选择中才能实现合理的决策。

工程是以人为主体的物质生产活动,如何对各种资源进行统筹协调,找到最优的解决方案,并考虑可行性、可操作性、运筹性等问题,是工程的核心问题。在工程建设中应当加强环境保护,发展清洁施工生产,不断改善和优化生态环境,使人与自然和谐发展,使人口、资源和环境相互协调、相互促进。例如,地铁在每一站的室外出口都设计了几层台阶,这样在下雨天可以阻挡雨水倒灌,从而减轻地铁的防洪压力。

工程活动及工程产品要实现人与自然生态环境的和谐,在工程规划和决策阶段要进行生态环境影响评价,建造过程中要实施生态环境保护,最后建成的工程产品必须是体现人与自然和谐的产品。例如,青藏铁路采取植被、遗址养护,以及进行冻土区、植被恢复等一系列环境保护措施,使青藏高原的生态植被和水环境得到了有效保护;青藏铁路沿线经过的牧场附近设立了 200 多个家畜通道;青藏铁路沿线设计了野生动物通道 33 处,通道总长达 58.47km,占线路总长度的 5.27%;在一些没有可利用的现成桥梁或隧道,而野生动物的分布又比较集中的地区,工程通过降低路基两侧坡度、在缓坡上进行植被措施等,模拟了自然的山坡形状,诱导野生动物从路基上通过,使青藏高原的野生动物得到了有效保护。图 9.5 是青藏铁路的野生动物通道。

图 9.5　青藏铁路的野生动物通道

1987 年,世界环境与发展委员会在《我们共同的未来》报告中,第一次阐述了可持续发展的概念,得到了国际社会的广泛共识。**可持续发展**既要满足当代人的需求,又要不对后代人满足其需求的能力构成危害,既要达到发展经济的目的,又要保护好人类赖以生存的大气、淡水、海洋、土地和森林等自然资源和环境,使子孙后代能够永续发展。可持续发展的核心是发展,但要求在提高人口素质和保护环境、资源永续利用的前提下进行经济和社会的发展——可持续长久的发展才是真正的发展。

可持续发展包括环境要素、社会要素、经济要素。可持续发展应该尽量减少对环境的损害,尽管这一原则得到各方人士的认可,然而不同社会群体对于社会发展有不同的想象、不同的视角、不同的价值判断标准,因此对于这个问题有不同的诠释。可持续发展要满足人类自身的需要,并非要人类回到原始社会,尽管在原始社会,人类的活动对环境的损害是最小的,环境得到了极大保护。可持续发展更追求经济发展的质量,鼓励经济增长而不是以环境保护等为名取消经济增长,因为经济发展是国家实力和社会财富的基础。

绿色工程反映了人们对于现代科技文化所引起的环境及生态破坏的反思,同时也体现了设计师的社会道德和社会责任心。绿色工程要求采用最先进的技术,并且要求设计者富有创意,能创造出具有市场竞争力的产品,包括资源最佳利用原则、能量消耗最少原则、零污染原则、零损害原则、生态效益最佳原则等。

思考题

1. 在使用软件系统的过程中如果出现问题,人们会说:"谁写的程序,这都没想到。"站在程序员的视角,你如何看待人们的这种反应?
2. 计算机系统与环境和可持续发展有什么关系呢?

9.3 工程管理

工程是为了实现预期的目标,在正确的工程理念指导下,合理配置资源、资金、人力、环境、信息等要素,对工程进行决策、设计、组织、协调与运行的活动与过程。

9.3.1 工程理念

任何工程活动都是在一定的工程理念指导下进行的,**工程理念**是从工程实践中概括出来的理性认识和观念。**工程理念**是一个源于客观世界而表现在主观意识中的哲学概念,是人们在长期、丰富的工程实践的基础上,经过长期、深入的理性思考而形成的对工程的发展规律、发展方向和有关的思想信念、理想追求的集中概括和高度升华。一般来说,工程理念应该从指导原则和基本方向上回答关于工程活动是什么(造物的目标)、为什么(造物的原因和根据)、怎么样(造物的方法和计划)、好不好(对物的评估及其标准)等几方面的问题。

工程理念贯穿工程活动的始终,是工程活动的出发点和归宿,是工程活动的灵魂。工程理念会影响工程战略、工程决策、工程规划、工程设计、工程实施等各个阶段、各个环节。在正确的工程理念指导下,许多工程不仅成功而且名留青史。例如,曼哈顿工程是一个前所未有的科技工程,要把科学家刚刚发现不久的一个铀核链式反应的基本概念变成一种现实的武器。核裂变现象是由德国科学家首先发现的,随后德国科学家进行了与原子弹有关的核裂变研究。正是这种非常现实而且紧迫的威胁,促使美国启动了曼哈顿工程,并吸引和凝聚了包括奥本海默在内的众多一向不食人间烟火的科学家投入了这项巨大的工程。从工程理念上看,曼哈顿工程启动和运行于一场事关生死存亡的与法西斯德国赛跑的紧急动员机制,从而具有一种巨大的凝聚力和精神驱动力。

正确的工程理念必须建立在符合客观规律的基础上,包括各种自然规律、经济规律和社会规律。和谐社会最核心的价值是以人为本,工程是人建造的,也是为人建造的,因此需要人本意识和人文关怀贯穿其中,即方便于人,服务于人,体现工程的生态观、协调观、多元价值观和社会观等正确的工程理念。随着人类社会的不断发展,工程活动的经验、知识、方法、材料和技术手段也在不断增进和改良,工程师的见识、思维能力、设计方法、施工能力等也在不断提升,工程理念也应该随着时代、环境、条件的变化而不断变化和发展。

9.3.2 工程设计

工程设计是运用工程原理和知识去满足一种实际需要的活动。如果一个问题有多个可能的解决方案,需要通过创造、选择、测试、迭代、评估等过程来决定一个合适的方案,这样的活动就是设计。设计的对象可以是物理设备,例如机器、产品或者桥梁,也可以是一些较为抽象的东西,比如软件系统、网络模型或者控制算法。

工程设计的特点是开放性,任何一个设计都不可能只有一种方案,设计者必须要对多个方案进行比较和权衡,从中选出最佳的方案。最佳方案通常包括许多因素,例如成本、准确性、鲁棒性、安全性、可行性等。在现实世界中,几乎没有工程设计在第一次就是正确的。设计是一个需要迭代的过程,工程中测试、评估和修改是非常重要的,有时整个前期的设计都要被抛弃,产品需要彻底重新设计。在工程设计过程中可能出现各种问题,因为失败是设计过程中不可避免的一部分,在故障的基础上重新设计是优化最终产品的一个重要途径。工程设计的具体过程和工程领域、产品类型等很多因素相关,但是大部分工程设计都要经过如图 9.6 所示的一般过程。

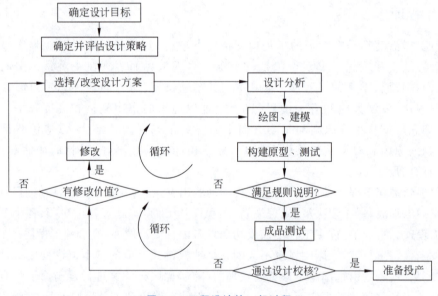

图 9.6 工程设计的一般过程

在工程设计的历史中,很多工程失败的原因是工程师在工程判断上存在重大失误,缺陷在设计阶段没有被发现,而是在使用过程中暴露出来。无论工程的缺陷如何,在设计过程中发现缺陷总比投入使用后发现要好。学习经典失败的工程案例,可以帮助工程师避免在自己的工作中犯同样的错误。下面是两个经典的案例。

案例 1:塔科马海峡大桥。塔科马海峡大桥位于美国华盛顿州的塔科马市,1940 年建成,横跨普吉特海湾,是当时最大的悬梁桥。设计师使用了许多短跨度单元,为了外观好看省掉了支持桥梁的桁架。由于这种方法在短跨度的桥梁上得到了有效验证,因此,工程师想当然地假设对长跨度桥梁依然有效。1940 年 11 月 7 日,塔科马刮起了特大的风,大桥开始波动和扭曲,几小时后,两个重要的中心跨度之间的桥梁坍塌了。问题出在负责设计这座大桥的工程师基于小桥梁的计算结果设计了这座大桥,然而,计算背后的假设条件却不适用于塔科马的大跨度海峡大桥。

案例 2:堪萨斯凯悦酒店。堪萨斯凯悦酒店于 1981 年开业,包括一个悬挂在半空中的双层露天走廊,横跨整个大堂。在酒店开业不久的一次聚会上,露天走廊上同时挤满了人,并伴随着音乐跳舞,也许是人群的重量和跳动的节奏与走廊产生了共振,使得走廊突然坍塌,造成 100 多人死亡。错误起源于设计阶段,这个横跨大堂的露天走廊设计没有为安全边界留出足够的余量。在计算结构的最大负荷与期望最大负荷之间,至少应留出一定的安全范围,这是结构设计中的常见做法。

9.3.3 工程进度

进度指工程项目进展的速度。工程进度对于任何工程项目的成功都是至关重要的,合理地安排工程进度是如期完成工程项目的重要保证,也是合理分配资源的重要依据。进度安排的常用描述方法有甘特图(Gantt 图)和 PERT 图(计划评审技术图)。

1. 甘特图

在甘特图中,横坐标表示时间(如时、天、周、月、年等),纵坐标表示任务,水平线段表示对一个任务的进度安排,线段的起点和终点对应在横坐标上的时间分别表示该任务的开始时间和结束时间,线段的长度表示完成任务所需的时间,重叠的时间段表示任务之间的相互依赖性,如图 9.7 所示。甘特图是随着工程进度不断变化的活动文档,已经完成的任务用阴影填充,能够一目了然地确定项目的状态。

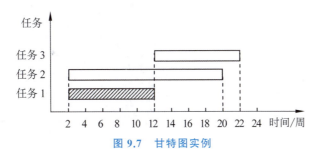

图 9.7 甘特图实例

甘特图能清晰地描述每个任务从何时开始,到何时结束,具有简明直观、容易使用的特点,但是,甘特图不能反映各任务之间的依赖关系,难以确定整个项目的关键所在,也不能反映计划中有潜力的部分。

> 美国工人亨利·甘特(Henry Gantt)在第一次世界大战期间,为了在工作车间进行进度计划,首创了甘特图。甘特图通过日历形式列出了任务以及其相应的开始和结束日期,为反映项目进度信息提供了一种标准格式。

2. PERT 图

PERT 图是一个有向图,图的有向边表示任务,边上的权值表示完成该任务所需的时间,图的顶点表示事件,事件仅表示某个状态,本身并不消耗时间和资源,只有当流入该顶点的所有任务都结束时,顶点表示的事件才能出现,同时流出该顶点的任务才可以开始。每个事件有一个事件号和出现该事件的最早时间和最迟时间,最早时间表示在此时间之前从该事件出发的所有任务不能开始,最迟时间表示从该事件出发的所有任务必须在此时间之前开始。每个任务还有一个机动时间,表示在不影响整个工期的前提下,完成该任务还有多少机动余地。PERT 图的基本符号如图 9.8 所示。

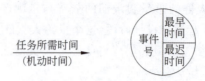

图 9.8 PERT 图的基本符号

PERT 图不仅给出了每个任务的开始时间、结束时间和完成该任务所需的时间,还给出了任务之间的关系,表明了哪些任务完成后才能开始另一些任务,以及如期完成整个项目的关键路径。图 9.9 所示是 PERT 图的一个示例,不难看出,机动时间为 0 的任务是完成整个项目的关键任务,由关键任务组成的路径是完成整个工程的关键路径。

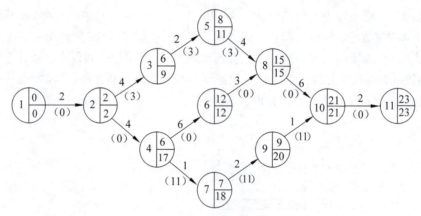

图 9.9 PERT 图示例

9.3.4 工程成本

从经济角度看,科学(特别是基础性研究科学)是一种对自然界和社会本质及其运行规律的探索和发现,并不一定要有直接的、明确的经济目标,其主要评价原则是发现、揭示和学术的原创性。工程有着明显的经济目标或社会目标,在很大程度上是为了获得经济效益或社会效益并改善人类的物质文化和生活水平。工程活动必将涉及市场、资源、资金、成本、利润、环境等基本要素,是将资金通过对技术知识、工程知识、产业知识的开发转化为现实生产力,以求得更大的经济效益和社会效益的过程。任何一项工程(特别是重大工程)都要聚集社会的大量资金,加之工程具有明确的经济目标或社会目标,因此,用于工程的各项资金投入必然会在推动相关行业发展的同时,对社会需求产生多方面的明显拉动。

工程成本是在工程项目的寿命期内为实现项目的预期目标而付出的全部代价,包括决策成本、设计成本、采购成本和实施成本等。决策成本是进行工程决策时需要花费的成本,例如市场调查、收集和汇总资料、开展询价、进行可行性研究等。设计成本是根据一定生产条件,通过技术分析和经济分析,采用一定方法来确定最合理的加工方案,例如,工程建设项目需要进行规划、设计、施工图设计,机械产品需要进行方案设计、制造加工图、设计产品,营销项目需要进行营销方案的策划和设计等。采购成本指采购原材料和部件以及相关的物流费用,包括采购订单费用、采购人员管理费用、购买价款、相关税赋、运输费、装卸费、保险费等。实施成本指在项目实施过程中为了完成项目而耗用的各种资源所构成的成本,包括设备费、材料费、人工费、管理费、不可预见费等。

信息化工程的成本是信息化工程开发、实施过程中所消耗的人力资源、物质资源和费用开支的总和。按不同的标准将成本分成不同种类。

(1) 根据成本的可追溯性划分为直接成本与间接成本。

直接成本指可以追溯到个别产品、服务或部门的成本。例如,承建单位为实现业主单位的某项需求,设计、开发某子系统而直接消耗的资源,这一资源的消耗只与该项需求有关,通常称这些消耗为直接成本。**间接成本**指承建单位在信息化工程开发、实施过程中,其内部各部门所消耗的资源及费用开支总和,例如,承建单位各部门的管理费用、培训费用、工资等。

(2) 根据成本性态划分为固定成本与可变成本。

成本性态是成本总额对业务量的依存关系。业务量指组织的生产经营活动水平的标志量,它可以是产出量,也可以是投入量,可以使用时间度量,也可以使用货币度量。当业务量变化时,各项成本有不同性态,大体可以分为两种:固定成本和可变成本。

固定成本指不受业务量影响的成本,例如承建单位的硬件、软件及建筑物(机房)的投资,但这不是硬件、软件及建筑物的购置价格,而是其每月(或每年)的折旧。这些折旧无论业务量增加还是减少,一直保持稳定,这些属于信息系统承建单位的固定成本。**可变成本**指随着业务量增加而成正比例增长的成本,例如,承建单位员工的工资、员工管理费用、电力等的耗费都会随着工程量的增加而增加,这些都属于承建单位的可变成本。

(3) 根据成本的性质划分为资本成本与营业成本。

为购置长期使用的资产而发生的成本称为**资本成本**,这些成本一般以一定年限内的折旧体现在会计科目中,所以资本成本一般指折旧而不是购置资产的价格。**营业成本**指日常发生的与形成有形资产无关的成本,例如硬件的维修费用、软件的维护费用、打印纸等消耗材料费用。

思考题

1. 请上网查找由于工程理念的落后甚至错误酿成失误的工程实例。

2. 作为计算机专业的学生,假如有人请你编写一个小系统,你该如何核算软件开发成本呢?

9.4 工程素养

工程素养指工程技术人员从事工程活动和解决复杂工程问题所需具备的职业素养。现代工程师应具备的工程素养涵盖从工程知识到工程能力、从文献检索到阅读写作、从勤奋好学到不断创新等,本节主要讨论工科专业的学生在大学期间应该培养的团队合作、沟通表达、创新能力、终身学习等素养。

9.4.1 个人与团队

工程是在科学和人文的基础上形成的跨学科知识体系和实践体系,以科学为基础对各种技术因素和各种社会因素进行集成。因此,工程问题本质上属于跨学科问题。正是各种技术的彼此渗透和融合为新技术的产生和工程的实施提供了前提。一个学科的工程师必须学会与其他学科工程师沟通的方法,并与其他人一起配合工作。

工程项目通常是复杂的,需要许多具有不同技能、特长和个性特质的人构成团队。许多伟大的工程成就是通过工程师与其他众多学科团队合作实现的。团队是为了实现一个共同的目标,由两个或两个以上的人员组成的合作单元。一般来说,成功的团队具有以下特点:①团队有共同的目标和责任;②团队成员互相沟通,鼓励共同学习、探索、提高;③团队是高效执行任务的载体;④团队搭建了实现人际交流、获得个人成就、满足被认可需求和实现个人价值的平台。

"个人与团队"指的是能够在多学科背景下的团队中担当个体、团队成员以及负责人的角色。项目团队的使命就是完成某项特定的任务,实现项目的既定目标,满足客户的需求。团队的重要意义在于,只有进行合作才可能战胜个人无法战胜的困难,解决个人解决不了的问题,从而高效地完成任务。在当今社会,团队合作已经由个人意愿变成了现代社会生产的必然要求。

作为团队成员,在加入团队之前,每个人都是独立的个体,应该具有从事本领域相关工作的能力与素质,这既是发挥个人价值的前提,也是对团队工作进行支撑的必要保障。同时应该在团队工作中努力做到以下 6 点:①尽最大努力帮助团队成长并实现团队目标,而不是基于团队过去的经验;②不要期望有完美的队友,看到队友的优势和在团队中扮演的角色,和团队成员交朋友;③新加入团队时切忌先入为主,看上去对工作内容清楚了解的人很可能不会一直在团队,落后的成员也许有更高的积极性和更坚韧的毅力;④通过持续参加团队会议,提高自身能力和团队参与度;⑤帮助构建团队风格与团队文化,团队能激发出独特化学反应和强烈个性,每一个团队都与众不同,成为充满活力、个性鲜明的团队的一员,是团队合作的回报之一;⑥促进团队成长,致力于成为一个了解团队、充当催化剂的人。

当代软件的一个显著特点是规模庞大,而且软件的复杂性随着软件规模的增加呈指数上升。为了在预期时间内开发出规模庞大的软件,不仅有关专业技术问题,更重要的是科学合理的管理。项目越复杂,越需要出色的团队负责人与管理艺术。团队负责人应该确保团队始终专注于目标,并培养和保持积极的团队个性,带领团队达到高绩效和专业水平。团队负责人可以尝试采取以下方式提高团队工作效率,树立团队风格:①建立合理高效的团队组织架构,组织结构图是一种用于指定团队管理结构的工具,表明工程项目各个方面的负责人或负责机构;②设定明确的岗位责任,确定岗位最合适人选,设立实施项目的行为规范及共同遵守的价值观;③定期召开团队会议,及时掌握团队动态,团队的所有成员都必须了解各自的任务与整个团队的责任之间的关系,从而确保会议讨论的有效性;④不要回避个人冲突,建立良好的沟通渠道和沟通方式,通过交流与协商解决冲突,必要时由团队负责人进行决断;⑤建立高效的团队决策模式,采取快速积极的反馈机制,寻找所有(或者绝大部分)团队成员都能找到共同点的决定;⑥营造以信任为基础的工作环境,尊重与关怀团队成员,有效提升团队凝聚力。

9.4.2　沟通与表达

工程师在工作中需要具备的最重要的非专业技能是什么？当被问及这个问题时，几乎每一位人力资源经理或项目经理都会把沟通与表达放在第一位。沟通包括口头和书面两种方式，当然，倾听同样也是一项非常重要的技能。良好的沟通能力是职业和个人成功的基础，工程师尤其需要与同事、客户和其他利益相关者经常沟通。

工程师需要具备的沟通能力指就复杂工程问题与业界同行及社会公众进行有效沟通和交流，包括撰写报告和设计文稿、陈述发言、清晰表达或反馈等多个方面。在某些情况下，工程师还要求具备一定的国际视野，能够在跨文化背景下进行沟通和交流。

通常来说，沟通分为非正式研讨和正式会议，讨论、汇报和演讲等不同的信息传递方式决定了沟通的特点，针对不同的沟通特点进行设计会有助于提高沟通效率。对于非正式的研讨，也要进行简要的计划和构思，对讨论的内容做一些思考，例如"谈话的主题是什么？""关于主题的看法或者想法是什么？""是否需要提供相关的参考资料？"起草一页简短的突出重点的文档，对于非正式研讨非常有帮助。

任何沟通的目的都是向听众传达信息，在沟通的整个过程中要确保听众能获得期待的相关信息，受众的角色和动机将决定如何组织有效的沟通。例如，当向高层管理人员提交进度报告时，技术细节可能无关紧要，高层领导和管理人员可能更关心项目是否按期按时在预算内完成开发。如果给学生授课或组织讨论，需要确保主要原理和技术细节传递到位，严谨的术语表达不仅是准确、简洁、高效的信息传递的要求，也是树立工程师学术形象、增强信任感与感染力、提升可信度的重要基础。

工程师经常需要为设计团队、管理者、客户或其他大众群体做正式演讲。可以使用多媒体等工具增强沟通效果，通过文字、图表、音频和视频等形式的综合应用，吸引并保持听众的参与度。许多演讲者没有考虑肢体语言和其他非语言交流形式在演讲中所起的作用，但眼神、交流姿势、面部表情和手势等因素都会极大地影响演讲者所传达信息的有效性。事实上，研究表明，非语言形式的交流与传递信息时的语言同样重要。肢体语言可以表达演讲者的自信、可信度、诚实、热情和真诚，积极的非语言交流可以极大地提升演讲者与听众的沟通效果。

工程师有时需要在技术会议上提交正式的报告文件。工程技术报告是实践中的书面交流形式，例如项目申请书、进度报告、实验报告、项目结题报告等，都是典型的工程技术报告。撰写工程技术报告应遵循以下基本原则。

（1）清晰性。在撰写工程技术报告时，需要根据受众对象和报告目标选择合适且适度的术语进行表达。例如，向非专业人士报告或非技术细节研讨时，应选择更为基础简洁、不引起歧义、更容易被非专业人士理解的浅层术语；如果是业内开展的深度研究与交流，应该严格按照专业术语进行报告撰写和表达。

（2）正确性。报告中确保拼写、语法、标点符号等符合正确的语法规范，有助于受众对象理解报告内容和所传递的信息，这是保障正常顺畅技术交流的前提。

（3）简洁性。简洁的表达通常都是最好的，避免重复和冗长深奥的表达，以及语义不明的句子。

（4）完整性。报告中应包含全部信息，包括项目背景、过程或方法的描述、结论以及下一步计划等内容。

> 在学校与教授讨论作业或者项目时,沟通与表达也很重要。例如,参加教授安排的答疑辅导时,最好用一页纸记下你的困惑或问题,带着问题去答疑,肯定比毫无准备的效果要好得多。再如,笔者在QQ答疑时经常会遇到下面的对话:
> 学生:老师,在吗?/老师,我能问一个问题吗?/老师,有时间吗?
> 我:??(老师的QQ不一定用来即时聊天,因为老师要上课、开会、写论文,还要做家务,直接留下问题即可,老师有时间会第一时间回复的)
> 学生:老师,今天的作业我不会!
> 我:??(哪道题不会?遇到什么具体问题了?难道你只是通知老师一声?)
> 学生:老师,我的代码不能运行!(发过来一张截图)
> 我:??(有错误提示吗?测试数据呢?只给我截图是考查我敲代码的速度?)

工程师有时需要与其他公司员工、管理层或同事进行书面交流,备忘录和电子邮件是公司中常用的书面交流形式,尤其是电子邮件已经成为现代沟通交流不可或缺的工具。与面对面沟通不同的是,邮件一旦发送就意味着不能撤回,所有邮件都将成为公司或公共记录的一部分,因此保证邮件的正确性是非常重要的。以下是通过邮件进行沟通的一些提示:①包含简短、有意义的主题,一个好的主题可以帮助接收者进行搜索、归档和过滤;②在正文中使用适当的问候语和结束语;③包含附件时,请确保为附件指定有意义的文件名,并在邮件正文中引用该附件的名称;④尽量简短,一般的经验法则是将正文限制在不必滚动的情况下,可以在屏幕上看到全部的文本量;⑤在正文的第一句或第二句将邮件的内容或目的陈述清楚,并且简明扼要;⑥如果希望收件人在收到邮件后进行回复,请明确指出,例如:"请您在某个日期和时间之前作出答复。"

9.4.3 工程创新

创新指在人类物质文明、精神文明等一切领域、一切层面上淘汰落后的思想和事物,创造先进的、有价值的思想和事物的活动过程。现代汉语词典中对创新的定义是"抛开旧的、创造新的"。因此,创新至少包含以下内容:①独创及创造新事物,想别人没有想到的,做别人没有做过的,独辟蹊径,善于发现;②更新及除旧布新,勇于改革不合时宜的陈旧方法,迎接新事物;③改变事物,使事物变得和原来不一样,形成切合实际的新做法。总之,创新就是继承前人又不因循守旧,借鉴别人又有所独创,努力做到有新视角、新思路、新办法。

从词源上看,工程本身就意味着创新,或者说,工程本身就是某种创新的体现。从工程的本质和特点看,世界上没有两项完全相同的工程,因为每一个工程项目都具有其独特的问题和环境,都需要有针对性地设计思路和施工方法,也需要在技术、管理、材料、人力资源等工程要素上作相应的调整和重组。从这个意义上说,工程创新实际上是工程活动中非常普遍的现象。

由于工程追求的是在对所采用各类技术的选择和集成的过程中,以及对各类资源的组织协调过程中追求集成性优化,并最终构成优化的工程系统,因此工程创新的重要标志是**集**

成创新，主要体现在两个层次上：①工程活动需要对多个学科、多种技术在更大的时空尺度上进行选择、组织和集成优化；②工程活动必须在工程总体尺度上对技术、市场、产业、经济、环境、社会以及相应的管理进行更为综合的优化集成，因此，工程往往有多种技术、多个方案、多种实施途径可供选择，工程创新就是要在工程理念、工程战略、工程决策、工程设计、工程施工和组织等过程中，努力寻求和实现"在一定边界条件下的集成和优化"，这是工程创新的核心思想。

工程师的创新能力在某种程度上决定着国家和民族解决自身生存发展的能力，创新意识是决定一个国家和民族创新能力最直接的精神力量。以下是计算机领域工程创新的几个典型例子。1976 年，北大方正跳过第二代、第三代直接研制激光照排系统，占领了国内外中文照排的大部分市场，使我国印刷行业告别了铅与火而进入信息时代；嫦娥五号成功登月，实现了中国首次月球无人采样返回；我国自主研发的先进百万千瓦级压水堆核电技术，是中国核电走向世界的国家名片，"华龙一号"是中国核电创新发展的标志性成果；量子计算机"九章"使我国成为全球第二个实现量子计算的国家。

创新意识是人们对创新的价值性和重要性的一种认识水平、认识程度，以及由此形成的对待创新的态度，并以这种态度来规范和调整自己的活动方向。中国传统教育往往注意培养学生解决问题的能力，却忽视了提出并形成问题的意识和能力，这是高等工程教育中应该重视的重要问题之一。创新思维的重要特征是独创性，独创性就是与前人、众人有所不同，独具真知灼见。从心理学角度看，创新思维有如下 3 种创新因子：①怀疑因子，敢于对人们司空见惯或完美无缺的事物提出怀疑；②抗压因子，力破陈规陋习，锐意进取创新，勇于向旧的传统和习惯挑战；③主动否定自己，打破自我束缚。

9.4.4 终身学习

终身学习指为适应社会发展和实现个体发展的需要，贯穿于人的一生的持续学习过程。国际 21 世纪教育委员会在向联合国教科文组织提交的报告中指出，终身学习是 21 世纪人的通行证，也是每个人一生成长的支柱。新时期社会的、职业的、家庭生活的急剧变化，导致人们必须更新知识观念，以获得新的适应能力，养成终身学习的习惯。因此，广义的终身学习指学会求知、学会做事、学会共处、学会做人。

终身学习要求人们必须树立终身学习意识，通过不间断的自我学习实现提升。终身学习对于工程师而言是至关重要的，对自我完善的不懈追求是终身学习的动力。在市场经济条件下，在技术更新速度越来越快的今天，学生在学校得到的知识很快就会过时，如果不具备自我更新知识的能力，就不能适应工程的实践要求，更无法成为技术进步和工程创新的领军人物。工程师应该能够及时掌握发展动向，具有较强的学习与消化能力，能够不断扩展知识面并终身获取新知识。

终身学习是个人成长和进步的必然要求，是工作生活中不可分离的一部分。终身学习能力包括主动学习能力、自我更新知识能力、学以致用能力等。主动学习指把学习当作一种发自内心的个体需要，与之对应的，被动学习是把学习当成一项外来的、不得不接受的活动。自我更新知识指不固守已经掌握的知识和形成的能力，从发展和提高的角度对自己的知识、认识和能力不断进行完善。例如，作为教师必须具备自我发展、自我完善的能力，不断接收新的知识和新的技术，不断更新自己的教育观念、专业知识和能力结构，跟上时代的变化。

学以致用的精髓在于动手,理论上行得通的东西,在实践中做起来可能远比想象的复杂得多,实践是检验真理的唯一标准。

可以肯定,21世纪最重要的学习能力就是学会管理知识和处理信息。我们不可能也不需要记住所有的知识,但必须知道到哪里去查找需要的知识,并且能够快速找到;我们不可能也不需要了解所有的信息,但必须知道最重要的信息是什么,并且明确自己该怎么行动。要充分利用书籍、讲座、MOOC(大规模线上公开课程)等公共资源,而且最重要的是勤学不辍、坚持不懈,如果已经设定了现实的期望,并且有自我动力去完成,那么就要按照既定的规划开展学习,遇到困难能够坚持下去,终将会有收获。

终身学习是持续性、长时间的自主主动学习行为,是由学习者本人自发进行,根据自己的需求开展针对性的学习活动。学习内容既可以与工程师职业发展相关,也可以仅从性格爱好出发,例如,一名技术岗位成长起来的企业主管要主动学习商业金融、项目管理等内容,一名生物爱好者也可以组织野外探险。

主动学习有时需要学习者对自己的学习状态和效果进行及时的评价。一个人在学习过程中,不仅学习水平在不断变化,兴趣和爱好也在不断变化,对这些方面进行评价和审视,不仅有利于保证学习的速度和质量,更重要的是保证学习方向的正确,主动调节自己的学习行为,有的放矢地规划学习内容和学习方向,以适应不同的环境和需要。

终身学习是在人的一生中利用各种机会去更新、深化和充实最初获得的知识,使自己能够适应快速发展的社会,因此,终身学习从任何时候开始都不算晚。

思考题

1. 如果你作为项目经理带领 4～5 个团队成员开发一个应用程序,你该如何进行任务分配呢?如何营造良好的团队氛围?

2. 沟通与表达是如此重要,你在沟通与表达方面有哪些优势?

3. 假设你计划学习某一方面的知识或技能,请画出一张思维导图,确定具体内容和计划。

阅读材料——我国高等工程教育的发展历程

工程在当代社会中占据着重要地位,培养大批符合时代发展需要的高素质工程技术人才对我国经济发展和科技进步极为重要。工程人才和科学人才是两种不同类型的人才,各自有其自身的特点和教育的规律。

我国的工程教育只有百余年的历史。1895年,北洋大学堂的创办开创了我国工程教育的先河。中华人民共和国成立后,我国工科类高等院校及专业建设得到高度重视,1949年全国高校共计205所,其中工科类高等院校28所,占全部高校的13.7%,高校学生总数11.65万人,其中工科学生3.03万人,占学生总数的25.9%。1957年,高等教育部组织工业院校召开修订高等工业学校教学计划座谈会,反思我国学习苏联高等工程教育模式出现的弊端,针对发展速度过快等主要问题提出修正建议。1962年,高等工业学校教学工作会议召开,以提高高等工业学校教学质量为主题展开全面探讨,并出台《教育部关于直属高等工业学校修订教学计划的规定(草案)》,对高等工业学校的培养计划、教学大纲、教材等进行了修订。

1977年,教育部召开全国高等学校招生工作会议,决定恢复全国高等院校招生考试。1980年1月,教育部委托直属高等工业学校拟定《教育部关于直属高等工业学校修订本科教学计划的规定(草案)》,规定培养目标为"德、智、体全面发展的高级工程技术人才""必须获得工程师的基本训练"。1983年,教育部召开"高等工程教育层次、规格和学制的研究"专题研讨会,论证了高等工程教育四个层次人才培养的科学性及合理性,指出专科层次的工程教育是培养工程技术应用人才,本科层次的工程教育是使学生获得工程师的基本训练,研究生层次的工程教育是培养工程师,既要适应我国经济社会发展和建设,也要适应国际形势。1984年4月,教育部下发《关于高等工程教育层次、规格和学习年限调整改革问题的几点意见》,确定了各个层次人才的基本规格、学习年限、训练要求。

1987年,教育部首次修订《普通高等学校本科专业目录》,专业种数由1300多种调减至671种,专业名称及内涵得到规范与整理。1993年,教育部再次修订《普通高等学校本科专业目录》,重点解决专业归并和总体优化的问题,形成了体系完整、统一规范、比较科学的本科专业目录。1997年4月,国务院学位委员会审议通过《工程硕士专业学位设置方案》,决定设置工程硕士专业学位。当年首批54所高校率先培养工程硕士。2000年,教育部下发《关于实施"新世纪高等教育教学改革工程"的通知》,通过建设高等工科基础课程教学基地、强化本科(工科)教学精品课程建设等,注重高等工科类人才培养的教学质量;同时通过工程(技术)研究中心、重点实验室、强化本科(工科)教育教学改革项目建设等,不断破解实践教学和工程训练不足的现实问题。

2006年,教育部办公厅发布《关于成立教育部工程教育专业认证专家委员会的通知》,旨在推动我国工程教育专业认证的政策改革、方案设计、措施执行,并为教育行政部门提供咨询服务,为高校开展认证工作提供指导。同年,启动国家工程教育专业认证试点工作,设立了机械工程等4个工程教育专业认证试点工作组,清华大学等8所高校的5种不同类型专业通过了专业认证。2013年,我国成为《华盛顿协议》预备成员。2014年,华东理工大学的化学工程与工艺专业通过ABET认证,属全国首例。2016年年初,我国接受《华盛顿协议》组织的转正考察,北京交通大学、燕山大学代表国家作为考察观摩单位。2016年6月,我国成为《华盛顿协议》正式会员,标志着我国工程教育专业认证体系与国际认证体系实质等效,毕业生取得的学位可获得《华盛顿协议》其他国家组织的认可,极大提升了我国工程教育的国际影响力。

2008年,教育部高等教育司成立"CDIO工程教育模式研究与实践课题组",分析国际工程教育改革,研究CDIO工程教育模式、理念、做法,指导我国高校开展CDIO工程教育模式试点工作。2010年,教育部启动实施"卓越工程师教育培养计划",以期培养一大批创新能力强、适应经济发展需要的高质量各类型工程技术人才。2013年,教育部、中国工程院印发《卓越工程师培养计划通用标准》,为本科工程型人才、工程硕士人才、工程博士人才分别制定了培养通用标准,作为高校的宏观指导。

2017年起,教育部积极推进新工科建设,努力探索领跑国际的中国工程教育模式。2017年2月,教育部在复旦大学举行高等工程教育发展战略研讨会,达成"复旦共识"。同年4月,教育部在天津大学举办工科优势高校新工科建设研讨会,公布《新工科建设行动路线》,称为"天大行动"。同年6月,教育部在北京召开新工科研究与实践专家组成立暨第一次工作会议,通过《新工科研究与实践项目指南》,称为"北京指南",为新工科建设进一步提出指导意见。

高等工程教育作为高等教育发展的重要一翼,无论从高等教育外部现实要求抑或是高等教育自身发展逻辑要求,以改革为常态是实现我国高等工程教育未来持续发展的主旋律。面对新一轮工业革命的强烈冲击,以及人工智能、大数据、物联网、云计算、区块链等新技术的不断发展,各国政府纷纷启动部署,德国的"工业4.0"、美国的"工业互联网战略"、法国的"新工业法国"、日本的"日本再兴战略"、中国的"中国制造2025"等,都将对世界工业改革及工程教育发展产生重大影响。

习题 9

一、选择题

1. 在国内外较高学术水平的期刊上发表的高质量的学术论文一般都属于(　　)层次的创新研究成果。

    A. 原始创新　　　B. 一般创新　　　C. 应用创新　　　D. 工程创新

2. 当移动公司想在当地建筑物上放置一个信号塔遭到居民反对时,工程师应该采取的行动是(　　)。

    A. 和居民一起反对这个做法

    B. 不参与反对,也不进行表态

    C. 能够利用专业和智慧向施工方据理力争

    D. 能够利用专业和智慧向居民进行正确的解释

3. 可持续发展的核心是(　　)。

    A. 可持续　　　　B. 发展　　　　C. 提高人口素质　　D. 保护环境

4. 工程师在工作中需要具备的最重要的非专业技能是(　　)。

    A. 不断学习　　　B. 书写文档　　　C. 沟通和表达　　D. 不断创新

5. 工程创新的核心思想是(　　)。

    A. 集成和优化　　　　　　　　　　B. 客户满意的产品

    C. 构建一个新的存在物　　　　　　D. 提出并形成问题

二、简答题

1. 什么是工程?工程有哪些主要特征?
2. 简述科学、技术和工程三者之间的关系。
3. 什么是信息化工程?信息化工程有哪些特点?
4. 为什么工程设计是一个迭代的过程?工程设计的一般过程是什么?
5. 如何理解工程创新?怎样才能做到工程创新?
6. 终身学习可以借助哪些公共资源?

三、讨论题

1. 2003年秋季,在渭河流域发生了洪涝灾害,直接经济损失达23亿元,然而专家们指出,洪峰最高流率只有每秒3700m³,仅仅是三五年一遇的洪水,却造成了50年不遇的大洪灾。陕西省方面将这次水灾的主要原因归结为三门峡水库的蓄水水位常年保持在较高水位,致使陕西渭河流域的泥沙淤积严重,使得渭河河床持续抬高,最终引起渭河倒灌以至于

"小水酿大灾"。那么,问题出在哪里呢?请查阅资料,对三门峡工程的问题进行研究。

2. 你认为从工程大国到工程强国,我们缺少什么?我国能否成为工程强国?请查阅相关资料,谈谈你的感想。

3. 北京地铁 8 号线是一条纵贯北京市南北的中枢线路,于 2008 年 7 月 19 日开通,并直接服务于北京奥运会。北京地铁 8 号线的地理环境特殊,文化底蕴丰富,装修设计风格体现了环境、地域的文化因素。请说明北京地铁 8 号线的文化因素。

4. 中国载人航天工程是我国航天史上迄今为止规模最大、系统最复杂、技术难度和安全可靠性要求最高的跨世纪国家重点工程之一。中国载人航天工程包含哪些工程创新?

5. 请分析工程环境与可持续发展之间的关系。如果你是工程师,你会在建设水坝工程前考虑哪些环境因素,从而促进该地区的可持续发展?

6. 中国环境保护的 32 字工作方针是:"全面规划,合理布局,综合利用,化害为利,依靠群众,大家动手,保护环境,造福人民",请解释 32 字工作方针,并说明其重要意义。

7. 假如你因个人原因缺席了一堂专业课,请给你的任课教师写一封邮件,解释未能上课的原因,并说明如何补交作业。

8. 在你的职业规划中,需要持续关注和学习哪些知识?如何做到终身学习呢?

9. 假如你作为项目负责人设计一个自动垃圾分类装置,请设计团队的目标、角色、工作任务和工作进度。

10. 头脑风暴(brain storming)指无限制的自由联想和讨论,使各种设想在相互碰撞中激起脑海的创造性风暴,其目的在于产生新观念或激发创新设想。假设现在你和其他 4 位同学正在完成一个设计大赛的参赛作品,请展开你们的头脑风暴。

第10章 工程伦理与职业道德

任何一个职业都要求其从业人员遵守一定的职业和道德规范,同时承担起维护这些规范的责任。虽然这些职业和道德规范没有法律法规所具有的强制性,但遵守这些规范对行业的健康发展至关重要。计算机从业人员也需要遵守基本的伦理道德、职业道德和法律法规。本章主要讨论以下问题。

(1) 信息时代需要什么样的计算机人才?与计算机技术有关的专业岗位有哪些?

(2) 什么是工程伦理?处理工程伦理问题的基本原则是什么?

(3) 计算机从业人员应该遵守哪些职业道德?软件工程师应该遵守哪些职业道德?

(4) 如何保护计算机软件的知识产权?与计算机相关的法律法规有什么?

【情景问题】谁来为软件错误负责

软件作为一种思维产品,和其他产品相比有着很多不同的特性,几乎所有的软件在特定条件下都会有意想不到的行为。当今社会已经过于依赖计算机技术,如果一个计算机系统出现了软件错误导致了某种严重的后果,谁应该为这个软件错误负责?谁应该为这个严重后果负责?在计算机技术不断发展的同时,消费者、律师、立法者和技术人员将不得不面对这类问题。

如果一个程序员参与开发了一个暴力性的计算机游戏,那么他对这个游戏引发的任何后果要负多大的责任?假如这个暴力性的计算机游戏是一个大型的软件系统,需要很多人一起开发,但是只有少数人掌握整个系统的完整情况,对于一个普通员工来说,他不了解全部情况却为这个项目编写了程序,那么他对这个游戏引发的任何后果要负多大的责任?当专家系统做出决策时,谁应该对这个决策产生的后果负责?例如,如果一名医生利用专家系统协助手术但手术失败了,谁应该承担这个责任?是医生、程序员、软件公司还是其他人?

开发计算机软件的过程是将思想转化为可以工作的计算机程序的过程,是人类所做的最具智力挑战的活动之一。因此,任何计算机系统都不可能是绝对安全的。即使最好的程序员也会写出有错误的程序,但是,程序员应该明白哪些错误是可以谅解的,哪些错误是由于程序员的疏忽造成危害而不可原谅的,从而尽量避免错误。一个尽责的程序员应该尽可能做好本职工作,配合大家对代码进行多次复查以确保每一个程序尽可能正确,尽可能排除错误隐患。

10.1 专业岗位

在信息时代,信息技术与信息产业已经成为推动社会进步和社会发展的主要动力。拥有足够数量的高素质计算机专业人才是实现信息化社会的基本保证。信息化社会需要的计算机人才是多方位的,不仅需要研究型、设计型人才,也需要应用型人才,不仅需要开发型人才,也需要维护型、服务型、操作型人才。

10.1.1 信息时代对计算机人才的需求

信息技术革命是迄今为止历史上最为壮观的科学技术革命,以其无比强劲的冲击力、扩散力和渗透力,在短短几十年的时间里迅速改变了世界,人类文明由工业时代进入了信息时代。在人类文明史上三次里程碑式的变革中,劳动力的活动历程从农场到工厂再到办公室,技术是变革的核心。农业经济来自种植,工业经济来自机器,信息经济依靠的是计算机,以至于信息时代被称为计算机时代。

> **人类文明史上三次里程碑式的变革**
> (1) 农业时代。原始时代的人类大多从事狩猎和采集食物等活动,过着群居的游牧生活。随着人口的增长,人类开始学习驯养动物,种植谷物,使用犁等农业工具,形成了在农场居住和工作,在城镇交换商品和服务的农业社会。
> (2) 工业时代。在工业时代,越来越多的人进入城市的工厂,工厂的工作为增长的人口提供了较高的物质生活标准。但是,当城镇发展成为城市的时候,犯罪、污染和其他问题也在同时增长。
> (3) 信息时代。在信息时代,文职人员多于工人,并且越来越多的人通过文字、数字和创意谋生。信息时代迎来了社会改革的浪潮,可以和以往任何一次改革相媲美。

在信息时代,大量信息、技术和知识的产生、传输及服务不仅可以与工业、农业、服务业相并列,而且信息产业的发展速度要远远高于其他产业,信息产业将成为世界上规模最大的产业,信息资源将成为一个国家最重要的战略资源。一个国家如果缺乏高素质的信息人才,没有构建良好的信息环境,缺乏信息资源,那么这将是一个信息贫穷落后的国家。因此,信息产业发展的关键是相应人才的拥有量。

网络化、智能化带来的产业结构升级将催生出更多相关的职位需求。在信息化社会中所需要的计算机人才是多方位的,从计算机专业毕业的学生所从事的工作性质来划分,大致上可以将计算机人才分为以下3类。

(1) 研究型人才:主要从事计算机基础理论、新一代计算机及其软件核心技术与产品等方面的研究工作。对这类人才的要求是理论基础扎实、了解科学前沿、研究能力较强、能创造性地应用乃至发展计算机科学理论与技术。研究型人才能主动抓住所从事领域每一时期的发展趋势,同时创造条件,做出一流的研究成果,而不是人云亦云,只会完成一些修修补补、缺乏创新精神的、也不知应用前景在何处的学术论文。

(2) 工程型人才:主要从事计算机软硬件产品的开发和实现等工程性工作。对这类人才的要求是技术原理的熟练应用,具有在性能等诸多因素和代价之间的权衡能力。工程型人才能够对计算机学科的发展趋势有相当的把握,能游刃有余地自主学习和掌握工作所必需的新原理、新技术、新工具。

(3) 应用型人才:主要从事企事业与政府信息系统的建设、管理、运行、维护,以及在计算机企业中从事系统集成、售前/售后服务等信息化类型工作。对这类人才的要求是熟悉多种计算机软硬件系统的工作原理,能够从技术上实施和解释信息化系统的构成和配置。

信息社会对这 3 种人才的需求呈金字塔结构,如图 10.1 所示。塔尖的领军人物是计算机科学技术发展的灵魂,他们是少数精英人才;塔型结构的中间部分是从事软件生产的程序开发人员和管理人员,他们是计算机科学技术的实现者;塔型结构的基础部分是大量的信息化人才,他们在各种企事业单位承担信息化建设的核心任务。

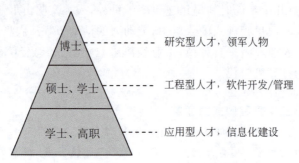

图 10.1　计算机人才的金字塔结构

10.1.2　计算机类专业的相关职位

2021 届中国高校毕业生就业难度指数专业大类分析结果显示,计算机类毕业生最易就业,就业难度指数仅为 0.14。随着我国经济产业结构的不断升级,计算机专业的毕业生可选择的工作范围广、人才需求量大,几乎覆盖社会各个行业。信息技术企业中的有关职位如下。

(1)需求分析师/系统分析员。这个职位要求员工具有比较丰富的项目开发经验,能和有关人员一起做出项目的需求分析并设计满足需求的计算机系统的各项配置,能组织开发人员并和开发人员一起实现这个计算机系统。

(2)算法工程师。算法工程师是比较高端的职位,一般要求员工具有硕士及以上学历,并且能够熟练查阅国内外相关文献。根据研究的领域,可以将其细分为视频算法工程师、图像算法工程师、音频算法工程师、人工智能算法工程师等。

(3)软件开发工程师。软件开发工程师就是我们常说的程序员。程序员的工作是开发和维护软件、书写技术文档等。对程序员的要求是实践和动手能力强,有独立解决问题的能力,熟练应用软件开发环境和工具,具备沟通、合作精神和持续学习的能力,具备承受压力的素质。

> 几乎所有的人都认为软件开发是年轻人的职业,程序员们一边挥洒着汗水,辛苦地熬夜写代码,一边又对自己 30 岁以后的职业发展充满惶恐。实际上,我国最缺的是具有 10 年以上经验的软件工程师。在印度和美国,项目经理都是三四十岁的人,他们"越老越值钱",有些人甚至拥有超过 20 年的行业经验。程序员应该不断学习新的开发工具、钻研程序代码,更应该逐步提升自己的视野、思维和经验。

(4)软件测试工程师。软件测试工程师负责解释软件产品的功能要求,并对其进行测试,检查软件有没有错误,是否具有稳定性,并写出相应的测试规范和测试文档。由于软件测试是保证软件质量的关键步骤,软件测试在软件开发中所占的比重逐渐增大,各软件企业亟需优秀的软件测试工程师。

(5) 前端设计师。这个职位主要负责软件界面美观整体设计,以及实现软件的人机交互和操作逻辑,包括网页界面设计和移动应用界面设计。

(6) 数据分析师。数据分析师用适当的统计分析方法对收集来的大量数据进行分析,提取有用信息并形成结论,对数据加以详细研究和概括总结。

(7) 售前工程师。售前工程师是项目开发人员与业务销售人员的桥梁,在业务销售人员眼中,售前人员扮演的是技术人员或技术专家的角色,在项目开发人员眼中,售前人员是专注技术的销售人员,在用户眼中,售前人员是代表公司技术水平的技术专家。

(8) 售后工程师。售后工程师指产品销售出去之后对客户服务的技术人员。不同于售前工程师的是,售后技术工程师的工作更加具体,经常面临的是客户对于产品性能和应用的具体问题,甚至是负责解决客户的吐槽、埋怨等工作。

(9) 网络管理员。网络管理员需要具备一定的专业技能,能够确保当前通信系统正常运行,以及构建新的通信系统时能提出切实可行的方案并监督实施,还要确保计算机系统的安全和个人隐私。

(10) 认证培训师。许多计算机公司就其产品提供了各种证书,只要通过了这些公司所指定的考试课程就可以获得这些公司授权的机构颁发的证书。认证培训师需要对该公司的产品有深入的了解和丰富的使用经验,同时也应该具有一定的教学经验。

其他能够体现计算机专业特色的职位还有系统架构师、产品发布师、运维工程师、网络安装调试员、新媒体运营、程序员鼓励师等。随着互联网深入社会生活各个部分,中小学普遍都开设了信息技术课程,担任中小学教师也是很好的职业选择。

思考题

1. 虽然刚走进大学的校门,但你想过下列问题吗:①大学毕业后能达到一个什么状态?②大学毕业后是找工作还是考研?③找工作应该掌握哪些知识具备什么能力?④考研应该学好哪些专业课?

2. 信息化社会需要的计算机人才是多方位的,你所在学校的人才培养定位是什么?成功的学长学姐们是如何安排大学的学习生活的?

10.2 工程伦理

工程是人类改造世界的实践活动,工程活动不但要遵守各种技术规范,还要遵守各种法律、伦理、文化习惯、宗教信仰和社会习俗。工程活动是现代社会存在和发展的物质基础,它不但涉及人与自然的问题,而且必然涉及人与人、人与社会的关系,因此自然存在着许多深刻、重要的伦理问题。

10.2.1 道德、伦理与法律

根据老子的《道德经》,"道"可引申为自然的力量及其生成、变化的规则与轨道,"德"则意味着善加利用这种自然的力量和变化规则,才能更好地在自然之中生存与发展。更一般地,<u>道德</u>是社会调整人与人之间以及个人和社会之间关系的行为规范的综合,它以善与恶、正义与非正义、公正与偏私、诚实与虚伪等道德概念来评价人们的各种行为,通过各种形式的教育和社会舆论的力量,使人们逐渐形成一定的信念、习惯、传统而发生作用。

在中国文化中,伦理的"伦"既指类或辈,又指条理或次序,"理"即道理、规则。伦理反映了人与人、个人与共同体相互关系的要求,并在一定情况下确定行为的选择界限和责任。随着社会发展,伦理也在不断进步,伦理对象逐渐从人类扩展到环境与自然。**伦理**是处理人与人、人与社会、人与自然的相互关系应遵循的道德和准则,也蕴含着依照一定原则来规范行为的深刻道理。

道德和伦理都包含传统风俗、行为习惯之意,都强调值得倡导和遵循的行为方式,都以善为追求的目标。道德和伦理的区别在于:①道德是个体性、主观性的精神,而伦理则是社会性、客观性的精神,属于社会意识;②道德更突出个人因为遵循规则而具有的德性,伦理则突出依照规范处理人与人、人与社会、人与自然之间的关系。由于价值标准的多元化以及现实的人类生活本身的复杂性,人们常常在具体情境之下面临道德判断与抉择的两难困境,也就是所谓的伦理困境。

法律是由国家制定或认可并以国家强制力保证实施的,反映由特定物质生活条件所决定的统治阶级意志的规范体系。法律是由享有立法权的立法机关行使国家立法权,依照法定程序制定、修改并颁布,并由国家强制力保证实施的基本法律和普通法律的总称。

法律来源于道德,道德伦理受法律匡扶,两者相互依存,成为这个社会的共同行为准则。法律与道德伦理恰当地互补,才能促进社会的文明和进步,更是一个地区、国家稳定发展的必要条件。正如《论语》所说:"道之以政,齐之以刑,民免而无耻;道之以德,齐之以礼,有耻且格。"也就是说,用法律来约束百姓,就会有人想方设法钻法律的空子,而且还自鸣得意地认为自己有本事,完全不会因此而感到羞耻;如果以道德教化百姓,人们自然会在心中建立一个标尺,自己约束自己,自觉遵守法律。

10.2.2　工程伦理的基本问题

工程伦理是调整工程与技术、工程与社会之间关系的道德规范,是在工程领域必须遵守的伦理道德原则,规定了工程师及其共同体应恪守的价值观念、社会责任和行为规范。工程伦理是从工程问题中推演出来的,把工程问题提到道德高度,从而提高工程技术人员的伦理素养和道德水平,培养工程伦理意识和责任感,有助于保证工程质量,最大限度地避免工程带来的危害,促进人与自然的协同进化,确保社会稳定和谐。

工程伦理不是法律规则,而是道德规范和伦理原则,涉及工程与技术的协调、工程与人文的协调、工程与社会发展的协调。工程伦理强调以工程技术人才为中心,关爱人的生命安全,自身安全和他人安全,关注工业生产的安全性和可靠性,确保质量过关,保护自然环境和绿色发展,把自然环境当作工程活动的根基,使工业生产和自然环境协调发展、可持续发展、平衡发展,提倡公平正义的社会正能量,关注自己的同时需要关注他人,共同发展、共同进步。

工程实践中主要的工程伦理问题包括工程风险伦理问题、工程价值伦理问题、工程环境伦理问题和工程职业责任伦理问题。工程风险伦理问题是由于工程内部技术、外部环境和工程活动中,诸多因素的不确定性引发的工程风险,以及涉及的社会伦理问题。工程价值伦理问题表现在工程为谁服务,为什么目的服务,公平公正地确定工程实践中利益攸关方和社会成本承担问题。工程环境伦理问题包括自然界的内在价值问题,自然界和生命的权利问题以及人与自然的和谐发展问题。工程职业责任伦理问题指工程师作为一种职业形式,在工程实践中应如何遵循伦理章程、伦理规范,如何建立理论责任意识,提升职业伦理的决策能力。

> 泰坦尼克号涉及的工程伦理问题:工程师对当时的造船技术过度自信,缺乏对工程技术风险和工程风险伦理的认知;船长对收到周边游轮关于冰山隐患的警告信号不重视,继续以极速航行;游轮上有 2224 人,而救生艇只能容纳 1178 人,过少的救生艇违反了自身的职业伦理,没有将公众的生命放在首位。

10.2.3　计算机领域的工程伦理

在信息技术高速发展的今天,计算机作为一种通用工具,对社会生活和人类发展具有普遍而深远的影响,同时也带来了一系列伦理问题。例如,在淘宝、微信、抖音等网络应用中,人们释放了许多个人隐私信息,个人消费信息常常在不知情或未被告知的情况下被利用,信息隐私被肆意侵害泄露等。因此,计算机工程活动所涉及的工程伦理问题与传统工程伦理问题相比具有特殊性、新颖性和更强的黑箱性,同时也具有更广泛的影响和更严重的后果。

2019 年,欧盟委员会发布了《可信赖人工智能的伦理准则》,提出了 4 项伦理准则:①尊重人的自主性,人工智能系统的设计应该以增强、补充人类的认知、社会和文化技能为目的,而不应该胁迫、欺骗和操纵人类;②预防伤害,人工智能系统不应该引发、加重伤害,或对人类产生不好的影响;③公平性,人工智能系统的开发、实现和应用必须是公平的,应当确保个人和组织不会受到不公平的偏见、歧视等;④可解释性,人工智能系统的整个决策过程、输入和输出的关系都应该是可解释的。

程序员、软件工程师、网络工程师、数据库工程师、人工智能工程师等,和其他传统行业的工程师相比,所扮演的职业角色和社会角色、所承担的职业责任和社会责任、所应具备的伦理道德和自我约束,要求有更强的工程伦理意识和工程伦理决策能力。

10.2.4　处理工程伦理问题的基本原则

随着经济社会的不断发展,现代工程对人类社会和自然界的影响越来越深远,大规模、综合性、复杂化以及工程影响力日益成为现代工程的重要特征。工程项目既要与自然生态和谐共生,也要在社会子系统以及社会主体之间建立共生互利的和谐关系。将公众的安全、健康和福祉放在首位已成为国际工程界普遍遵守的原则,职业道德和工程伦理素养也成为工程专业人员必须具备的重要素质。

作为工程师,在面对伦理选择和决策时,应该首先培养其伦理意识。在此基础上,可以利用伦理原则、底线原则与具体情境相结合的方式化解工程实践中的伦理问题。在遇到难以抉择的伦理问题时,应逐步建立遵守工程伦理准则的相关保障制度。此外,需要多方听取意见,多方面分析探讨并解决。

(1) 以人为本的原则。 以人为本是工程伦理观的核心,是工程师处理工程活动中各种伦理关系最基本的伦理原则。它体现的是工程师对人类利益的关心,对绝大多数社会成员的关爱和尊重。以人为本原则要求工程建设有利于提高人民的生活水平,改善人类的生活质量。

(2) **关爱生命原则**。关爱生命原则是对工程师最基本的道德要求,也是所有工程伦理的根本依据。关爱生命原则要求工程师必须尊重人的生命权,始终将保护人的生命摆在重要位置,不支持以毁灭人的生命为目标的项目的研制开发,不从事危害人类健康的工程的设计开发。

(3) **安全可靠原则**。在工程设计和实施过程中,以对待人的生命高度负责的态度充分考虑产品的安全性能和劳动保护措施。安全可靠原则要求工程师在进行工程技术活动时必须考虑安全可靠、对人类无害。

(4) **关爱自然的原则**。在工程设计和实施过程中,要求工程师进行的工程活动有利于自然界的生命和生态系统的健全发展,不从事和开发可能破坏生态环境或对生态环境有害的工程,实现生态的可持续发展。

(5) **公平正义原则**。在工程设计和实施过程中,要求工程技术人员的伦理行为有利于他人和社会,尤其是面对利益冲突时要坚决按照道德原则采取行动。公平正义原则还要求工程师不把从事工程活动视为名誉、地位、声望的敲门砖,反对用不正当的手段在竞争中抬高自己。

工程师伦理行为选择是指工程师在面临多种伦理可能时,在一定的伦理意识的支配下,根据一定的伦理价值标准,自觉自愿、自主自觉地进行善恶取舍的行为活动。从工程实践看,工程师在工程决策、工程实施、工程后果等阶段都存在诸如义与利、经济价值与精神价值等两难抉择,国家利益民族利益与全人类共同利益冲突矛盾、经济技术要求与人权保障矛盾冲突等。选择和责任是分不开的,选择将工程师带进价值冲突之中,使他们在多种可能性中取舍。当代工程技术的新发展赋予工程师前所未有的力量,某些行为后果大到难以预测,信息技术、基因工程等工程技术在给人类带来利益的同时还带来可以预见和难以预见的危害甚至灾难,或者给一些人带来利益而另一些人带来危害。因此,在现代社会,工程师的伦理责任要远远超过做好本职工作。

思考题
1. 从工程伦理的角度说明近年来出现的与计算机工程相关的社会事件。
2. 如何理解"工程师的伦理责任要远远超过做好本职工作"这句话?

10.3 职业道德

由于计算机在人类社会的生活中发挥着越来越重要的作用,计算机专业人员在计算机系统的开发和使用过程中会遇到一些特殊的道德问题。因此,计算机从业人员需要遵守基本的道德规范、道德准则和职业道德。

10.3.1 社会主义职业道德

道德不同于法律,法律面前人人平等,由法庭依据法律进行判决并强制执行,而道德是个人的,在道德判断中因为立场不同,可能没有统一的对错标准,也不能强制执行。**道德选择**就是在处理与道德相关的事务时,以道德准则为根据,以与道德准则一致为标准,对可能的道德观点和行为进行选择的过程。在今天这个不断变化的社会中,道德选择不是那么容易就做到的,往往要承受来自经济的、职业的和社会的压力,有时这些压力会对我们所信守的道德准则提出挑战。

职业道德指人们在职业生活中应遵循的基本道德,即一般社会道德在职业生活中的具体体现。职业道德是职业品德、职业纪律、专业胜任能力及职业责任等的总称,属于自律范围,它通过公约、守则等对职业生活中的某些方面加以规范。社会主义职业道德是社会主义社会各行各业的劳动者在职业活动中必须共同遵守的基本行为准则。它是判断人们职业行为优劣的具体标准,也是社会主义道德在职业生活中的反映。

《中共中央关于加强社会主义精神文明建设若干问题的决议》规定了社会主义职业道德的五项基本规范,即"爱岗敬业、诚实守信、办事公道、服务群众、奉献社会"。爱岗敬业是社会主义职业道德最基本、最起码、最普通的要求,是对人们工作态度的一种普遍要求。诚实守信是做人做事的基本准则,也是社会道德和职业道德的一个基本规范和行为准则。办事公道指对于人和事的一种态度,要求人们待人处世要公正、公平,也是千百年来人们所称道的职业道德。服务群众就是为人民群众服务,社会全体从业者通过互相服务,促进社会发展、实现共同幸福,服务群众是社会主义职业道德的核心,是贯穿于社会共同的职业道德之中的基本精神。奉献社会是社会主义职业道德的本质特征,体现在爱岗敬业、诚实守信、办事公道和服务群众的各种要求之中。奉献和个人利益是辩证统一的,一个自觉奉献社会的人,才算真正找到了个人幸福的支撑点。

10.3.2 软件工程师的道德规范

任何一个职业都要求其从业人员遵守一定的职业和道德规范,同时承担起维护这些规范的责任。虽然这些职业和道德规范没有法律法规所具有的强制性,但遵守这些规范对行业的健康发展至关重要。计算机相关职业也不例外,在计算机日益成为各个领域及各项事务的中心角色的今天,那些直接或间接从事软件设计和软件开发的人员有着既可以从善也可以从恶的极大机会,同时还影响着周围其他从事该职业的人员。为了能够使软件工程师致力于使软件工程成为一个有益的和受人尊敬的职业,1988 年,IEEE-CS 和 ACM 联合特别工作组在对多个计算机学科和工程学科规范进行广泛研究的基础上,制定了《软件工程师资格和专业规范》。该规范不代表立法,它只是向软件工程师指明社会期望他们达到的标准,以及同行们共同追求和相互期望。该规范要求软件工程师要坚持以下 8 项道德规范。

(1) 公众。从职业角色来说,软件工程师应当始终关注公众的利益,按照与公众的安全、健康和幸福相一致的方式发挥作用。

(2) 客户和雇主。软件工程师应当有一个认知,什么是其客户和雇主的最大利益,他们总是应该以职业的方式担当他们客户或雇主的忠实代理人和委托人。

(3) 产品。软件工程师应尽可能地确保他们开发的软件对于公众、雇主、客户以及用户是有用的,在质量上是可接受的,在时间上要按期完成并且费用合理,同时尽可能没有错误。

(4) 判断。软件工程师应完全坚持自己独立自主的专业判断并维护其判断的声誉。

(5) 管理。软件工程的管理者和领导者应当通过规范的方法赞成和促进软件管理的发展与维护,并鼓励他们所领导的人员履行个人和集体的义务。

(6) 职业。软件工程师应提高他们职业的正直性和声誉,并与公众的兴趣保持一致。

(7) 同事。软件工程师应公平合理地对待他们的同事,并应该采取积极的步骤支持社团的活动。

(8) 自身。软件工程师应在他们的整个职业生涯中积极参与有关职业规范的学习,努力提高从事自己的职业所应该具有的能力,以推进职业规范的发展。

职业责任的另一个方面是保守公司的秘密。计算机专业人员有机会接触公司的数据以及操作这些数据的设备,专业人员也具有使用这些数据的知识,而大多数公司几乎都没有检查措施。因此,数据的安全和正确在一定程度上依赖计算机专业人员的道德素质。此外,计算机专业人员在离开工作岗位时不应该带走本人为公司开发的程序,也不应该把公司正在开发的项目告诉其他公司。

思考题

1. 在近几年的用人单位调查中发现,学生毁约的现象比较严重,你如何看待毁约行为?
2. 一般情况下,计算机专业人员复制本人为公司开发的程序不会被人发现,这是否增加了此类事情发生的概率?

10.4 计算机法律法规

10.4.1 新的法律问题

随着计算机尤其是因特网的普及,计算机技术革命在当今世界发展中发挥着重要的作用,在计算机产业带给人类社会巨大效益和便利的同时,社会过去的许多差异也变得模糊,甚至向道德、原则和法律提出了挑战,新的法律问题也随之而来。

在电子商务、在线营销等应用中,数字签名、第三方证人以及电子水印构成依法判决的依据,因为常用的手写签字很容易被复制、剪切和粘贴。2005 年 4 月 1 日,中国首部有关电子商务的法律《电子签名法》正式实施。

信息时代出现了一种新的犯罪形式——计算机犯罪,例如,窃贼使用计算机或其他工具来盗取信用卡账号、驾驶证号、社会保险账号或其他证明身份的信息,然后再冒充他人,甚至以他人的名义实施犯罪活动,或者盗取信贷记录、购物清单、财产记录等,然后实施网上诈骗、网上敲诈等活动。计算机犯罪的概念是 20 世纪 50 年代在美国等计算机科学技术比较发达的国家首先提出的,国内外对计算机犯罪的定义不尽相同。美国司法部从法律和计算机技术的角度将计算机犯罪定义为"因计算机技术和知识起了基本作用而产生的非法行为",欧洲经济合作与发展组织将计算机犯罪定义为"在自动数据处理过程中,任何非法的、违反职业道德的、未经批准的行为都是计算机犯罪行为"。

信息时代出现了一些前所未有的法律问题,但是法律还没有跟上技术的发展。现在,世界各国面临的一个共同难题就是如何制定和完善网络相关的法律法规,包括如何在计算机空间里保护公民的隐私,如何规范网络言论,如何保护知识产权,如何保障网络安全等。

10.4.2 软件知识产权

在法律上,知识产权是在艺术、科学以及工业上从事的智力活动的成果,例如,《中华人民共和国著作权法》保护文学或艺术形式的作品,《中华人民共和国专利法》保护机械制造发明,《中华人民共和国合同法》保护商业秘密不受侵犯。计算机软件作为人类智力劳动的创造性成果,具有开发难、复制易等特点,由于计算机软件易于仿制和假冒,知识产权保护成为广大软件开发者、所有者、经营者、使用者特别关心的问题。**计算机软件知识产权**指公民或法人对自己在计算机软件开发过程中创造出来的智力成果所享有的专有权利,包括著作权、专利权、商标权和制止不正当竞争的权利等。对计算机软件知识产权加以保护是为保护智力成果创造者的合理权益,以维护社会的公正,维护软件开发者的成果,鼓励软件开发者的积极性,推动计算机软件产业及整个社会经济文化的尽快发展。

按照知识产权保护法规,软件设计人员对其智力成果(设计的软件)享有相应的专利权。但由于各国的法律有所不同,对软件保护的形式有不同之处。一般认为,计算机软件的权利人可以拥有以下知识产权。

1. 计算机软件的著作权

著作权又称为版权,是作品作者根据国家著作权法对自己创作的作品的表达所享有的专有权。我国《著作权法》规定,计算机软件是受著作权保护的一类作品。2002 年 1 月起实施的《计算机软件保护条例》作为著作权法的配套法规,对计算机软件(计算机程序和有关文档)给予了充分的保护,是保护计算机软件著作权的具体实施办法。我国的法律和有关国际公约认为:计算机程序和相关文档、程序的源代码和目标代码都是受著作权保护的作品,具体地说,软件开发者在一定期限内对自己软件的表达(例如程序代码、文档等)享有的专有权利,包括发表权,开发者身份权,以复制、展示、发行、修改、翻译、注释等方式使用其软件的使用权,使用许可权和获得报酬权以及转让权。

需要说明的是,著作权法只保护作品的表达,即作品本身,不保护作品的构思,对软件著作权的保护不能扩大到开发软件所用的思想、概念、发现、原理、算法、处理过程和运行方法。因此,参照他人程序的设计技术,独立地编写出表达不同的程序的做法并不违反著作权法。但是,对软件进行修改属于软件权利人的专有权利,如果在他人程序著作权有效期内,擅自对他人的程序进行修改,所产生的程序并没有改变他人程序设计构思的基本表达,在整体上与他人程序相似,则虽然在代码文字表达方面存在不同,仍属于侵害他人程序著作权行为。

2. 计算机软件的专利权

专利权是由国家专利主管机关根据国家颁布的专利法授予专利申请者及其权利继受者在一定的期限内实施其发明以及授权他人实施其发明的专有权利。各国的专利法普遍规定,能够获得专利权的发明应当具备新颖性、创造性和实用性。一般来说,计算机程序代码本身不可以作为申请发明专利的主题,而是《著作权法》的保护对象。但是,同设备结合在一起的计算机程序可以作为一项产品发明的组成部分,同整个产品一起申请专利。此外,一项计算机程序无论是否同设备结合在一起,如果在其处理问题的技术设计中具有发明创造,这些与计算机软件相关的发明创造可以作为方法发明申请专利。例如,有关地址定位、虚拟存储、文件管理、信息检索、程序编译、多重窗口、图像处理、数据压缩、多道运行控制、自然语言理解、程序编写自动化等方面的发明创造已经获得了专利,在我国,有关将汉字输入计算机的发明创造也已经获得了专利。

在美国，软件不仅能被授予专利，而且申请条件比较宽松，所以美国每年的软件专利数量很多，2001年就多达1万项。与美国相比，欧洲各国对软件申请专利的条件就比较严格。在我国，软件只能申请发明专利，申请专利的条件比较严，一般软件通常用著作权法来保护。

3. 计算机软件的反不正当竞争权

如果一项软件的技术设计没有获得专利权，而且尚未公开，这种技术设计就是非专利的技术秘密，可以作为软件开发者的商业秘密而受到保护。一项软件的尚未公开的源程序清单通常被认为是开发者的商业秘密，有关一项软件的尚未公开的设计开发信息，如需求规格、开发计划、整体方案、算法模型、组织结构、处理流程、测试结果等都可以被认为是商业秘密。对于商业秘密，其拥有者具有使用权和转让权，也可以将之向社会公开或申请专利。我国1993年9月颁布的《反不正当竞争法》规定，商业秘密的拥有者有权制止他人对自己商业秘密从事不正当竞争行为，这里所谓的不正当竞争行为包括：以不正当手段获取他人的商业秘密，使用以不正当手段获取到的他人的商业秘密，接受他人传授或透露了商业秘密的人（如商业秘密拥有者的职工、合作者或商业秘密拥有者许可使用的人）违反事前约定，滥用或者泄露这些秘密。

4. 计算机软件的商标权

所谓商标是指商品的生产者或经销者为使自己的商品同其他人的商品相互区别而置于商品表面或商品包装上的标识，通常用文字、图形或者两者兼用。

目前，国际软件行业十分重视商标的使用。有些商标用语表示提供软件产品的企业，如IBM、惠普、联想、CISCO、MS等，它们是对应企业信誉的标志。有些商标则用于表示特定的软件产品，如UNIX、OS/2、WPS等，它们是特定软件产品的名称，是特定软件产品的功能和性能的标志。一般情况下，一个企业的标识或一项软件的名称未必就是商标，然而，当这种标识或者名称经商标管理机关获准注册、成为商标后，在商标的有效期内，注册者对它享有专用权，未经注册者许可不得再使用它作为其他软件的名称；否则，就构成冒用他人商标、欺骗用户的行为。

事实上，当提及软件知识产权时，没有人能够明确指出法律到底保护软件的哪些方面。制造和销售一个程序的副本明显触犯法律，但是如果一个程序具有另一个程序的形式和外观呢？软件公司销售一种模仿其他程序的界面设计和菜单命令的软件是合法的吗？微软的Windows操作系统是Macintosh操作系统的一种翻版吗？Borland公司在它的电子制表软件中是否盗用了Lotus1-2-3的命令结构？目前，关于软件的法律系统还不完善，无论是处理盗版问题、界面问题还是垄断问题，立法者都必须在发明、产权、自由和进步这些难题中徘徊，而且这些问题在很长一段时间内可能会依然存在。

10.4.3 与计算机相关的法律法规

我国知识产权方面的立法开始于20世纪70年代，目前已经形成比较完善的知识产权保护法律体系，主要包括《中华人民共和国著作权法》《中华人民共和国专利法》《中华人民共和国商标法》《出版管理条例》《电子出版物管理规定》《中华人民共和国反不正当竞争法》《中国软件行业基本公约》等。

关于反盗版,各国政府和企业至今仍没有找到很好的解决方法,中国目前已成为世界上盗版率最高的国家之一,但这不意味着国家可以容忍盗版。政府早已认识到盗版问题的严重性,为了促进正版软件市场的发展,打击盗版软件,整顿和规范软件市场秩序,中国政府出台了一系列政策措施。国务院颁发了《关于印发鼓励软件产业和集成电路产业发展若干政策的通知》,国家版权局、国家计委、财政部、信息产业部联合发出《关于政府部门应带头使用正版软件的通知》,国务院修订后的《计算机软件保护条例》正式公布,九届人大常委会审议通过了《政府采购法》。

在网络管理方面的法规有《互联网 IP 地址备案管理办法》《中国互联网络域名注册暂行管理办法》《中文域名注册管理办法(试行)》《网站名称注册管理暂行办法》《网站域名注册管理暂行办法实施细则》《互联网电子公告服务管理规定》《互联网信息服务管理办法》《中国公用计算机互联网国际联网管理办法》《中华人民共和国电信条例》等。

在信息安全方面的法律法规有《中华人民共和国保守国家秘密法》《中华人民共和国国家安全法》《中华人民共和国电子签名法》《计算机信息系统国际联网保密管理规定》《涉及国家秘密的计算机信息系统分级保护管理办法》《互联网信息服务管理办法》《非经营性互联网信息服务备案管理办法》《计算机信息网络国际联网安全保护管理办法》《中华人民共和国计算机信息系统安全保护条例》《信息安全等级保护管理办法》《公安机关信息安全等级保护检查工作规范(试行)》《国家信息化领导小组关于加强信息安全保障工作的意见》等。

思考题

1. 你使用过盗版软件吗?你复制过他人程序吗?做这些事情时你有什么感想?
2. 在 Windows 环境下开发的应用软件应该尽量与 Windows 的界面风格一致,这样用户才能轻松上手使用,这是否侵犯了软件的知识产权?

 阅读材料——被算法支配的世界

随着互联网(尤其是移动互联网)的快速兴起,人们的生活早已离不开各类应用平台,无论是购物、就餐、办公、旅游,还是自主学习、了解外界信息等,足不出户几乎都可以满足。互联网可以快速崛起和发展,当然离不开算法的功劳。从本质上来说,互联网其实是一种连接:人连接人,于是就有了微信、QQ 等不同功能的社交工具;人连接了商品,就有了淘宝、亚马逊等购物平台;人连接了服务,就有了美团、滴滴等形式各样的生活服务平台。但是所有连接的背后,是由算法工程师来推动的。

个性化推荐是互联网应用倒逼的产物,其目的是解决信息过载。从传播学角度看,推荐算法不仅迎合人们的行为,还符合人们选择性接触的心理。所谓选择性接触指的是人们倾向于接触与他们的观念相近的信息,回避和他们的观念相左的信息。只要人们在各类媒体平台上参与浏览、购买、点赞、评论等这些行为,就会留下自己的数据。推荐算法随时在记录人们的阅读行为,计算人们的喜好偏好,越是点击某类信息,算法就越是推送相关内容,由此形成的结果是让人们只看到自己想看的东西,算法经过计算,把那些人们喜欢的信息呈现在每个人面前,让每个人置身"整个世界都在围绕自己而转"的错觉,仿佛最了解自己的不是家人,而是手机各种程序,人人其实都生活在算法世界,被算法支配。

科技平台公司在积累和拥有了大量用户数据后,还会用算法来剥削行业人员,比如外卖。从平台方来说,算法无疑是最好的技术革命,通过实时收集海量的配送数据,然后用人工智能算法通过深度学习、优化配置来压缩时间,从而提升配送效率。但是对于外卖骑手来说,由于算法规划的时间是最短的,但是不会考虑路况、堵车、红灯、电梯等意外情况,骑手每天的收入又取决于接单量、准时率、差评率等工作指标,只能把效率摆在第一位,这就导致现实生活中经常看到外卖骑手奔跑、超速、闯红灯。不断缩短的系统预计送达时间压榨着外卖骑手,每一个成功送达的订单背后都意味着庞大的计算量和算法模型。

大家都听过大数据杀熟,甚至亲身经历过这样的事情。同样的商品或服务,老客户看到的价格反而比新客户要高出许多,这在互联网行业被称作大数据杀熟,本质上属于定价歧视,因为消费者是在不知情的情况下被溢价了,是互联网企业商业缺失工程伦理的表现。目前被国际上公认的算法歧视表现为价格歧视、性别歧视、种族歧视、地域歧视等。算法歧视属于社会结构性歧视的延伸,因为算法是基于大量的数据材料分析,而这些数据大多都源自社会现实。当人工智能算法从数据中学习时,如果来自社会现实的数据含有偏见,那么算法就可能学习到这种偏见,从而产生算法歧视。

习题 10

一、选择题

1. 讨论一种行为是否正确应该属于(　　)的研究范畴。
   A. 标准　　　　　B. 道德　　　　　C. 原则　　　　　D. 以上都不是
2. 以下(　　)不属于社会主义职业道德。
   A. 爱岗敬业　　　B. 诚实守信　　　C. 童叟无欺　　　D. 服务群众
3. 作为行为规范,道德和法律的区别表现在(　　)。
   A. 道德的作用没有法律大　　　　　B. 道德规范比法律规范含糊
   C. 道德和法律作用的范围不同　　　D. 道德和法律不能共同起作用
4. 根据计算机软件著作权,(　　)不是受著作权保护的范围。
   A. 程序和相关文档　　　　　　　　B. 程序的源代码
   C. 程序的目标代码　　　　　　　　D. 程序的设计思想
5. 计算机软件知识产权包括(　　)。
   A. 著作权　　　　B. 专利权　　　　C. 商标权　　　　D. 以上都是

二、简答题

1. 道德、伦理和法律之间有什么区别?
2. 当面临工程伦理的决策时,应遵循的基本原则是什么?
3. 为什么工程伦理对工程技术人员来说非常重要?
4. 软件工程师应遵循哪些基本的道德规范?
5. 计算机软件的权利人可以拥有哪些知识产权?

三、讨论题

1. 软件工业一直面临着软件盗版的问题,即非法复制和销售软件,你认为谁应该为盗版软件的泛滥负责？是盗版软件的制造者、使用者还是贩卖者？这种现象能否得到控制？

2. 了解社会和职业问题对自己的职业人生会有哪些积极的影响。

3. 刚入大学校门的学生应该了解本专业的就业情况。请浏览求职网站（如高校毕业生求职中心），了解有关计算机专业的职位有哪些，各个职位有哪些要求。

4. 很多人认为软件开发是年轻人的职业，程序员们一边挥洒着汗水辛苦地熬夜写代码，一边又对自己30岁以后的职业发展方向充满惶恐。你是如何看待软件开发这个职业的？你将如何规划你的职业人生？

参 考 文 献

[1] BEEKMAN G. 计算机通论——探索明天的技术[M]. 杨小平,张莉,等译. 4版. 北京：机械工业出版社，2004.

[2] BROOKSHEAR J. 计算机科学概论[M]. 刘艺，等译. 12版. 北京：人民邮电出版社，2017.

[3] DALE N，LEWIS J. 计算机科学概论[M]. 吕云翔，等译. 7版. 北京：机械工业出版社，2020.

[4] CONSTANTINE L. 人件集——人性化的软件开发[M]. 谢超，等译. 北京：人民邮电出版社，2004.

[5] 教育部高等学校教学指导委员会. 普通高等学校本科专业类教学质量国家标准[S]. 北京：高等教育出版社，2018.

[6] HORENSTEIN M. 工程思维[M]. 宫晓利，等译. 5版. 北京：机械工业出版社，2017.

[7] 李志义. 现代工程导论[M]. 大连：大连理工大学出版社，2021.

[8] 王万良. 人工智能导论[M]. 5版. 北京：高等教育出版社，2020.

图 书 资 源 支 持

感谢您一直以来对清华版图书的支持和爱护。为了配合本书的使用,本书提供配套的资源,有需求的读者请扫描下方的"书圈"微信公众号二维码,在图书专区下载,也可以拨打电话或发送电子邮件咨询。

如果您在使用本书的过程中遇到了什么问题,或者有相关图书出版计划,也请您发邮件告诉我们,以便我们更好地为您服务。

我们的联系方式:

地　　址:北京市海淀区双清路学研大厦 A 座 714

邮　　编:100084

电　　话:010-83470236　010-83470237

客服邮箱:2301891038@qq.com

QQ:2301891038(请写明您的单位和姓名)

资源下载:关注公众号"书圈"下载配套资源。

资源下载、样书申请
书　圈

图书案例
清华计算机学堂

观看课程直播